高职高专"十三五"规划教材

煤制醇醚

MEIZHI CHUNMI

刘美琴　李奠础　主编

化学工业出版社
·北京·

《煤制醇醚》以醇醚生产企业的工作过程为主导，主要介绍过程中涉及的知识，并辅以适度够用的基本理论，突出课程的应用性和实践性。全书在简要介绍煤化工产业现状的基础上，按照醇醚生产的主要路线分为认识甲醇、合成气生产、合成气净化转化、甲醇合成、粗甲醇精制、二甲醚合成、甲醇产品检验和质量控制、醇醚燃料、醇醚主要下游产品、醇醚厂安全与环保十个项目，就每个产品生产步骤的反应原理、影响因素、工艺条件、生产设备、生产操作等方面进行介绍。

本书适合煤化工生产技术、应用化工技术等专业的师生阅读，也适合煤焦化及其相关企业的人员参考。

图书在版编目（CIP）数据

煤制醇醚/刘美琴，李奠础主编. —北京：化学工业出版社，2019.9
ISBN 978-7-122-33782-5

Ⅰ.①煤… Ⅱ.①刘…②李… Ⅲ.①醇醚-生产工艺 Ⅳ.①TQ223.2

中国版本图书馆 CIP 数据核字（2019）第 205383 号

责任编辑：张双进　　　　　　　　　　　文字编辑：孙凤英
责任校对：王素芹　　　　　　　　　　　装帧设计：王晓宇

出版发行：化学工业出版社（北京市东城区青年湖南街 13 号　邮政编码 100011）
印　　装：北京虎彩文化传播有限公司
787mm×1092mm　1/16　印张 15½　字数 385 千字　2019 年 11 月北京第 1 版第 1 次印刷

购书咨询：010-64518888　　　　　　　售后服务：010-64518899
网　　址：http://www.cip.com.cn
凡购买本书，如有缺损质量问题，本社销售中心负责调换。

定　　价：48.00 元

前言

中国有丰富的煤炭资源，国家也把煤化工技术的研发及产业发展列为中长期发展规划，煤化工产业正积极有序地发展。煤化工产业上下游一体化是煤化工产业发展的基础，技术创新是煤化工产业发展的动力，综合发展是煤化工经济效益的保证。在富煤地区大力发展煤化工产业，对保证我国能源安全具有重要的战略意义和强大的带动作用。

本书是根据高等职业学校专业教学标准（试行）（2012年11月）中煤化工技术专业教学要求、煤化工行业国家职业标准以及现代煤化工产业企业实际岗位需求而编写的，是中央财政支持高等职业学校提升专业服务产业能力项目"煤化工技术专业"建设项目的主要内容之一。

本教材是在校企合作深度调研的基础上，科学定位煤化工人才培养目标和规格，明确岗位对煤化工人才知识、能力和素质的需求，选取国内以煤为原料制备甲醇和二甲醚的典型工艺路线和生产过程为主要内容。教材编写以《教育部 财政部关于支持高等职业学校提升专业服务产业发展能力的通知》（教职成〔2011〕11号）、2012年《高等职业学校专业教学标准（试行）》、《化工总控工》职业标准以及相关工种职业资格标准为依据，体现课程内容与职业标准对接，教学过程与生产过程对接，学历证书与职业资格证书对接，职业教育与终身学习的对接。教材内容的编排以实际醇醚的生产过程为导向，结合相关实训软件项目的实操，真正体现了"学中做，做中学"，有助于提高学生的学习兴趣，提高教学效果。

本教材由山西轻工职业技术学院刘美琴、李奠础主编。教材课程主要包括：认识甲醇、合成气生产、合成气净化转化、甲醇合成、粗甲醇精制、二甲醚合成、甲醇产品检验和质量控制、醇醚燃料、醇醚主要下游产品、醇醚厂安全与环保共十个项目近四十项任务。其中项目一、项目二、项目六由刘美琴编写完成，项目三和项目九由新疆石河子职业技术学院王丽编写完成，项目四和项目五由山西轻工职业技术学院张春燕和李奠础共同编写完成，项目七由山西省国家煤及煤化工产品质量监督检验中心刘建平编写完成，项目八由刘美琴和太原理工大学机械工程学院樊利民共同编写完成，项目十由刘美琴和李奠础共同编写完成。山西聚源煤化有限公司、山西临汾建滔万鑫达公司、山西宏特煤化工有限公司、山西安泰控股集团有限公司等煤化工企业提供了现场实地参观考察的机会，并且在人才培养模式方面提出了很多建设性的意见和建议。山西轻工职业技术学院张增红、闫佳、杨军、张红梅、乔建芬、赵玉梅、高巍、张亚萍等在初稿撰写、内容编排、现场勘查等方面提供了无私的帮助和支持。在此一并表示感谢。

本书在编写过程中借鉴和参阅了有关文献，在此谨向有关单位和作者表示感谢，由于我们水平有限，书中难免有不妥之处，恳请读者批评指正。

编者

2018 年 9 月

目录

项目一
认识甲醇

知识目标

1. 熟悉甲醇的主要物理性质、化学性质。
2. 了解甲醇的应用与其性质之间的必然联系。

技能目标

1. 会依据甲醇的理化性质进行生产监控，保证安全生产。
2. 能依据甲醇的理化性质进行工艺优化和新产品研发。

任务一 了解甲醇的物理性质

 任务描述

甲醇是重要的化工产品，以煤为原料生产甲醇是新型煤化工产业的重要方向。无论是作为化工产品还是作为化工原料，无论是作为替代燃料还是生产原料，甲醇的性质在其生产和应用中均起到至关重要的作用。所以需要对甲醇的性质有一个全面深入的了解，做到知己知彼。

甲醇的主要物性指标包括密度、沸点、凝固点、燃点、爆炸极限、溶解性等。内因决定外因，甲醇的性质决定了其在诸多领域的应用，同时也决定了其自身的局限性。例如，甲醇可以与水以任意比例互溶，所以甲醇产品中总是或多或少含有水分。又由于甲醇和水的沸点不同，且两者不形成共沸物，所以可以通过蒸馏的方式分离甲醇中的水分。但粗甲醇中的某些杂质可以与水形成共沸物，所以甲醇中水分的除去又变得不那么容易。所以全面掌握甲醇的性质无论对于甲醇的生产还是甲醇的应用都是十分重要的。

 知识链接

甲醇是最简单的饱和一元醇，英文名称为 methanol 或 methyl alcohol，化学式为 CH_3OH，分子量为 32.04，结构式如图所示。

甲醇结构式

由于最早的时候，甲醇是由木材和木质素干馏制得的，故甲醇又名"木醇""木酒精""木精"。

常温常压下，纯甲醇是无色透明、易挥发、易燃且略带有醇香味的液体。甲醇常用的常数见表1-1、表1-2，甲醇及其水溶液的物理性质对于甲醇的生产、精制、应用以及环境保护等方面具有重要作用。

（1）密度和相对密度

甲醇的密度比水的密度小，相对密度与乙醇的相对密度（0.7893）接近。

甲醇的密度随温度变化而变化（表1-3），温度越高，甲醇的密度越小。0℃的时候达到最大0.8100g/cm³。

（2）沸点、凝固点

标准状况下甲醇的沸点是64.7℃，比水的沸点低，所以可以用蒸馏的方式分离甲醇和水的混合物。甲醇在不同压力下的沸点见表1-4。

甲醇的凝固点为−97.8℃，远低于水的凝固点（0℃）。

（3）闪点、自燃点

甲醇的闪点非常低（见表1-1），是Ⅰ级易燃物（闪点≤28℃）。甲醇水溶液的闪点也较低，在运输、生产和使用过程一定要非常注意。

甲醇的自燃点较高，在没有火源的情况下，不容易自燃。

知识拓展

相对密度：物质的密度与标准物质的密度之比。大部分情况下，标准物质是水，也就可以理解成，同体积物质的质量和同体积水的质量之比。

闪点又叫闪燃点，是指可燃性液体表面上的蒸气和空气的混合物与火接触而初次发生闪光时的温度。各种油品的闪点可通过标准仪器测定。闪点温度一般比着火点温度低。

燃点又叫着火点，是指可燃性液体表面上的蒸气和空气的混合物与火接触而发生的火焰能继续燃烧不少于5s时的温度。可在测定闪点后继续在同一标准仪器中测定燃点。可燃性液体的闪点和燃点表明其发生爆炸或火灾的可能性的大小，对运输、储存和使用的安全有极大关系。

自燃点是指当油品加热到更高的温度时，其蒸气与空气的混合物，无须点火而自行燃烧的温度。自燃点和闪点的温度约相差数百摄氏度。

表 1-1　甲醇的常用物理常数

性质	数据或描述	性质	数据或描述
密度/(g/cm³)	0.8100	蒸气压(20℃)/Pa	1.2879×10^4
相对密度	$0.7913(d_4^{10})$；$0.7915(d_4^{20})$	黏度(20℃)/Pa·s	0.597×10^{-3}
熔点/℃	−97.8	表面张力(20℃)/(mN/m)	22.6
沸点/℃	64.5~64.7(101.3kPa)	折射率(20℃)	1.3287
闪点/℃	12(闭口杯) 16(开口杯)	膨胀系数(20℃)	0.00119
		爆炸极限(体积分数)/%	6.0~36.5(空气中)
自燃点/℃	473(空气中) 461(氧气中)	热导率/[J/(cm·s·K)]	2.09×10^{-3}
		腐蚀性	常温无腐蚀性(铅、铝除外)

表 1-2　甲醇的热力学常数

性质	数据或描述	性质	数据或描述
临界温度/℃	240	蒸发潜热(64.7℃)/(kJ/mol)	36.295
临界压力/MPa	7.95	熔融热/(kJ/mol)	3.169
临界体积/(mL/mol)	117.7	燃烧热/(kJ/mol)	
临界密度/(g/mL)	0.272	25℃液体	727.038
临界压缩系数	0.224	25℃气体	742.738
比热容/[J/(g·℃)]		生成热/(kJ/mol)	
液体(20~25℃)	2.51~2.53	25℃液体	238.798
气体(77℃)	1.63	25℃气体	201.385

表 1-3　不同温度下甲醇的密度、黏度、表面张力

温度/℃	0	10	20	30	40	50	60
密度/(g/cm³)	0.8100	0.8008	0.7915	0.7825	0.7740	0.7630	0.7556
黏度/mPa·s	0.817	0.690	0.597	0.510	0.450	0.396	0.350
表面张力/(mN/m)	24.5	23.5	22.6	21.8	20.9	20.1	19.3

表 1-4　甲醇的沸点

压力/mmHg	温度/℃	压力/mmHg	温度/℃	压力/atm	温度/℃	压力/atm	温度/℃
1	−44.0	100	21.2	2	84.0	30	186.5
10	−16.2	200	34.8	5	112.5	40	203.5
20	−6.0	400	49.9	10	138.0	50	214.0
40	5.0	760	64.7	20	167.8	60	224.0

注：1mmHg=133.322Pa，1atm=101.325kPa，下同。

表 1-5　甲醇的蒸气压

温度/℃	蒸气压/mmHg	温度/℃	蒸气压/mmHg	温度/℃	蒸气压/mmHg
−67.4	0.102	20	96.0	130	6242
−60.4	0.212	30	160	140	8071
−54.5	0.378	40	260.5	150	10336
−48.1	0.702	50	406	160	13027
−44.4	0.982	60	625	170	16292
−44.0	1	64.7	760	180	20089
−40	2	70	927	190	24615
−30	4	80	1341	200	29787
−20	8	90	1897	210	35770
−10	15.5	100	2621	220	42573
0	29.6	110	3561	230	50414
10	54.7	120	4754	240	59660

（4）黏度、表面张力、蒸气压

甲醇的黏度、表面张力和蒸气压随温度的变化而变化（表 1-3 和表 1-5），在实际生产应用中要考虑。

（5）爆炸极限

甲醇蒸气与空气可形成爆炸物，爆炸极限（体积分数）6.0%~36.5%。

（6）电导率

纯甲醇本身不导电。工业甲醇含有可电离的杂质，如胺、酸、硫化物和金属等，一般电导率为 $7×10^{-7}$~$1×10^{-6}$S/cm。所以工业上也通过测量电导率来估计甲醇的纯度。

（7）溶解性

甲醇与水可以任意比互溶，且不与水形成共沸物。甲醇水溶液的密度随着甲醇体积分数和温度的增加而减小；甲醇水溶液的沸点随液相中甲醇体积分数的增加而降低；相同温度、压力下，气相中甲醇体积分数大于液相中甲醇体积分数。

甲醇属强极性有机化合物，具有较强的溶解能力，能和多种有机溶剂（如乙醇、乙醚、苯、丙酮等）互溶，并形成共沸混合物。共沸物的生成影响甲醇中有机杂质的消除和以甲醇为原料合成其他下游产品的精制。表 1-6 为甲醇和部分有机化合物形成共沸物的组成和沸点。此外甲醇可溶解多种树脂，但是不能溶解脂肪。

甲醇与汽油在一定浓度范围内可互相溶解，加入表面活性剂可以提高甲醇在汽油中的溶解度，为甲醇汽油的应用奠定了基础。

许多气体（H_2O、CO_2、H_2S 等）在甲醇中有良好的溶解度，所以甲醇作为气体吸收剂在气体净化领域有广泛应用。一氧化碳和二氧化碳在甲醇中的溶解度见表 1-7 和表 1-8。

表 1-6   甲醇共沸混合物组成及沸点

化合物	沸点/℃	共沸混合物	
		沸点/℃	甲醇浓度/%
丙酮 CH_3COCH_3	56.4	55.7	12.0
乙酸甲酯 CH_3COOCH_3	57.0	54.0	19.0
甲酸乙酯 $HCOOC_2H_5$	54.1	50.9	16.0
双甲氧基甲烷 $CH_2(OCH_3)_2$	42.3	41.8	8.2
丁酮 $CH_3COC_2H_5$	79.6	63.5	70.0
丙酸甲酯 $C_2H_5COOCH_3$	79.8	62.4	4.7
甲酸丙酯 $HCOOC_3H_7$	80.9	61.9	50.2
二甲醚 $(CH_3)_2O$	38.9	38.8	10.0
乙醛缩二甲醇 $CH_3CH(OCH_3)_2$	64.3	57.5	24.2
丙烯酸乙酯 $CH_2=CHCOOC_2H_5$	43.1	64.5	84.4
甲酸异丁酯 $HCOOC_4H_9$	97.9	64.6	95.0
环己烷 C_6H_{12}	80.8	54.2	61.0
二丙醚 $(C_3H_7)_2O$	90.4	63.3	72.0
碳酸二甲酯 $(CH_3O)_2CO$	90.5	80	70.0

表 1-7   CO 在甲醇中的溶解度   单位：cm^3/g（CH_3OH）

压力/(kgf/cm²)	温度/℃			压力/(kgf/cm²)	温度/℃		
	25	90	140		25	90	140
55	10.5	15.9		200	46.4	48.2	57.0
75	17.4		23.0	250	60.0	55.8	64.7
100	23.2	28.5	32.9	300		62.1	71.2
150	34.1	38.9	47.2				

注：$1kgf/cm^2 = 9.80665 \times 10^4 Pa$，下同。

表 1-8   CO₂ 在甲醇中的溶解度   单位：cm^3/g（CH_3OH）

压力/(kgf/cm²)	温度/℃				压力/(kgf/cm²)	温度/℃			
	0	25	49.8	75		0	25	49.8	75
6.8	59.5	29.9	19.5	12.8	30.3		197	112	71.5
10.7	94.9	49.3	32.1	22.3	39.7		287	161	103
16.5	174	82.5	51.8	35.5	49.4			228	104
22.3	270	118	71.9	48.6	55.2			269	

任务实施

1. 甲醇的熔点很低，在实际应用中可否作为汽车防冻液使用？请综合甲醇的其他性质进行评价。

2. 比较不同气体在甲醇中的溶解度，查找资料了解甲醇在气体净化领域的应用。

任务二　了解甲醇的化学性质

 任务描述

甲醇是重要的化工原料，并且是重要的碳一化工原料，从理论上来讲，以甲醇为原料可以生产很多的化工产品。而实际上受反应条件、催化剂、转化率等影响，真正实现工业化生产的仍然是少数。而所有这些产品归根到底都是以甲醇作为反应物的化学反应为核心的。

甲醇是典型的一元脂肪醇，含有羟基—OH和甲基—CH₃，其主要化学反应包括：氧化反应、脱水反应、取代反应、加成反应、酯化反应、羰基化反应等。

知识链接

甲醇分子中含有一个甲基与一个羟基，是典型的一元脂肪醇，化学性质较活泼，既能在羟基上发生氧化、酯化、羰基化等醇类的典型化学反应，又能在甲基上发生甲基化等反应。甲醇不具酸性，其分子组成虽有能作为碱性特征的羟基，但也不呈碱性，对酚酞及石蕊均呈中性。

（1）氧化反应——甲醛、甲酸

甲醇在电解银催化剂作用下可以被空气氧化成甲醛，是工业上生产甲醛的重要方法。

$$2CH_3OH + O_2 \xrightarrow{Ag} 2HCHO + 2H_2O$$

甲醛用途广泛，在合成树脂、表面活性剂、橡胶、皮革、造纸、染料、医药农药、炸药、建材以及消毒、熏蒸和防腐过程中均有应用。

甲醛可进一步氧化生成甲酸：

$$HCHO + \frac{1}{2}O_2 \longrightarrow HCOOH$$

甲醇在 $Cu\text{-}Zn/Al_2O_3$ 催化剂作用下可发生部分氧化：

$$CH_3OH + \frac{1}{2}O_2 \longrightarrow 2H_2 + CO_2$$

（2）取代反应——甲醇钠

$$2CH_3OH + 2Na \longrightarrow 2CH_3ONa + H_2$$

甲醇钠主要用于医药工业，有机合成中用作缩合剂、化学试剂、食用油脂处理的催化剂等。

（3）脱水反应——二甲醚

甲醇在高温和有催化剂存在的作用下，发生分子间的脱水反应生成二甲醚。

$$2CH_3OH \longrightarrow (CH_3)_2O + H_2O$$

二甲醚（DME）在制药、燃料、农药等化学工业中有许多独特的用途，如制冷剂、民用燃料等。

（4）胺化反应——一/二/三甲胺、甲基芳胺

有催化剂存在的条件下，甲醇可以和氨反应生成一甲胺、二甲胺和三甲胺的混合物，各生成物具体比例依据反应条件和反应深度的不同而不同，经精馏分离可以分别得到一甲胺、二甲胺和三甲胺的产品。

$$CH_3OH + NH_3 \longrightarrow CH_3NH_2 + H_2O$$
$$CH_3OH + CH_3NH_2 \longrightarrow (CH_3)_2NH + H_2O$$
$$CH_3OH + (CH_3)_2NH \longrightarrow (CH_3)_3N + H_2O$$

甲醇还可以与芳胺发生胺化反应生成甲基芳胺。

$$C_6H_5NH_2 + 2CH_3OH \longrightarrow C_6H_5N(CH_3)_2 + 2H_2O$$

甲胺和甲基芳胺是生产多种溶剂、杀虫剂、除草剂、医药和洗涤剂的重要中间体。

（5）酯化反应——甲酸甲酯、氯乙酸甲酯、丙烯酸甲酯、硝酸甲酯、硫酸二甲酯、对苯二甲酸二甲酯

甲醇可以与多种无机酸和有机酸发生酯化反应生成酯，主要反应式如下：

$$HCOOH + CH_3OH \longrightarrow HCOOCH_3 + H_2O$$
$$CH_2ClCOOH + CH_3OH \longrightarrow CH_2ClCOOCH_3 + H_2O$$
$$CH_2{=}CHCOOH + CH_3OH \longrightarrow CH_2{=}CHCOOCH_3 + H_2O$$
$$HNO_3 + CH_3OH \longrightarrow CH_3ONO_2 + H_2O$$
$$H_2SO_4 + 2CH_3OH \longrightarrow (CH_3)_2SO_4 + 2H_2O$$
$$C_6H_4(COOH)_2 + 2CH_3OH \longrightarrow C_6H_4(COOCH_3)_2 + 2H_2O$$

甲酸甲酯是重要中间体，可直接用作处理干水果、谷物等的烟熏剂和杀菌剂，也常用作硝化纤维素、乙酸纤维素的溶剂，在医药上也有应用。硫酸二甲酯（DMS）用于生产二甲亚砜，在医药、农药行业作为甲基化剂生产咖啡因、维生素 B_1、安乃近等。

DMS结构式

（6）取代反应——一/二/三氯甲烷、硝基甲烷

甲醇和氯化氢在催化剂作用下发生氯化反应生成一氯甲烷，进一步氯化可生成二氯甲烷和三氯甲烷。

$$CH_3OH + HCl \longrightarrow CH_3Cl + H_2O$$
$$CH_3Cl + HCl + \frac{1}{2}O_2 \longrightarrow CH_2Cl_2 + H_2O$$
$$CH_2Cl_2 + HCl + \frac{1}{2}O_2 \longrightarrow CHCl_3 + H_2O$$

甲醇和亚硝酸可以发生硝化反应，生成硝基甲烷。

$$CH_3OH + HNO_2 \longrightarrow CH_3NO_2 + H_2O$$

氯甲烷常用作化学工业中的溶剂、甲基化剂和氯化剂。硝基甲烷可用作纤维素、聚合物、树脂等的溶剂及助燃剂、表面活性剂，也可制炸药、火箭燃料、医药、农药和汽油添加剂等。

（7）与乙炔的加成反应——甲基乙烯基醚

$$CH_3OH + CH{\equiv}CH \longrightarrow CH_3OCH{=}CH_2$$

甲基乙烯基醚与其他单体共聚可合成涂料、增塑剂以及聚苯乙烯树脂等的改进剂。

（8）与异丁烯的加成反应——甲基叔丁基醚

$$CH_3OH+CH_2=C(CH_3)_2 \longrightarrow CH_3OC(CH_3)_3$$

甲基叔丁基醚是一种高辛烷值汽油添加剂。

（9）羰基化反应——乙酸、乙酸酐、碳酸二甲酯

$$CH_3OH+CO \longrightarrow CH_3COOH$$

$$2CH_3OH+2CO \longrightarrow (CH_3CO)_2O+H_2O$$

$$2CH_3OH+CO+O_2 \longrightarrow (CH_3O)_2CO+H_2O$$

乙酸是重要的有机酸和有机合成原料（如乙酸纤维），广泛用于合成纤维、涂料、医药、农药、食品添加剂、染织等工业。

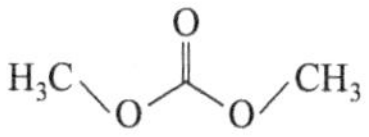

DMC结构式

碳酸二甲酯（DMC）是优良的溶剂，在特殊清洗领域有应用；作为新一代汽油添加剂，某些性质优于 MTBE。

（10）甲醇的分解反应

在有催化剂作用下，甲醇可以发生裂解反应。

$$CH_3OH \longrightarrow CO+2H_2$$

若裂解过程中有水蒸气存在，则发生甲醇水蒸气重整反应。

$$CH_3OH+H_2O \longrightarrow CO_2+3H_2$$

（11）完全氧化反应

甲醇在有氧条件下完全燃烧时被完全氧化，反应放出大量热。

$$2CH_3OH+3O_2 \longrightarrow 2CO_2+4H_2O$$

 任务实施

1. 复习《有机化学》中典型有机反应的反应机理，进一步加深对甲醇的认识。

2. 理解甲醇化学性质与用途之间的关系，总结甲醇的主要下游化工产品，分组进行交流。

（1）找一种你感兴趣的甲醇下游产品，查找资料了解其主要的生产条件和工艺过程。

（2）找一种可以发生化学反应但是目前没有实现工业化的产品，分析其未能工业化的主要原因。

项目二
合成气生产

知识目标

1. 熟悉焦化厂生产流程，熟悉焦炉煤气的冷却、脱氨、脱硫、脱苯工序。
2. 熟悉煤气化生产合成气的主要方法。
3. 了解以煤层气为原料合成甲醇的工艺路线。

技能目标

1. 能够完成煤气化仿真实操相关项目，能进行煤气化相关岗位操作。
2. 能够根据原料气的不同来源，采用合适的方法对原料气的组成进行调整以符合甲醇生产要求。

工业上，主要是通过一氧化碳加氢催化合成甲醇。以一氧化碳、二氧化碳和氢气为主要成分的混合气体，称为合成气。从理论上来讲，以合成气为原料、F-T（费托）反应为核心，可以合成许多的有机化工产品，其中包括甲醇。按照来源不同，甲醇合成的原料主要可以分为煤基原料、天然气原料、石油基原料（如重油和石脑油）三大类，此外生物质及温室气体 CO_2 等新型甲醇合成原料的研究也正在进行中。

煤基合成甲醇原料包括煤炭、焦炭、焦炉煤气、合成煤气、煤层气以及劣质煤和煤矸石等。煤基原料合成甲醇的路线主要有以下几种：第一条路线是以焦化厂副产的焦炉煤气为原料，通过甲烷转化和变换反应调节合成气组成之后用于甲醇合成；第二条路线是以固体原料煤、焦炭或煤矸石通过煤炭气化转化为合成气用于合成甲醇；第三条路线是直接以煤层气为原料，经过氧化和转化进行甲醇合成。三种路线的产生和发展主要依赖于各地的资源优势，无所谓孰优孰劣。比如山西省煤炭资源比较丰富，当然煤基原料的甲醇合成工业就比较普遍和发达，而石油基和天然气基的甲醇合成工业相对就薄弱一些。第一条路线在原有焦化厂的基础上利用焦化厂副产的焦炉煤气合成甲醇，一方面延伸产业链降低了产品成本，另一方面避免焦炉煤气直接点火放空污染环境，也是环保的最终要求；第二条路线需要从煤气化工序开始进行建厂，工艺路线长，设备复杂，投资较高，但是从配煤、煤气化阶段就可以对原料气组成进行设计，提高了产率，减少了副产物，降低了后续分离难度；第三条路线以煤层气为原料合成甲醇理论上来看是可行的，与天然气合成甲醇的路线有相似之处，但是目前为止还多停留在研发阶段，没有实现大规模工业化。由于我国一次能源结构具有"富煤贫油少气"特征，缺少廉价的天然气资源，同时随着石油资源紧缺、油价持续上涨，在大力发展煤炭洁净利用技术的背景下，当前并且今后较长一段时间内煤炭仍是我国甲醇生产最重要的原料。

此外合成甲醇的原料构成在几十年中也经历了许多的变化，早期甲醇生产多以煤和焦炭为原料，采用固定床气化的方法制造甲醇原料气。20 世纪 50 年代以来，天然气、石油资源得到大量开采，由于以甲烷为主要组成的天然气便于输送，适合加压操作，随着新技术的出现，以天然气为原料的甲醇生产流程被广泛应用。同时由于抗结炭的石脑油蒸气转化催化剂研制成功，在天然气缺乏的地区，可以以石脑油为原料生产甲醇。20 世纪 60 年代以后，又开发了重油部分氧化法制造甲醇合成原料气。目前国外生产的甲醇一般都以天然气或油田伴生气为主，而国内目前以煤为原料生产甲醇的比例上升很快。这些以固体（煤）、气体（天然气）、液体（烃类）为原料生产甲醇，从根本上讲都属于不可再生的矿产资源消耗的范畴，选用何种原料生产甲醇，取决于一系列因素，包括地域限制、原料的储量与成本、投资费用和技术水平等，尤其是以伴生气（高含二氧化碳的天然气、煤层气、焦炉气等）生产甲醇，在投资、成本、工艺路线、能量消耗等方面都具有明显的优越性。

在工业生产中，一氧化碳加氢合成甲醇一般分为两个步骤，即转化步骤和合成步骤。首先进行的是转化反应，一定的碳氢原料通过特定的转化过程生成合成气；其次是甲醇合成反应，合成气和循环气（主要由氢气、一氧化碳、二氧化碳等组成）在一定的温度和压力下合成甲醇。

任务一 焦炉煤气的净化和转化

任务描述

中国是世界最大的焦炭生产国，2006 年伴生焦炉煤气的总量达 1100 亿立方米以上，除钢厂自用和城市煤气外，约 300 多亿立方米的焦炉气对空燃烧排放，不仅造成资源的浪费，而且造成严重的环境污染。将焦炉煤气净化之后用来合成甲醇的化工产品，不仅减少浪费和污染，而且延伸了产业链，提高了经济效益，可谓一举两得。山西焦炭、山西黑猫、山西聚源、临汾建滔、山西焦化、天脊集团等山西的大部分已投产和在建项目都是以焦炉煤气为原料进行甲醇生产。这也是我国独有的甲醇制取技术。据资料显示，2010 年我国以煤为原料的甲醇装置产能占国内总产能的 63%，以焦炉气为原料的占 15.8%，以天然气为原料的占 21.2%。

焦化厂副产的焦炉煤气中的 H_2、CH_4 和 CO，是很好的甲醇合成原料。从焦炉中出来的荒煤气经过降温冷却、除焦油、粗脱硫、脱氨工序进行化产回收后，转化成净焦炉煤气；焦炉煤气经过进一步精脱硫和甲烷转化等合成气净化工序，脱除有害介质并调整合成气组成之后即可用于甲醇合成。

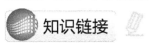 知识链接

焦炉煤气是焦化厂的气态副产品。煤的焦化也称为煤的干馏，是煤在隔绝空气的条件

下，加热分解生成焦炭、焦炉煤气、焦油、苯的过程。按照加热最终温度的不同，煤的干馏大致可分为三种：低温干馏（500～600℃）、中温干馏（700～900℃）、高温干馏（900～1100℃）。甲醇原料气的制备是以煤高温干馏制取的焦炉煤气为原料。

1. 煤焦化工艺及产物简介

煤在焦炉炭化室进行高温干馏时，发生脱水、分解和解聚反应等一系列的物理化学变化，最终煤的有机大分子重组形成焦炭，脱落下来的小分子化合物形成荒煤气。焦化工艺中焦炉的产品主要有两种：焦炭和焦炉煤气。焦化工艺中焦炉煤气的主要生产工艺路线见图2-1。固体组分高温的焦炭从焦炉（图2-2）炭化室侧边推出，由拦焦车（图2-3）送熄焦塔（图2-4）熄焦得到产品焦炭，气体组分荒煤气从炭化室顶部溢出，经过冷却和净化得到净煤气，同时副产焦油、粗苯和硫铵等。炭化室逸出的荒煤气组成随配煤的组成、焦化条件的不同而不同。由于炼焦炉操作是连续的，所以整个炼焦炉组产生的煤气组成基本是均一稳定的（表2-1）。

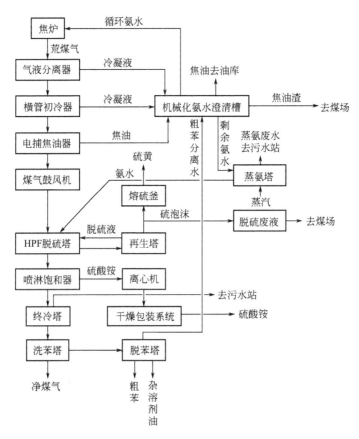

图 2-1　焦炉煤气的生产工艺路线

表 2-1　煤高温干馏产物的产率（相对于煤的质量）　　　　　　单位：%

焦炭	70～80	苯族烃	0.8～1.4
净焦炉煤气	15～19	氨	0.25～0.35
焦油	3～4.5	硫化物	0.1～0.5
化合水	2～4		

从炭化室顶部逸出的荒煤气，除净焦炉煤气之外的主要组成见表2-2。

表 2-2　荒煤气的主要组成（除净焦炉煤气外）　　　　单位：g/m³

成分	含量	成分	含量
水蒸气	250～450	氨	8～16
焦油气	80～120	萘	8～12
硫化氢	6～30	氰化氢等氰化物	1.0～2.5
其他硫化物	2～2.5	吡啶碱	0.4～0.6
苯族烃	30～45		

图 2-2　焦炉（焦炉顶部为集气管和桥管）

图 2-3　拦焦车

图 2-4　熄焦塔

图 2-5　横管初冷器

2. 煤气的冷却

煤的焦化属于高温干馏，焦炉炭化室中的温度为 900～1100℃，焦炉炭化室顶部的荒煤气温度一般不超过 800℃，从炭化室顶部逸出时的温度为 650～750℃。由于荒煤气中含有焦油气、苯族烃、硫化氢、氨、氰化氢等化合物，要对这些化合物进行回收和处理，首先必须将高温的荒煤气进行冷却。

煤气的初步冷却分以下两步进行。

① 第一步是在焦炉顶部的集气管及桥管中的直接冷却。煤气在桥管和集气管（见图 2-2）内的冷却，是用表压为 150～200kPa 的循环氨水通过喷头强烈喷洒进行的。当细雾状的氨水与煤气充分接触时，由于煤气温度很高而湿度又很低，故煤气放出大量显热，氨水大量蒸发。煤气温度由 650～750℃降至 80～85℃，同时有 60% 左右的焦油气冷凝下来，含在煤气中的粉尘也被冲洗下来，被冲洗下来的煤粉与焦粉、焦油混合形成了焦油渣。在集气管冷却煤气主要是靠氨水蒸发吸收需要的相变热使煤气显热减少，温度降低，煤气冷却温度高于其最后达到的露点温度 1～3℃。煤气的露点温度是煤气水汽饱和的温度，也是煤气在集气管中冷却的极限。

② 第二步是煤气在横管初冷器（图2-5）中进行间接冷却。从焦炉来的焦油、氨水与煤气的混合物约80℃进入气液分离器，煤气与焦油氨水混合物在此分离。分离出的粗煤气并联进入三台横管式初冷器管内，与管间的循环水（上段）、低温水（下段）进行热交换，被冷却到21～22℃。冷却后的煤气并联进入两台电捕焦油器，捕集焦油雾滴后的煤气送往煤气鼓风机进行加压后，送往脱硫及硫回收工段。

横管初冷器管间用来冷却煤气的冷凝液由初冷器上段和下段分别流出，经循环泵循环使用。多余的冷凝液由泵抽送至机械化氨水澄清槽，与从气液分离器分离的焦油氨水与焦油渣并联进入三台机械化氨水澄清槽。澄清后分离成三层，上层为氨水（密度为1.01～1.02kg/L），中层为焦油（密度为1.17～1.20kg/L），下层为焦油渣（密度为1.25kg/L）。分离的氨水由循环氨水泵送至焦炉集气管或初冷器上段循环使用，多余的氨水去剩余氨水槽送去蒸氨。分离的焦油靠静压流入机械化焦油澄清槽，进一步进行焦油与焦油渣的沉降分离，焦油用焦油泵送至酸碱油品库区焦油槽，焦油渣定期送往煤场掺混炼焦。

3. 煤气输送

煤气由炭化室顶部经集气管、吸气管、冷却及煤气净化、化学产品回收设备回到煤气储罐或送回焦炉，要通过很长的管路及各种设备。为了克服这些设备和管道阻力及保持足够的煤气剩余压力将煤气压入气柜，在煤气输送系统中必须设置鼓风机。另外，鼓风机在运行时也有清除焦油的作用。鼓风机在焦化厂具有重要地位，人们把它称作焦化厂的"心脏"。

焦化厂中鼓风机除了要输送煤气，还可以通过鼓风机操作保持炭化室和集气室的压力稳定。在正常生产情况下，集气管压力用压力自动调节机调节，但当调节范围不能满足生产变化的要求时，即需要鼓风机操作进行必要的调整。

鼓风机的输气能力及压头必须能承受焦炉所产生的最大煤气量的负荷。鼓风机吸入方为负压，鼓风机压出方为正压，鼓风机的机后压力与机前压力差为鼓风机的总压头。焦化厂中所采用的鼓风机类型有两种：离心式鼓风机和罗茨式鼓风机。大中型焦化厂一般采用离心式鼓风机。

4. 焦油雾清除

煤气中的焦油雾是在煤气冷却过程中形成的。荒煤气中的焦油蒸气（80～120g/m³）在初冷的过程中，绝大部分已经冷凝形成焦油液体被氨水带走，剩余的少部分以内充煤气的焦油气泡状态或极小的焦油滴存在于煤气中。由于焦油雾滴又轻又小，其沉降速率小于煤气运行速度，因而悬浮于煤气中并被煤气带走。

初冷后的煤气中焦油雾的含量一般为1.0～2.5g/m³，而化产回收工艺要求煤气中所含焦油量需<0.02g/m³。所以这些焦油雾必须得到彻底清除，否则会对后续化产回收产生严重影响。如焦油雾在饱和器中凝结下来，会使硫酸铵质量变坏；焦油雾进入洗苯塔内，会使洗油质量变坏，影响粗苯的回收；当煤气脱除硫化氢时，焦油雾会使脱硫塔脱硫效率降低；对水洗氨系统，焦油雾会造成煤气脱萘效果差和洗氨塔的堵塞。从焦油雾滴的大小和所要求净化程度综合来考虑，采用电捕焦油器（图2-6）最为经济可靠，目前普遍采用。

电捕焦油器的工作原理：电捕焦油器的核心部件（图2-7）是由电晕极和沉淀极所组成的非均匀电场。按电场理论，物质经过电场中时会被电离形成正离子和负离子，在电场的作用下，正离子会吸附于带负电的电晕极，负离子吸附于带正电的沉淀极。当含焦油雾滴等杂质的煤气通过该电场时，由于焦油雾滴相对于煤气分子而言比较大，会更容易吸附电场中的负离子而带负电，在电场库仑力的作用下会向正极移动并释放出所带电荷，同时吸附于正极（也叫沉淀极）。当吸附于沉淀极上的杂质量增加到大于其附着力时，会自动向下流淌，从电捕焦油器底部排出，净化后的焦炉煤气从电捕焦油器上部离开并进入下道工序。

焦化厂的电捕焦油器一般设置两台，一备一用。

图 2-6　电捕焦油器外观

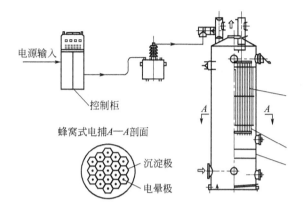

图 2-7　电捕焦油器结构图

5. 脱硫工艺

高温炼焦原料煤中含有硫，在炼焦过程中 30%～40% 以气态硫化物形式进入焦炉煤气中。煤气中的硫化物主要有两类：一类是无机硫化物（主要为 H_2S），焦炉煤气中一般含 $4～10g/m^3$；另一类是有机硫化物（硫醇、硫醚、噻吩等），含量一般较少，在 $0.3g/m^3$ 左右。可以看出焦炉煤气中硫主要以无机硫为主，且有机硫在变换过程中几乎全部转化成无机硫，故 H_2S 占煤气含硫量的 90% 以上，是脱硫的主要对象。脱除原料气中硫化物的过程称为脱硫。

硫化氢是具有刺鼻臭鸡蛋气味的气体，硫化氢及其燃烧产物二氧化硫都对人体有毒，同时也是空气污染物，不能随意排放。此外含硫化氢、氰化氢的煤气在处理输送过程中，会腐蚀设备和管道。含硫化氢的焦炉煤气，若用作合成原料气会造成催化剂中毒；用于冶炼优质钢，会降低钢的质量。所以焦炉煤气中的硫化物必须脱除。

脱除煤气中硫化氢的方法很多，按脱硫剂的物理形态不同分为干法和湿法两大类。湿法是利用碱性脱硫液与煤气逆流接触以吸收煤气中的硫化氢；干法是利用活性炭等固体吸附剂吸收煤气中的硫化氢。焦化厂焦炉煤气的脱硫主要采用湿法脱硫，脱硫之后的焦炉煤气可以满足作为燃料或者点火放空的要求；但是如果要用作合成甲醇等的合成气，就必须要用干法进行进一步的脱硫，以满足合成气对硫含量的苛刻要求。所以关于脱硫的详细内容将在合成气净化的部分一并进行讲述。

6. 脱氨工艺

在高温炼焦过程中，炼焦煤中所含的氮有 10%～20% 变为氮气，约为 60% 的氮残留于焦炭中，有 15%～20% 的氮生成氨，有 1.2%～1.5% 转变为吡啶碱。所生成的氨与赤热的焦炭反应则生成少量氰化氢。

生成的氨会存在于煤气和剩余氨水中，剩余氨水送去蒸氨，初冷器后焦炉煤气中含氨约 $46g/m^3$，而焦炉煤气中的氨必须回收。因为焦炉煤气中含有的水蒸气会吸收氨形成氨溶液，为保护大气和水体，含氨的水溶液不能随便排放；焦炉煤气中的氨气与氰化氢、硫化氢结合，加剧了腐蚀作用；煤气中的氨在燃烧时会生成氧化氮污染大气；氨在粗苯回收中会使洗油和水形成乳化物，影响油水分离；氨还可以使甲烷转化的催化剂性能降低。为此焦炉煤气经脱除氨之后，氨含量不能大于 $0.03g/m^3$。

目前国内普遍采用生产硫酸铵工艺和蒸氨工艺。

（1）硫酸铵工艺

生产硫酸铵可以采用喷淋饱和器或鼓泡式饱和器，它们的基本反应原理是一致的。喷淋饱和器外观及结构图见图 2-8 与图 2-9。来自脱硫工段的煤气，经煤气预热器，加热到 80～90℃进入喷淋饱和器，与饱和器中的硫酸逆流接触发生中和反应生成硫酸铵，随着吸收过程的进行，饱和硫酸铵母液中会不断结晶出硫酸铵晶体，硫酸铵母液循环使用。主要反应式如下：

$$NH_3 + H_2SO_4 \longrightarrow NH_4HSO_4$$
$$2NH_3 + H_2SO_4 \longrightarrow (NH_4)_2SO_4$$

由于酸式盐更易溶于水或稀硫酸，溶解度较高，故从饱和溶液中析出的只有硫酸铵结晶。生产过程需要不断地消耗硫酸，焦化厂生产硫酸铵一般不用纯硫酸，通常采用浓度为 75%～76% 的硫酸，或浓度为 90%～93% 的硫酸。饱和器底部的硫酸铵晶体通过结晶泵连同母液打入结晶槽中，经离心分离、空气干燥得到硫酸铵成品出售。

图 2-8　喷淋饱和器外观

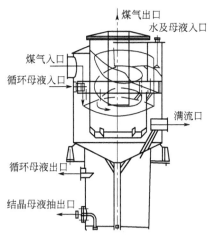

图 2-9　喷淋饱和器结构图

（2）蒸氨工艺

从气液分离器、横管初冷器来的冷凝液和电捕焦油来的焦油于机械化氨水澄清槽中静置分层，分层之后的氨水一部分回到焦炉顶部循环喷洒，多余的部分送去蒸氨工段。

蒸氨工段主要由三部分组成：水洗氨、蒸氨和氨分解。焦炉煤气在洗氨塔中与终冷循环水逆流接触进一步吸收氨，同时进一步将煤气冷却至 25℃。吸收氨之后的富氨水送去蒸氨。蒸氨部分设挥发氨蒸馏塔和固定氨蒸馏塔各一台，塔底均通入直接蒸汽进行蒸馏，固定氨蒸馏塔塔顶同时通入碱液以分解剩余氨水中的固定氨，反应式如下（固定氨以 NH_4Cl 计）：

$$NH_4Cl + NaOH == NaCl + NH_3 + H_2O$$

蒸氨塔塔顶出来的氨气经分离器冷却浓缩后送入氨分解炉进行分解，在高温和催化剂的作用下，氨气中的氮化物进行分解生产 N_2、H_2 和 CO。氨分解之后的高温尾气可送废热锅炉进行热量利用，降温冷却之后的尾气含有可燃组分，可兑入煤气中进行利用。其分解的主要反应如下：

$$NH_3 = \frac{3}{2}H_2 + \frac{1}{2}N_2$$

$$HCN + H_2O = \frac{3}{2}H_2 + \frac{1}{2}N_2 + CO$$

7. 粗苯回收

粗苯是煤热解生成的粗煤气中的产物之一，主要含有苯、甲苯、二甲苯和三甲苯等芳香烃。粗苯等组成主要取决于炼焦配煤的组成及炼焦产物在炭化室内热解的程度。焦炉煤气中一般含苯族烃 $30\sim45g/m^3$，经粗苯回收之后含量可降低到 $2\sim4g/m^3$。

自煤气回收粗苯最常用的方法是洗油吸收法。洗油吸收法是利用洗油与煤气逆流接触以吸收煤气中的苯族烃，吸收了苯族烃的富洗油送至脱苯蒸馏装置中蒸出粗苯作为产品，脱苯之后的贫洗油经冷却后重新送回吸收塔循环使用。为达到粗苯 $90\%\sim96\%$ 的回收率，一般采用多段逆流吸收法，吸收温度不高于 $20\sim25℃$。

经回收化学产品和净化后的煤气，称为净焦炉煤气，也称回炉煤气，其组成如表 2-3 所示。

表 2-3　净焦炉煤气的组成

组分	H_2	CH_4	CO	N_2	CO_2	C_nH_m	O_2
干煤气组成/%	$54\sim59$	$24\sim28$	$5.5\sim7$	$3\sim5$	$1\sim3$	$2\sim3$	$0.3\sim0.7$

其中氢气、甲烷、一氧化碳、不饱和烃是可燃成分，氮气、二氧化碳、氧气是惰性组分。净焦炉煤气的低位发热量值为 $17580\sim18420kJ/m^3$，可以直接掺烧燃料作为民用燃气。氢气、甲烷和一氧化碳是合成甲醇的有效成分。

  任务实施

1. 调研：你所在的当地有几个焦化厂，经济效益如何？该厂的焦炉煤气主要采用哪些方法进行净化？净化之后的焦炉煤气是直接点火排空、掺烧燃料还是转化利用？如何利用？当地的空气质量如何？你有什么好的建议？

2. 净焦炉煤气的主要成分有哪些？甲醇合成原料气有哪些要求？比较两者的异同。

3. 完成焦化工艺化产回收实训项目。

任务二　煤气化生产合成气

任务描述

煤是世界上储量最多的化石能源，从长远来看，随着大型煤气化和净化技术的发展，煤将越来越成为合成甲醇等燃料和化工产品的重要原料。尤其是煤炭资源中的高硫劣质煤是不能作为动力煤进行利用的，但是通过气化脱硫之后，就可以作为甲醇等产品的原料进行清洁利用。如山西省潞安集团煤变油项目，利用高硫劣质煤进行费托合成转化不仅可以生产甲醇、柴油等燃料，而且在燃料价格持续走低的情况下，进一步进行了产业链的延伸，可以生产 49 种高附加值的化工产品，走出了一条新型煤化工产业之路。

我国目前合成甲醇的原料主要是煤炭，其生产规模呈大型化趋势。目前国内已投产的规模最大的煤制甲醇装置是山东兖矿年产 50 万吨的甲醇项目，此外神化宁煤、神化新疆都以煤为原料生产甲醇。

煤气化是以煤或煤焦为原料，以氧气（空气、富氧或纯氧）、水蒸气或氢气为气化剂，将煤转化为 H_2、CO 等气体燃料或原料的过程。煤气化的设备称为气化炉，目前气化炉的结构主要有固定床、气流床、流化床、熔融床四种。煤气化生产的合成气不仅可以作为甲醇合成气，也是很多 F-T 合成产品的重要原料气，所以煤气化过程是煤炭气化转化的重要环节。F-T 合成是整个煤化工产业最重要的一个环节，而煤气化是 F-T 合成的前提和基础。将固态的煤通过煤气化转变成以 CO、H_2 为主要成分的合成气，进一步通过 F-T 合成甲醇、二甲醚、烯烃等主要化工产品，为煤炭综合利用打开了一条全新的通道。

  知识链接

1. 煤气化基本原理

煤气化是以煤或煤焦为原料，以氧气（空气、富氧或纯氧）、水蒸气或氢气等作气化剂，在高温条件下通过化学反应将煤或煤焦中的有机质部分氧化转化为 H_2、CO 等气体燃料或原料的过程，是一个热化学过程。这种用气化剂对煤或焦炭等固体燃料进行加工使其转变成可燃气体的过程也称为造气。煤气化反应主要包括煤的热解和煤的气化两部分。煤在加热时会发生一系列的物理变化和化学变化，这些变化主要取决于煤种、温度、压力、加热速率和气化炉型式等。

煤气化反应是指气化剂与碳质原料之间的反应，以及反应物与原料、反应产物之间的化学反应。气化剂主要采用水蒸气、空气（或氧气）及它们的混合气。进行气化反应的设备称为煤气发生炉，气化得到的可燃性气体称为煤气（发生炉煤气）。煤炭气化时，必须具备三个条件，即气化炉、气化剂、供给热量，三者缺一不可。

气化炉中的气化反应，是一个十分复杂的体系。由于煤的结构很复杂，其中含有碳、氢、氧和其他元素，因而在讨论气化反应时，总是以如下假定为基础的：仅考虑煤中的主要元素碳，气化反应主要是指煤中的炭与气化剂中的氧气、水蒸气和氢气的反应，也包括炭与反应产物之间进行的反应。

煤气化反应按反应物的相态不同而划分为非均相反应和均相反应，前者是气化剂或气态反应产物与固体煤或煤焦的反应；后者是气态反应产物之间相互反应或与气化剂的反应。在气化装置中，由于气化剂的不同而发生不同的气化反应，亦存在平行反应和连串反应。习惯上将气化反应分为三种类型：炭与氧的反应、炭与水蒸气的反应和甲烷生成反应。

（1）炭与氧之间的反应

炭与氧之间的反应有：

$$C+O_2 \Longrightarrow CO_2 \qquad \Delta H = -393.77kJ/mol$$

$$C+\frac{1}{2}O_2 \Longrightarrow CO \qquad \Delta H = -110.59kJ/mol$$

$$2CO+O_2 \Longrightarrow 2CO_2 \qquad \Delta H = -283.18kJ/mol$$

$$C+CO_2 \Longrightarrow 2CO \qquad \Delta H = 172.28kJ/mol$$

上述反应中，前三个反应均为氧化反应，都是放热反应；第四个反应称为 CO_2 还原反应，是一个较强的吸热反应，需在高温条件下才能进行。在高温的燃料层中，当空气不断鼓

入时，前三个反应的反应平衡常数都很大，反应主要向正反应方向进行，可视为不可逆反应。而第四个是可逆反应，其平衡常数随温度变化明显，此反应决定着整个反应的平衡组成。

从第四个反应式可以看出此反应为体积增加的可逆吸热反应，提高 CO_2 含量、减小压力、升高温度有利于平衡向正反应方向进行；反之，减少 CO_2 含量、增大压力、降低温度有利于平衡向逆反应方向进行。

（2）炭与水蒸气的反应

在一定温度下，炭与水蒸气之间有下列反应：

$$C + H_2O \Longleftrightarrow CO + H_2 \qquad \Delta H = 131.39 \text{kJ/mol}$$
$$C + 2H_2O \Longleftrightarrow CO_2 + 2H_2 \qquad \Delta H = 96.6 \text{kJ/mol}$$

这是制造水煤气的主要反应，也称为水蒸气分解反应，两反应均为吸热反应。反应生成的 CO 可进一步和水蒸气发生如下反应：

$$CO + H_2O \Longleftrightarrow CO_2 + H_2 \qquad \Delta H = -38.4 \text{kJ/mol}$$

该反应称为一氧化碳变换反应，也称为均相水煤气反应或水煤气平衡反应，是可逆放热反应。在变换等有关工艺过程中，通常利用这个反应，将一氧化碳全部或部分转换为氢气，或者将氢气全部或部分转换为一氧化碳，进行原料气组成的调整。

（3）甲烷生成反应

煤气中的甲烷，一部分来自煤中挥发物的热分解，另一部分则是气化炉中的炭与煤气中的氢反应以及气体产物之间的反应的结果。

$$C + 2H_2 \longrightarrow CH_4$$
$$CO + 3H_2 \longrightarrow CH_4 + H_2O$$
$$2CO + 2H_2 \longrightarrow CH_4 + CO_2$$
$$CO_2 + 4H_2 \longrightarrow CH_4 + 2H_2O$$

上述生成甲烷的反应，均为放热反应。

（4）煤中其他元素与气化剂的反应

煤中还含有少量元素氮（N）和硫（S）。它们与气化剂 O_2、H_2O、H_2 以及反应中生成的气态产物之间可能进行的反应如下：

$$S + O_2 \longrightarrow SO_2$$
$$SO_2 + 3H_2 \longrightarrow H_2S + 2H_2O$$
$$2H_2S + SO_2 \longrightarrow 3S + 2H_2O$$
$$C + 2S \longrightarrow CS_2$$
$$CO + S \longrightarrow COS$$
$$N_2 + 3H_2 \longrightarrow 2NH_3$$
$$N_2 + H_2O + 2CO \longrightarrow 2HCN + 3/2O_2$$
$$N_2 + xO_2 \longrightarrow 2NO_x$$

由此产生了煤气中的含硫和含氮产物。这些产物有可能产生腐蚀和污染，在气体净化时必须除去。其中含硫化合物主要是硫化氢，COS、CS_2 和其他硫化物仅占次要地位。在含氮化合物中，NH_3 是主要产物，NO_x 和 HCN 为次要产物。上述反应对气化反应的化学平衡不起重要作用。

以上所列煤气化反应为煤气化过程中的基本化学反应，不同的原料、不同的反应条件、不同气化过程所发生的反应都由上述全部或部分反应以连串或平行的方式组合而成。

煤气化反应的基本反应条件可以从反应平衡和反应速率的相关影响因素中分析得出。从反应物浓度、温度、压力对化学反应的平衡可以分析得出，以水蒸气为气化剂制备甲醇合成原料气时，应在低温、高压的条件下进行，并且应当适当提高水蒸气的含量，及时移出生成气体。炭与气化剂（水蒸气）的反应是气固相非催化反应。所以反应温度越高，体系压力越大，反应速率越快。

影响气化的主要因素包括气化原料的理化性质、气化过程的操作条件和气化炉构造等三个方面。

① 气化原料的理化性质。包括煤的水分、挥发分、硫分、灰分、黏结性、机械强度、热稳定性、灰熔点和煤的化学性质等，对气化过程有影响。

② 气化过程。包括加料、反应和排渣三个工序，主要需要控制反应温度、反应压力、进料状态、加料速度、排渣温度等。

③ 气化炉的影响。通常按照燃料在气化炉内运动状况来对气化炉进行分类，可分为移动床（固定床）、流化床（沸腾床）、气流床、熔融床。按照操作压力的不同可以分为常压气化炉和加压气化炉。根据排渣方式的不同又分为固体排渣气化炉和液体排渣气化炉。

采用不同炉型、不同气化剂、不同气化压力、不同气化温度，生产的煤气组成、热值及其经济指标都有很大的不同。煤气化所采用工艺和气化剂不同，其煤气的主要成分和用途也不同，详见表 2-4。

表 2-4　各种类型煤气及相关可燃气体的比较

煤气种类		气化剂	主要成分	主要用途
水煤气		水蒸气	CO、H_2	合成气制备甲醇等（控制 H/C 为 2 左右）
混合煤气	半水煤气	空气和水蒸气	CO、H_2、N_2	合成气制备氨（控制 C/N 为 3 左右）
	低氮半水煤气	富氧空气和水蒸气	CO、H_2、N_2	合成氨联产甲醇
空气煤气		空气	N_2、CO	依成分不同,用途不同,可作为燃料
焦炉煤气(焦化副产品)			H_2、CH_4	民用燃料,合成甲醇、天然气等
煤层气、天然气			CH_4	民用燃气,可转化为合成气

煤气的组成主要取决于燃料和气化剂的种类以及气化过程的条件。例如，当使用空气作为气化剂时，所得煤气的成分是一氧化碳和氮气；而用水蒸气作为气化剂时，制得的煤气中主要含一氧化碳和氢气。一氧化碳和氢气是合成甲醇的有效成分，甲烷是可转化为一氧化碳的有效成分，氢气和氮气是合成氨的有效成分。

不同种类工业煤气的组成及含量见表 2-5。

表 2-5　不同种类工业煤气的组成及含量

种类	$\varphi(H_2)/\%$	$\varphi(CO)/\%$	$\varphi(CO_2)/\%$	$\varphi(N_2)/\%$	$\varphi(CH_4)/\%$	$\varphi(O_2)/\%$	$\varphi(H_2S)/\%$
空气煤气	0.9	33.4	0.6	64.6	0.5	—	—
水煤气	50.0	37.3	6.5	5.5	0.3	0.2	0.2
混合煤气	11.0	27.5	6.0	55.0	0.3	0.2	—
半水煤气	37.0	33.3	6.6	22.4	0.3	0.2	0.2

2. 煤气化工艺

煤气化技术开发较早，在 20 世纪 20 年代，世界上就有了常压固定床煤气发生炉，20

世纪 30～50 年代，用于煤气化的加压固定床鲁奇炉、常压温克勒沸腾炉和常压气流床 K-T 炉先后实现了工业化，这批煤气化炉型一般称为第一代煤气化技术。

第二代煤气化技术开发始于 20 世纪 60 年代，由于当时国际上石油和天然气资源开采及利用于制取合成气技术进步很快，大大降低了制造合成气的投资和生产成本，导致世界上制取合成气的原料转向了天然气和石油，使煤气化新技术开发的进程受阻。20 世纪 70 年代全球出现石油危机后，又促进了煤气化新技术开发工作的进程。到 20 世纪 80 年代，开发的煤气化新技术，有的实现了工业化，有的完成了示范厂的试验，具有代表性的炉型有德士古加压水煤浆气化炉、熔渣鲁奇炉、高温温克勒炉（ETIW）及干粉煤加压气化炉等。第二代煤气化技术的主要特点是：提高气化炉的操作压力和温度、提高单炉生产能力、扩大原料煤的品种和粒度使用范围、改善生产的技术经济指标、提高环境质量满足环保要求。

近年来国外煤气化技术的开发和发展，有倾向于以煤粉和水煤浆为原料、以高温高压操作的气流床和流化床炉型为主的趋势。

煤气化工艺可以按照反应压力、气化剂、气化过程供热方式等指标进行分类，常用的是按气化炉内煤料与气化剂的接触方式进行分类，主要有以下几类。

（1）固定床气化

在气化过程中，煤由气化炉顶部加入，气化剂由气化炉底部加入，煤料与气化剂逆流接触，相对于气体的上升速度而言，煤料下降速度很慢，甚至可视为固定不动，故称为固定床气化。而实际上，煤料在气化过程中是以很慢的速度向下移动的，所以有的资料也称为移动床气化。所以固定床和移动床实际上指的是同一种气化方式。

（2）流化床气化

以粒度为 0～10mm 的小颗粒煤为气化原料，在气化炉内使其悬浮分散在垂直上升的气流中，煤粒在沸腾状态进行气化反应，从而使得煤料层内温度均一，易于控制，提高气化效率。

（3）气流床气化

气流床气化是一种并流气化，用气化剂将粒度为 $100\mu m$ 以下的煤粉带入气化炉内，也可将煤粉先制成水煤浆，然后用泵打入气化炉内进行反应。煤料在高于其灰熔点的温度下与气化剂发生燃烧反应和气化反应，灰渣以液态形式排出气化炉。

（4）熔融床气化

熔融床气化是将粉煤和气化剂以切线方向高速喷入温度较高且高度稳定的熔池内，把一部分动能传给熔渣，使池内熔融物做螺旋状的旋转运动并气化。

固定床、流化床、气流床内物料的存在状态示意图见图 2-10，四种气化炉的结构示意图见图 2-11。

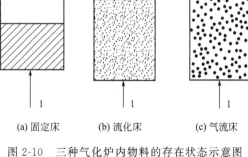

图 2-10 三种气化炉内物料的存在状态示意图
1—反应物；2—煤气

以上均为地面气化方式，除此之外还有地下气化工艺。

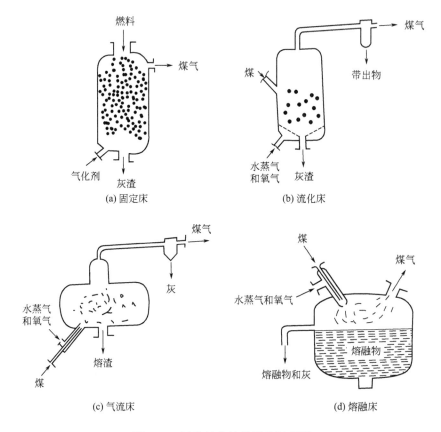

(a) 固定床　　　　　　　　　(b) 流化床

(c) 气流床　　　　　　　　　(d) 熔融床

图 2-11　四种气化炉的结构示意图

3. 移动床煤气化生产工艺

（1）间歇式移动床煤气发生炉

间歇式移动床煤气发生炉是以煤为原料生产煤气，供燃气设备使用的装置。固体原料煤从炉顶部加入，随煤气炉的运行向下移动，在与从炉底进入的气化剂（空气、蒸汽）逆流相遇的同时，受炉底燃料层高温气体加热，发生物理、化学反应，产生粗煤气。此粗煤气（即热煤气）经粗除尘后可直接供燃烧设备使用。

工业上间歇式生产半水煤气是在移动床煤气发生炉中进行的。块状燃料由顶部间歇加入，气化剂通过燃料层进行气化反应，气化后的灰渣落入灰箱排出。在稳定的气化条件下，炉内料层自上而下可以分为空层、干燥层、干馏层、还原层、氧化层和灰层六个层带（图 2-12）。

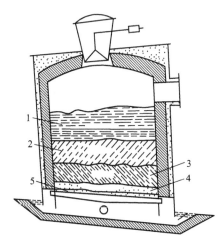

图 2-12　移动床内料层分布情况
1—干燥层；2—干馏层；3—还原层；
4—氧化层；5—灰层

① 干燥层：在燃料层的顶部，新加入的燃料与温度较高的煤气相接触，水分被蒸发，这区域称为干燥区。

② 干馏层：燃料下移继续受热，燃料发生分解。释放出低分子烃类，产生甲烷、烯烃及焦油等物质，

它们受热成为气态，通过干燥层排出，成为煤气的组成部分，燃料本身逐渐焦化，这一区域称为干馏区。

③ 气化区：燃料的温度更高，气化反应主要在气化区中进行。当气化剂为空气时，在气化区的下部主要进行氧与炭的剧烈燃烧反应生成 CO_2 的反应，放出大量热量，称为氧化层；氧化层的上面是还原层，主要进行 CO_2 和水蒸气被炭还原为 CO 和 H_2 的反应。

④ 灰渣区：在燃料层底部，覆盖在炉箅之上，它可预热从炉底部进入的气化剂，并使进入的气化剂在炉膛内尽量均匀分布，同时，灰渣被冷却可保护炉箅不致过热变形。

干燥区上部是没有燃料的空间，起到聚集气体的作用。燃料的分区和各区的高度，随燃料的种类、性质以及气化条件的不同而不同。在生产中由于燃料颗粒不均、气体偏流等原因，导致炉径向温度不同。上述各区域可能交错，界限并不明显。

移动床按气化压力分类，可以分为常压移动床和加压移动床，按照操作方法可以分为间歇法和连续气化法。

（2）间歇式移动床气化工艺（无焦油回收系统）

无焦油回收系统的常压移动床煤气化工艺采用无烟煤或焦炭为原料，煤气中没有或仅有少量焦油，发生炉后的净化系统主要用来冷却和除尘（图 2-13）。

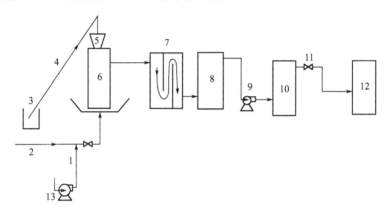

图 2-13　无焦油回收系统的常压移动床煤气化工艺

1—空气管；2—蒸汽管；3—原料坑；4—提升机；5—煤料储斗；6—发生炉；7—双竖管；8—洗涤塔；
9—排送机；10—除雾器；11—煤气主管；12—用户；13—鼓风机

经过筛选的原料煤经过提升机送入煤料储斗，煤料按程序间歇加入发生炉。蒸汽管来的蒸汽和鼓风机来的空气按照一定的比例混合，经调节阀调节到需要的流量后送入炉底，入炉后进行气化反应。生成的热煤气由炉上部导出，进入双竖管，管内用水喷淋，煤气冷却到 200℃ 左右，同时煤气中的部分煤尘和部分焦油被分离下来，初冷后的煤气进入洗涤塔进一步除尘，煤气被冷却到 35℃ 左右后，用排送机抽出并补足压力，煤气进入除雾器后，除去煤气中的雾滴（水和少量焦油），净化后的冷煤气从除雾器中出来，经煤气主管送给用户。

（3）鲁奇加压移动床煤气化工艺

常压移动床气化炉生产的煤气热值较低，煤气中一氧化碳的含量较高，气化强度和生产能力有限，采用加压气化热效率高，便于输送，易于调节和自动化（图 2-14）。加压气化的典型炉型是鲁奇气化炉。鲁奇气化炉采用氧气-水蒸气（或空气-水蒸气）作气化剂，在 2.0~3.0MPa 的压力和 900~1000℃ 的条件下进行气化，制得的煤气热值高。

采用大型加压气化炉时，煤气带出的显热较大，煤气显热的回收对于能量的综合利用意

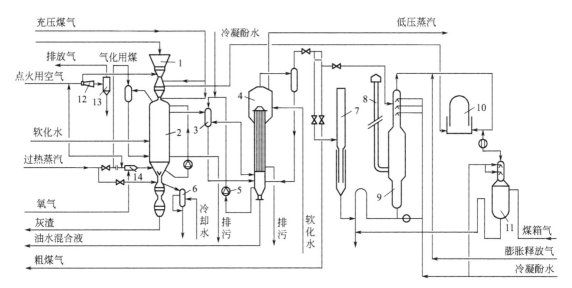

图 2-14 有废热回收系统的加压移动床煤气化工艺流程

1—储煤斗；2—气化炉；3—喷冷器；4—废热锅炉；5—循环泵；6—膨胀冷凝器；7—放散烟筒；8—火炬烟筒；
9—洗涤塔；10—储气柜；11—煤箱气洗涤塔；12—引射器；13—旋风分离器；14—混合器

义重大。

4. 德士古水煤浆加压气化生产工艺

水煤浆气化工艺是采用 60%～65% 高浓度水煤浆进料，利用喷嘴，气化剂高速喷出与料浆并流混合雾化，在气化炉中的水煤浆和氧气在高温高压下发生非催化部分氧化反应生成合成气的工艺过程。该工艺采用气流床、液体排渣方式。根据气化后粗煤气冷却的方式不同，又分为激冷型、全热回收型和废热激冷联合流程，两种炉型仅仅是对高温粗煤气所含显热的回收利用方式不同，气化工艺基本相同。

图 2-15 为德士古水煤浆加压气化煤气化工艺，包括煤浆的制备和输送、气化和废热回

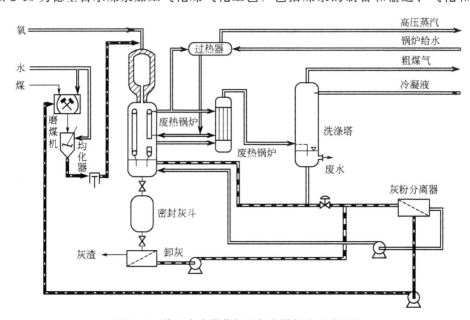

图 2-15 德士古水煤浆加压气化煤气化工艺流程

收、煤气的冷却和净化等工序。得到粗煤气的主要成分为 H_2、CO、CO_2、H_2O 等，含有微量的 Ar、N_2、CH_4、H_2S 和 COS 等，煤气中不含重质烃类化合物和焦油。

德士古水煤浆气化的第一步是制备煤浆，合格的煤浆制备是德士古法应用的基本前提。煤浆浓度、黏度、稳定性等对气化过程和物料输送均有重要影响。研磨好的煤浆首先进入均化器，然后用泵送到气化炉。煤浆的浓度、颗粒度和黏度影响泵的输送效率。

气化炉是气化过程的核心，而喷嘴又是气化炉的关键设备。合格的煤浆进入气化炉时，首先要被喷嘴雾化，使煤粒均匀分散在气化剂中，从而保证高的气化效率。良好的喷嘴设计可以保证煤浆和氧气的均匀混合。满足实际生产要求的喷嘴，应该具有以较少的雾化剂和较少的能量达到较好雾化效果的能力，而且要具有结构简单、加工方便、使用寿命长等性能。多采用三流道喷嘴，中心管中导入 15% 的氧气，内环隙导入煤浆，外环隙导入 85% 的氧气，并根据煤浆的性质调节两股氧气的比例，促使氧气和炭反应。

当煤浆进入气化炉被雾化后，部分煤燃烧而使气化炉温度很快达到 1300℃ 以上的高温，由于高温气化速率很快，平均停留时间仅为几秒，高级烃完全分解，甲烷的含量很低，不会产生焦油类物质。由于温度在灰熔点以上，灰分熔融并呈微细熔滴被气流夹带出气化炉。

离开气化炉的高温粗煤气经废热锅炉进行废热利用副产过热蒸汽，然后送往洗涤塔洗涤之后送往下游或利用。

影响德士古水煤浆气化的主要工艺指标有：水煤浆浓度和粉煤粒度、氧煤比、气化压力、气化温度和煤种等。

① 水煤浆浓度和粉煤粒度。一般要求水煤浆浓度 65% 左右；就气化过程而言，水煤浆浓度越大，煤粉的粒度越小，越有利于气化。但同时煤粉粒度越小，水煤浆浓度越大，煤浆的黏度也越大，不利于输送和喷雾，一般要求水煤浆黏度控制在 1Pa·s。

② 氧煤比。氧煤比是德士古气化的重要指标，氧气比例加大可提高气化温度，有利于炭的转化、降低灰渣含碳量，但氧气过量会使煤气中二氧化碳含量增加，造成煤气中有效成分减少，气化效率降低。

③ 气化压力。提高气化压力可增加反应物浓度，加快反应速率，提高炭的转化率，同时有利于提高气化炉的生产能力。综合经济核算，德士古工艺的气化压力一般为 10MPa 以下。煤气的最终用途不同，气化压力可适当调整，以利于下游生产。如生产氨合成气气化压力一般为 8.5~10MPa，生产甲醇合成气气化压力则以 6~7MPa 为宜。

④ 气化温度。提高气化温度，可提高气化效率并缩短反应时间；但温度太高能量消耗也大大增加。德士古技术采用液态排渣，操作温度大于煤的灰熔点，一般控制在 1350~1500℃。

⑤ 煤种。德士古水煤浆气化的煤种范围较宽，一般除了褐煤之外都可以使用。具体的指标要求有：灰分含量一般应不超过 15%；灰熔点一般应小于 1300℃。

5. 煤气化设备

目前国内使用的移动床煤气发生炉有多种型式和规格，普遍使用的有 3M-13 型、3M-21 型、W-G 型、U.G.I 型及两段气化炉。常压 M 型炉型是国内煤气发生炉用户使用最广泛的煤气炉之一。用于制造水煤气或半水煤气的代表性的炉型是 U.G.I 型水煤气炉（图 2-16）。

U.G.I 水煤气发生炉采用间歇操作方式工作，每个工作循环包括吹风、蒸汽吹净、一次上吹制气、下吹制气、二次上吹制气、空气吹净六个阶段。每一阶段，气体的走向不同，

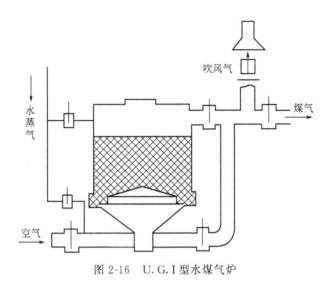

图 2-16　U.G.I 型水煤气炉

生产的目的也不相同。

① 吹风阶段。用配套的鼓风机从煤气炉底部吹入空气，气体自下而上通过燃料层，提高燃料层温度，炉上出口产生的吹风气放空或送入吹风气回收装置回收其潜热和显热后排入大气。

$$2C + O_2 \longrightarrow 2CO$$

目的：提高炉温并蓄积热量，为水蒸气与炭的气化吸热反应提供条件。

② 蒸汽吹净。水蒸气由发生炉底部进入，将残余的吹风气排至烟筒，以免吹风气混入水煤气系统。此阶段时间很短，如不需要可以省略。

目的：避免吹风气中的氧气与制气阶段生成的易燃介质 CO 和 H_2 接触造成危险。

③ 一次上吹制气。从炉底送入满足要求的水蒸气，自下而上流动，在灼热的燃料层中发生气化吸热反应，产生的水煤气从炉上送出，回收至气柜。

$$C + H_2O \longrightarrow CO + H_2$$

目的：制取高质量的水煤气。

④ 下吹制气。上吹制气一段时间之后，低温水蒸气和反应本身的吸热，使气化层底部受到强烈的冷却，温度明显下降，而燃料层上部因煤气的通过，温度越来越高，煤气带走的显热逐步增强，考虑热量损失，故改变水蒸气的流动方向。在上吹一段时间之后自上而下通过燃料层，发生气化反应，产生的水煤气经灰渣层后，从炉底引出，回收至气柜。

$$C + H_2O \longrightarrow CO + H_2$$

目的：制取水煤气，稳定气化层，并减少损失。

⑤ 二次上吹制气。在下吹制气一段时间之后，炉温已经降到低限，为使炉温恢复，需再次转入吹风阶段，但此时炉底是残余的下行煤气，故要用水蒸气进行置换。从炉底送入水蒸气，经燃料层后从炉上引出，回收至气柜。

$$C + H_2O \longrightarrow CO + H_2$$

目的：置换炉底水煤气，避免空气与煤气在炉内相遇而发生爆炸，为吹风做准备，同时生产一定的水煤气。

⑥ 空气吹净。从炉底吹入空气，气体自上而下流动，将炉顶残余的水煤气和这部分吹

风气一并回收至气柜。

$$2C + O_2 \longrightarrow 2CO$$

目的：回收炉顶残余的水煤气，并提高炉温。

完成上述六个阶段为一个工作循环，不断重复上述循环，就可以实现水煤气的间歇生产。

常压移动床气化炉生产的煤气热值低，煤气中 CO 的含量较高，气化强度和生产能力都有限。采用加压连续气化热效率高，温度稳定，便于输送，易于调节和实现自动化。

移动床加压气化典型的工艺是鲁奇气化工艺，典型的炉型即鲁奇气化炉（图 2-17）。鲁奇加压气化可以采用氧气-水蒸气（或空气-水蒸气）作气化剂，在 2.0～3.0MPa 的压力和 900～1000℃ 的温度条件下进行煤气化，制得的煤气热值高，经济效益好。

常见的流化床气化炉有温克勒气化炉、美国的 U-GAS 气化炉等。气流床气化最为典型的是德士古气化炉（图 2-18）。

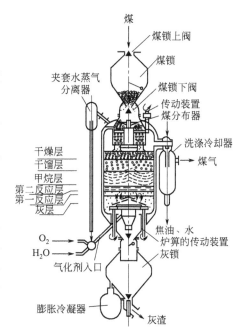

图 2-17 鲁奇气化炉结构图

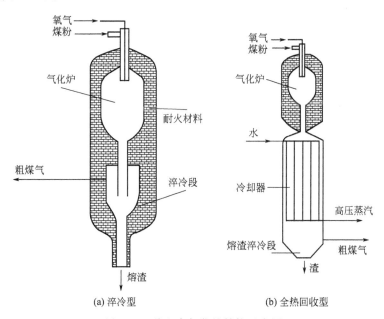

图 2-18 德士古气化炉结构示意图

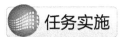 任务实施

1. 调研：你所在的当地有没有煤气化企业？主要采用哪种生产工艺？产品煤气组成如何？用作什么用途？能否作为甲醇合成的原料气？需要进行哪些调整和改进？你有什么好的建议？

2. 完成德士古水煤浆气化工艺的开车、正常生产、停车仿真实训项目。

任务三 甲烷转化生产合成气

 任务描述

　　煤层气俗称瓦斯，除了可以作为民用燃气入户燃烧，也是合成甲醇的优良资源。煤层气的主要成分是 CH_4，与天然气类似，经过转化可以作为费-托（F-T）合成的原料进行化工产品的生产，如甲醇。中国煤层气的储量很大，有 30 万亿～35 万亿立方米，目前还没有得到有效的开发和利用。山西省在"十三五"规划中提出的"气化山西"就是着眼于煤层气的开发利用。

　　以天然气为原料生产甲醇合成气的方法称为甲烷转化法或烃类转化法，根据所采用转化剂的不同，有蒸汽转化、催化部分氧化、非催化部分氧化等方法，其中部分氧化法氧化深度不好控制，反应选择性较差，目前国内采用蒸汽转化法较多。

 知识链接

　　煤层气也称煤层甲烷，俗称"瓦斯"，是指煤层在漫长的煤化作用过程中，经生物化学和热解作用所生成的与煤（层）同生共体、以甲烷为主要成分、主要以吸附状态赋存在煤层之中、并可从地面进行采收的非常规天然气。

　　中国幅员辽阔，各煤田的煤层气资源丰富。根据中国煤田地质总局第三次煤田预测结果，中国垂深 2000m 以浅探明和预测煤炭资源量为 5.57 万亿吨，其中煤层含气量≥$4m^3/t$ 的煤炭资源量约 1.13 万亿吨（含气量＜$4m^3/t$ 的称为贫气），利用价值较低，占全部煤炭资源量的 20% 左右。中国含气量≥$4m^3/t$ 的煤层气甲烷浓度为 90% 左右，氮气浓度约为 8%，二氧化碳浓度约为 2%，重烃浓度极低。$1m^3$ 纯煤层气的热值在 36～40MJ 间，与常规天然气热值接近，约相当于 1.13kg 汽油、1.26kg 标准煤。近年来随着煤层气开采技术的进一步发展，煤层气的利用和下游产品的开发吸引了越来越多研究者的关注。

　　我国陆地埋深 2000m 以浅范围内的煤层气资源预测总量为 36.8 万亿立方米，位列世界第三，仅次于俄罗斯和加拿大，我国已累计探明煤层气储量 5350 亿立方米。截至 2012 年度，累计施工煤层气井 13580 口。2012 年累计抽采煤层气 125 亿立方米。

　　虽然目前开发利用煤层气相对于天然气而言成本偏高，但有利于煤炭企业提高经济效益，大规模商业化能产生巨大的经济效益。煤层气在能源利用方面可用于发电，热效率可达56%，而普通煤电厂热效率最高仅为 40%，每亿度电排放二氧化碳量仅为煤电厂千分之一。煤层气作为非常规天然气还可用于工业燃料、汽车燃料等，尤其是城市民用燃气；在原料利用方面，可以用煤层气合成氨、甲醇、乙炔等。而且煤层气可以与天然气混输混用；且和天然气一样，燃烧后很洁净，几乎不产生任何废气，因此是理想的工业、化工、发电和居民生活燃料，是常规天然气替代能源之一。

　　煤矿瓦斯事故是煤矿安全生产的最大威胁之一。煤层气的开发利用，是遏制煤矿瓦斯事故现实的和有效的途径。有关研究表明，通过地面煤层气开发、煤矿瓦斯抽采和利用等不同的开发方式，在采煤之前将煤层气采出，可以使煤矿瓦斯涌出量降低 50%～70%，可从根本上防止煤矿瓦斯事故的发生，有效改善煤矿安全生产条件，提高安全生产水平，保证煤炭行业的持续、健康发展。

一、煤层气的主要成分

煤层气是在煤炭形成过程中产生的，存在于煤矿中的伴生气体。除甲烷外，还含有少量乙烷、丙烷、丁烷、异丁烷等，以及氮气、二氧化碳、一氧化碳、硫化氢、氢气、微量的惰性气体等少量非烃类气体。另外不同煤矿也稍有差别，有的含有较多的 N_2、CO（相对而言，较 CH_4 还是少得多）。

煤层气主要成分与天然气相近，所以也称为非常规天然气。以煤层气为原料生产甲醇，工艺与常规天然气基本相同。作为煤层伴生气，以煤层气生产甲醇，在投资、成本、工艺路线、能量消耗等方面都具有明显的优越性。

二、甲烷蒸汽转化的反应原理

天然气的主要组分是甲烷，以天然气为原料生产甲醇合成气的方法称为甲烷转化法或烃类转化法，根据所采用转化剂的不同，有蒸汽转化、催化部分氧化、非催化部分氧化等方法。其中蒸汽转化法应用最广泛。甲烷的蒸汽转化是以水蒸气为氧化剂，在镍催化剂的作用下烃类物质的转化，一段转化炉出口气体进入二段转化炉后与适量的氧气混合，进行部分燃烧反应，所产生的热量供转化气中的烃类进行深度转化，主要反应如下：

一段转化炉的反应：

$$CH_4 + H_2O \longrightarrow CO + 3H_2 - Q$$
$$C_nH_{2n+2} + nH_2O \longrightarrow nCO + (2n+1)H_2 - Q$$
$$CO + H_2O \longrightarrow CO_2 + H_2 + Q$$

二段转化炉的反应：

$$2H_2 + O_2 \longrightarrow 2H_2O + Q$$
$$CH_4 + H_2O \longrightarrow CO + 3H_2 - Q$$
$$C_nH_{2n+2} + nH_2O \longrightarrow nCO + (2n+1)H_2 - Q$$
$$CO + H_2O \longrightarrow CO_2 + H_2 + Q$$

上述转化反应所需的热量由一段转化炉辐射段的烧嘴提供，燃料气为甲醇合成弛放气和天然气。

从以上反应式的热效应可以看出，甲烷和多碳烃与蒸汽发生的转化反应都是强吸热反应，只有变换反应是放热反应，所以反应总的过程是强吸热的，为了实现这一过程的工业化，通常采用从管式炉外部提供反应热量的方法。

当甲烷蒸汽转化过程中原料气组成、反应温度、反应压力与水碳比已知时，根据反应前后的物料衡算式及平衡常数计算式，可以计算该条件下的平衡组成。若原料气中只有 CH_4 与 H_2O，在不同温度、不同压力与不同水碳比下的平衡组成可从有关著作中查取。图2-19和图2-20为粗略估计指定条件下的平衡组成。

当以天然气为原料生产甲醇时，为了使合成气的氢碳比满足需求，常需在原料天然气中加入二氧化碳，对于 CH_4-CO-H_2O 物系，在同一温度下，甲烷的平衡转化率随压力增高而降低；在同一压力下，甲烷平衡转化率随温度升高而增大。即使在 5.0MPa 下，在 1000℃以上时，甲烷的平衡含量也很低，平衡组成中的 $f = (H_2 - CO_2)/(CO + CO_2)$ 大多在2.0～2.33，与合成甲醇的总体要求相适应。

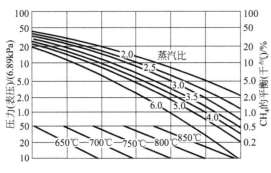

图 2-19　甲烷蒸汽转化系统中甲烷平衡含量

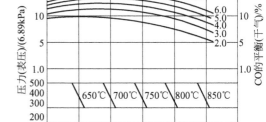

图 2-20　甲烷蒸汽转化系统中一氧化碳平衡含量

以天然气为原料蒸汽转化法生产甲醇合成气，若不加入二氧化碳，则所得原料气的氢碳比偏高。目前，国外开发的甲醇生产流程多采用二段转化工艺，在第二段中加入适量纯氧。反应在装有催化剂的立式绝热炉中进行，在催化剂层上部空间主要进行的是可燃介质 CH_4、H_2、CO 与 O_2 的燃烧反应，反应均为放热反应；当混合气到达催化剂层中部时，氧气已经耗尽，所以在催化剂层中部主要进行的是甲烷转化和变换反应。二段炉中进行的反应总体上为自热反应，无需外部供热。加氧量主要决定于出口气体组成应满足甲醇生产 $f=(H_2-CO_2)/(CO+CO_2)=2.05\sim2.10$ 的需要。

三、甲烷蒸汽转化催化剂

天然气蒸汽转化是可逆吸热反应，在高温下进行反应对化学平衡是有利的，但若不采用催化剂，反应速率极慢。工业生产中需采用催化剂加速反应，迄今为止镍是甲烷蒸汽转化的最有效的催化剂。由于转化反应在很高温度下进行，条件苛刻，催化剂晶粒易长大，而催化剂的活性又取决于活性比表面积的大小，所以必须把镍催化剂制备成细小分散的晶粒，为防止微晶增长，要把活性组分分散在耐热载体上。而且由于催化剂在高氢分压与高水蒸气分压下操作，管内气体空速很高，这就要求催化剂有较高的机械强度。此外催化剂要抗析炭。总之，高活性、高强度与抗析炭是天然气蒸汽转化催化剂必须具备的基本条件。

1. 主要组分及其作用

（1）活性组分

元素周期表第Ⅷ族元素对甲烷蒸汽转化反应均有催化活性，从性能及经济上考虑镍最适合。因此镍是目前天然气蒸汽转化催化剂的唯一活性组分。在制备好的镍催化剂中镍以 NiO 形态存在，含量一般为 4%～30%（质量分数）。部分氧化与间歇转化过程的催化剂含镍 4%～10%（质量分数）。镍含量提高，催化剂活性也提高，但镍含量太高，单位镍含量的活性增加有限，而成本却提高过多。需从技术经济的全面比较来确定最佳镍含量。用不同方法制造的催化剂中单位镍含量的催化活性是不同的，其最佳含镍量也不相同，例如浸渍型转化催化剂含氧化镍 10%～14%时，已相当于沉淀型催化剂含氧化镍 30%～35%时的活性。

（2）助催化剂

转化催化剂中加助催化剂是为了在熔结过程中防止镍晶粒长大，使它有较稳定的高活性，延长使用寿命并提高抗硫、抗析炭能力。许多金属氧化物可作为助催化剂，如 Cr_2O_3、Al_2O_3、MgO、TiO_2 等。助催化剂的添加效果因加入量不同而有所变化，一般助催化剂用量在镍含量的 10%以下。

（3）载体

催化剂中的载体应当具有使镍的晶粒尽量分散、达到较大比表面积以及阻止镍晶体熔结的作用。转化催化剂的载体都是熔点在 2000℃ 以上的金属氧化物，它们能耐高温，而且有很高的机械强度。常用的载体有 Al_2O_3、MgO、CaO、K_2O 等。载体加入主要有以下两种方式。

① 铝酸钙型。用含多种铝酸钙的水泥制成，在转化过程中由于脱水、相变及高浓度碳氧化物的作用，机械强度有较大变化，可添加 Al_2O_3、TiO_2、ZrO_2 等耐高温氧化物或采用其他特殊养护办法。

② 低比表面积耐火材料型。为烧结型载体，其比表面积小，结构稳定，耐热性能好，使用时机械强度不降低，常采用的载体有 α-Al_2O_3、Al_2O_3-MgO、Al_2O_3-CaO 等。实际上 Al_2O_3、MgO、CaO 既是载体，也起助催化剂作用，所以载体与助催化剂其实很难严格划分开来。

2. 转化催化剂的制备

镍催化剂可用共沉淀法、混合法、浸渍法等制备，无论采用哪种方法都有高温焙烧过程，以使载体与活性组分或载体组分之间更好结合，具有较高的机械强度。通常烧结温度越高，时间越长，形成固熔体程度就越好，催化剂热性就越好。

共沉淀法可以得到晶粒小、分散度高的催化剂，因而活性较高，目前广泛采用。但在烧结时会使一部分镍与载体形成尖晶石，不易还原，降低了镍的利用率。浸渍法，含镍量低，且烧结温度低，载体与氧化镍不易生成尖晶石结构，容易还原，可提高镍的利用率。

转化催化剂多制成环状，可提高催化剂内表面利用率并降低阻力，也有的制成带槽柱状与车轮状。转化催化剂的形状与尺寸对活性、阻力、强度等均有明显影响，正确选择其形状与尺寸应兼顾这几方面的影响。例如为兼顾活性与阻力两方面的因素，反应管上部装入小尺寸颗粒，可强化传热，提高活性，下部装大尺寸颗粒，因为越往下部，反应混合物体积越大，阻力也越大。带槽柱状与车轮状也是兼顾各方面性能要求，具有较大的几何表面，使表观活性高，空隙率大，阻力小，且拥有较高机械强度，但制造费用较高。

3. 转化催化剂的装填、还原与钝化

（1）转化催化剂的装填

天然气蒸汽转化催化剂装填在几百根长十余米垂直悬挂的管子中，底部设有筛板或托盘，填装中必须保证气体均匀从各转化管流过。理想的装填应是使每根炉管中装有相同体积、相同质量、相同高度的催化剂，且装填的松紧程度一样，即空隙率一样。装填前，需将新催化剂过筛，筛掉少量碎粒及粉尘，并检查管内情况，测定空管阻力。装填时要分层装填，分层检查，并要保证在装置运行过程中催化剂下沉一定高度后，转化管的加热段都装满催化剂，否则无催化剂的区域会产生炉管过热。装填后，应逐个测量每根炉管的压降，测压降的空气流量应使炉管产生的压降与实际运行时的压降相近，各炉管之间的压降偏差应在 5％ 以内，且床层高度偏差应小于 75mm，才为装填合格。

（2）转化催化剂的还原

转化用镍催化剂一般以氧化态形式提供，而氧化镍对甲烷转化反应并不具有催化活性，真正具有催化活性的是单质镍。所以镍催化剂装填好之后使用前必须进行还原。还原按下述反应进行：

$$NiO+H_2 \longrightarrow Ni+H_2O$$

$$NiO+CO \longrightarrow Ni+CO_2$$

虽然镍催化剂还原的还原剂是氢气和一氧化碳，但在工业上常用氢气和水蒸气或甲烷和水蒸气来还原镍催化剂。加入水蒸气是为了提高还原气流的流速，促进气体分布均匀，同时也能抑制烃类的裂解反应。为了还原彻底，还原温度一般控制在略高于转化操作温度。

（3）转化催化剂的钝化

已还原的催化剂与空气接触，其活性镍会被氧化并放出大量的热。所以，当转化炉停车时，要对催化剂进行钝化处理。当转化系统发生故障时，为了保护催化剂，常将催化剂置于水蒸气气流中，此时催化剂也会钝化。镍被氧气或水蒸气氧化的反应式为：

$$Ni+H_2O \longrightarrow NiO+H_2 \qquad \Delta H = -1.26kJ/mol$$

$$Ni+O_2 \longrightarrow NiO_2 \qquad \Delta H = -240.7kJ/mol$$

镍与水蒸气的反应放热量不大，而与氧气的反应是强放热反应。若在水蒸气中有 1％氧气，会造成 13℃的温升，所以催化剂在停车时，应严格控制氧含量。还原态的镍在 200℃以上时不可和空气接触镍。

4. 转化催化剂的中毒与再生

使镍催化剂中毒的毒物主要有硫、砷、卤素等。

硫是严重的毒物。原料气中有机硫在蒸汽转化条件下会与水蒸气作用生成硫化氢。硫的中毒是因为硫与催化剂中暴露的镍原子发生化学吸附破坏了镍晶体表面的活性中心的催化作用。只要有极低量的硫就会使镍催化剂严重中毒，原料气中即使残留 10^{-6} 数量级的硫，就能使转化气中残余甲烷含量增加，炉管温度也随之升高。硫化物允许量随催化剂、反应条件的不同而异，催化剂活性高，能允许的硫含量就低，温度越低，硫的毒害也越大。管式炉催化床进口端温度为 550～650℃，为使这段区间催化剂不中毒，通常要求原料气总含硫量在 0.5μL/L 以下。因此蒸汽转化前，天然气需先进行脱硫。硫对催化剂的中毒是可逆的暂时中毒，已中毒的催化剂只要使原料中含硫量降到规定标准以下，活性又可恢复。砷中毒是不可逆的永久性中毒，砷沉积不能用蒸汽吹除，中毒严重时要更换催化剂。卤素也是有害毒，有与硫相似的作用，中毒也是可逆的。

四、甲烷蒸汽转化工艺

甲烷蒸汽转化法工艺一般分为两种，一种是添加二氧化碳或分离氢工艺；另一种是添加氧气的两段转化工艺。这两种工艺有多种工艺流程和转化炉型，这些方法在炉型与烧嘴结构上有较大区别，但是在工艺流程上都大同小异，都包括转化炉、原料预热器及余热回收等装置。图 2-21 为甲烷蒸汽两段转化的传统工艺流程。

原料天然气经压缩机加压到 4.15MPa 后，配入 3.5％～5.5％的 H_2，在一段转化炉对流段盘管中加热至 400℃，进入钴钼加氢反应器进行加氢反应，将有机硫转化为硫化氢，然后进氧化锌脱硫槽脱除硫化氢，出口气体中硫的体积分数低于 0.5×10^{-6}，此时压力为 3.65MPa、温度为 380℃左右，然后配入中压蒸汽，使水碳比保持 3.5 左右，进入对流段盘管加热到 500～520℃，送到一段转化炉辐射段顶部原料气总管，再分配进入各转化管。气体自上而下流经装有催化剂床层的一段转化炉中的转化管，管外供热，管内边吸热边进行化学反应，离开转化管的转化气温度为 800～820℃、压力为 3.14MPa、甲烷含量约为 9.5％，然后汇合于集气管，并沿着集气管中间的上升管上升，继续吸收热量，使温度达到 850～

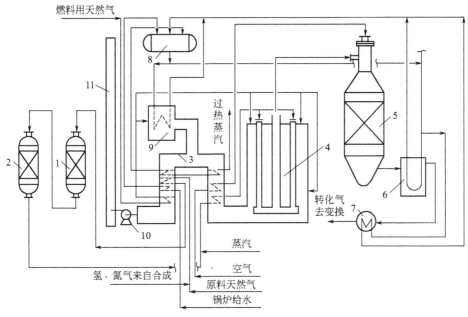

图 2-21　甲烷蒸汽两段转化的传统工艺流程

1—钴钼加氢反应器；2—氧化锌脱硫槽；3—对流段；4—辐射段；5—二段转化炉；
6—第一废热锅炉；7—第二废热锅炉；8—汽包；9—辅助锅炉；10—排风机；11—烟囱

860℃，经输气总管送往二段转化炉。

工艺空气经压缩机加压到 3.34～3.55MPa，配入少量水蒸气进入对流段盘管加热到450℃左右，进入二段转化炉顶部与一段转化气汇合，在炉顶部燃烧区进行燃烧反应。由于 H_2 的燃烧反应比其他燃烧反应的速率要快 $1 \times 10^3 \sim 1 \times 10^4$ 倍，因此二段转化炉顶部主要进行氢的燃烧反应，使反应体系温度升高到 1200℃左右。升温后的气体再通过二段转化炉催化剂床层进行甲烷转化反应，反应吸热，沿着催化床层温度逐渐降低，离开二段炉的转化气体温度为 1000℃、压力为 3.04MPa、残余甲烷含量 0.3％左右。

为了回收转化气的高温热能，二段转化炉通过两台并联的第一废热锅炉后，接着又进入第二废热锅炉，这三台废热锅炉都产生高压蒸汽。从第二废热锅炉出来的气体温度 370℃左右，可送往变换工段。

燃料天然气在对流段预热到 190℃后分为两路。一路进入一段转化炉辐射段顶部烧嘴燃烧，为一段转化反应提供热量，出辐射段的烟气温度为 1005℃左右，再进入对流段，依次通过混合气预热器、空气预热器、蒸汽过热器、原料天然气预热器、锅炉给水预热器和燃料天然气预热器，回收热量后温度降低至 250℃左右，用排风机送入烟囱排放。另一路进入对流段入口烧嘴，燃烧产物与辐射段来的烟气汇合。该处设置烧嘴的目的是保证对流段各预热物料的温度指标。此外，还有少量天然气进辅助锅炉燃烧，其烟气在对流段中部并入，与一段转化炉共用一段对流段。

  任务实施

1. 调研：你所在的当地有没有煤层气资源？当地是如何进行利用的？采用什么样的开采技术进行开采？开采出来的煤层气需要进行哪些处理？主要用作什么用途？你有什么好的建议？

2. 完成天然气（煤层气）转化工艺实训仿真项目。

任务四　甲醇合成气的要求

 任务描述

　　以煤、石油、天然气为原料，都可以气化或转化为碳一化工的重要原料——合成气，由于原料来源各不相同，转化工艺各不相同，所得合成气的组成也略有不同，需要进行组成调整，以满足甲醇合成反应的原料配比；此外原料中所含的杂质元素（如硫），会随着气化和转化过程转移到合成气中，对甲醇合成造成影响，所以合成气需要净化以满足杂质含量要求；合成气中含有的惰性气体，虽然不会参与反应但是它们占用了反应空间，降低了设备的生产能力，提高了能耗，也必须进行有效的脱除。对于甲醇合成气的要求主要有以下几个方面：合理的氢碳比、合理的二氧化碳比例、有害杂质含量、惰性气体含量。结合合成气来源，比较合成工艺对甲醇合成气的指标要求，将为我们提供有效的指导和依据。

知识链接

　　以一氧化碳、二氧化碳与氢气为原料气，经化学反应合成甲醇。在不同的压力和使用不同催化剂的条件下，在合成塔内进行合成反应并放出反应热，根据甲醇合成反应的过程及对催化剂的保护，对原料气提出的要求是：合理的氢碳比例、合理的二氧化碳与一氧化碳比例、原料气中杂质和毒物。

　　1. 氢碳比

　　甲醇由一氧化碳、二氧化碳与氢气反应生成，其反应方程式如下：

$$CO + 2H_2 \longrightarrow CH_3OH \qquad \Delta H = -90.56kJ/mol$$
$$CO_2 + 3H_2 \longrightarrow CH_3OH + H_2O \qquad \Delta H = -49.43kJ/mol$$

　　从反应方程式看，合成甲醇对氢与一氧化碳的分子比为 2:1，但是反应气体受催化剂表面吸附及其他一些因素的影响，要求反应气中氢气含量要大于理论量，以提高反应速率。对于不同原料中采用不同工艺所制得的原料气组成中，氢气含量往往不一定遵守这个比例，氢含量高的原料气需要在转化前或转化后加入二氧化碳调节氢碳比。而以重油或煤为原料所制得的粗原料气中氢碳比太低，需设置一氧化碳变换工段调整一氧化碳和氢的比例，然后将二氧化碳脱出。根据化学反应的物料平衡，进入甲醇合成塔的气体成分，满足合成甲醇的需要和原料气的理论配比，即 $(H_2 - CO_2)/(CO + CO_2) = 2.15$，在运行过程中通常应保持略高的氢含量，一方面对提高反应速率有利，另一方面对减少羰基铁和高级醇的生成都是有利的，并对延长催化剂的使用寿命起着有益的作用。

　　2. 碳碳比

　　合成原料气中应保持一定量的二氧化碳，一定的二氧化碳的存在能促进催化剂上甲醇合成的反应速率，适量的二氧化碳可使催化剂呈现高活性。根据一氧化碳和二氧化碳与氢合成甲醇的反应热可知，二者都是放热反应，但二氧化碳与氢合成时，反应热比一氧化碳与氢合成要低 40kJ/mol，反应热的减少使合成反应温度易于控制。二氧化碳与氢合成时生成一分子的水，由于水的热容量大，使反应温度比较平稳，有效地防止了催化剂的超温；水分子的存在，有效地防止甲醇脱水生成二甲醚的倾向，减少了原料气的损失，保证了粗甲醇的质量，同时气体中极性分子的存在对防止催化剂的衰老也有一定作用。但二氧化碳在原料气中含量太高会消耗太多的氢，同时会造成甲醇中水含量增高，甲醇收率降低，降低压缩机生产能力，增加气体压缩能耗与精馏粗甲醇的能耗。二氧化碳在原料气中的最佳含量，应根据甲醇合成所用的催化剂与甲醇合成操作温度做出相应调整。

3. 杂质含量

原料气必须经过净化以清除原料气中的油、水、尘粒、羰基铁、氯化物及硫化物，其中尤为重要的是清除硫化物。因此，必须在进入合成塔前进行脱除，在合成装置之前设置除尘、脱硫、脱碳、粗炼等工序，使原料气中对催化剂有毒的物质得以清除，以保证合成甲醇催化剂的正常使用，尤其是硫化物对甲醇生产有着不利影响，主要表现在以下三个方面。

（1）催化剂中毒

锌-铬催化剂耐硫较好，原料气中含硫量应低于 50mg/kg。铜基催化剂对硫要求很严，新鲜气中的含硫量，ICI 法要求低于 0.06mg/kg，Lurgi 法要求低于 0.150mg/kg。国内甲醇合成铜基催化剂使用说明指出，合成气含硫量应低于 0.2mg/kg，如含有 1mg/kg，运转半年，催化剂含硫量就会高达 4%～6%。无论是硫化氢还是有机硫都会使催化剂中金属活性组分产生金属硫化物，使催化剂丧失活性，故需除净。

（2）造成管道、设备的羰基腐蚀

硫化物破坏金属氧化膜，使设备管道被一氧化碳腐蚀成羰基化合物，如羰基铁、羰基镍等。

（3）造成粗煤甲醇质量下降

硫带入合成环路，产生副反应，生成硫醇、二甲醚等杂质，影响粗醇质量，而且带入精馏岗位，会引起设备管道的腐蚀。

思考与练习

1. 甲醇合成气的指标要求主要有哪些？工业生产中为什么要氢过量？
2. 分析二氧化碳在甲醇合成反应中的作用。
3. 硫对甲醇合成反应有哪些危害？甲醇合成反应对硫含量有哪些要求？

项目三
合成气净化转化

知识目标

1. 熟悉不同甲醇合成工艺对甲醇合成气的要求。
2. 了解脱硫、脱碳、变换、甲烷转化等合成气净化在甲醇生产中的意义。
3. 掌握典型脱硫、脱碳、变换、甲烷转化的基本原理和典型方法。

技能目标

1. 能够完成合成气脱硫、脱碳、变换、甲烷转化工艺的开停车和正常生产的基本操作。
2. 能够对工艺条件进行分析控制，判断生产过程中的异常现象，并排除故障。

任务描述

无论哪种原料转化来的合成气，都需要根据甲醇合成原料气的要求进行净化和转化，以满足甲醇合成要求。如煤气化制备的水煤气用于合成甲醇时，二氧化碳含量偏高，需要设置脱碳工序；焦炉煤气、煤层气的成分中甲烷含量较高，需要设置甲烷转化工序将甲烷转化为有效气体一氧化碳；焦化厂在生产焦炉煤气时已经经过脱硫工序，所以用焦炉煤气生产甲醇的脱硫工序相对简单。

甲醇合成原料气的净化和转化主要包括以下几个工序。

（1）脱硫工序

煤中含有的硫元素，会随着煤炭转化过程转移到合成气中，主要以硫化氢的形式存在。硫化物是甲醇合成催化剂的毒物，必须通过脱硫除去合成气中的硫化物，满足甲醇合成气对于硫含量的要求。

（2）变换工序

不同来源的合成气，其氢碳比会有所不同。利用一氧化碳与蒸汽作用生成氢和二氧化碳的反应，可以调节合成气中一氧化碳和氢的比例，满足甲醇合成的氢碳比要求。变换的过程也伴随着有机硫转化成无机硫的反应。

（3）脱碳工序

合成气中适量二氧化碳的存在对甲醇合成反应是有利的。但如果二氧化碳含量超标就需要借助于脱碳工段脱除。

（4）甲烷转化工序

合成气中常常含有甲烷，甲烷是甲醇合成的惰性组分，但是它可以通过甲烷转化反应转化成有效组分一氧化碳，一举两得。甲烷转化的原理与天然气转化的原理（见项目二任务三）基本是一样的。

任务一　合成气脱硫

🖐 任务描述

煤中含有硫元素，这些硫元素中的 70%～80% 会随着煤炭转化过程转移到合成气中。硫化物是各种催化剂的毒物，对甲烷转化和甲烷化催化剂、中温变换催化剂、低温变换催化剂和甲醇合成催化剂的活性有显著的影响。此外硫化物还会腐蚀设备和管道，给后续工段带来危害，所以脱硫在甲醇合成整个工艺路线中具有重要地位。

脱硫的方法根据脱硫剂状态的不同主要可以分为湿法脱硫和干法脱硫。湿法脱硫方法硫容大但脱硫精度有限，干法脱硫方法脱硫精度高但硫容有限，两者都存在脱硫剂再生的问题。

知识链接

脱硫是甲醇合成原料气净化的重要环节，其目的是运用不同的方法清洗煤气中的灰尘和焦油，除去煤气中的各种硫化物。因为煤气中的硫化物对甲醇有危害，它们抑制甲醇合成催化剂的活性，并使催化剂中毒。甲醇合成对煤气中硫含量要求特别严，经脱硫后各种硫化物的总含量 $<0.1\times10^{-6}$。水煤气中的硫化物主要为硫化氢，约占总硫含量的 90% 以上，其次为有机硫，约 10%，主要为羟基硫。水煤气需分阶段、分步骤进行脱硫，因为任何一种脱硫方法都不可能达到上述要求。水煤气需先经湿法脱硫（粗脱硫）脱除煤气中的大部分 H_2S，接着进入变换工序，在此阶段煤气中的大部分 COS 转化为 H_2S，并进行二次湿法脱硫，然后进入脱碳工序，在此吸收一部分 COS 和 H_2S，最后经过干法脱硫即精脱硫工序把煤气中的硫含量控制在 $<0.1\times10^{-6}$。脱硫贯穿甲醇生产的整个工艺过程，是甲醇生产的关键。

脱硫是甲醇生产中的必经步骤。当以天然气或石脑油为原料时，在采用蒸汽转化制气前就需将硫化物除净，以满足烃类蒸汽转化镍催化剂的要求。如天然气含硫量高时，一般先经湿法脱硫，再进行干法精脱硫，如天然气或石脑油本身含硫量不高时，可通过钴钼加氢使有机硫转化，再经氧化锌等干法脱硫。当以焦炉气或焦、煤为原料时，制得的粗原料气，先需经湿法一次脱硫，后经变换工序（可在此设置有机硫转化装置），再经湿法二次脱硫，然后经脱碳工序，最终以干法三次（精）脱硫，使原料气中硫化物的总含量 $\leqslant0.1cm^3/m^3$，方可送往甲醇合成工序。也把这种新工艺归纳为"三次脱硫、两次转化"，由此可见，脱硫也越来越引起人们的重视。

气体脱硫方法可分为两类，一类是干法脱硫，另一类是湿法脱硫。干法脱硫设备简单，但反应速率较慢，设备比较庞大，而且硫容有限，常需要多个设备切换操作。湿法脱硫可分为物理吸收法、化学吸收法与直接氧化法三类。物理吸收法应选择硫化物溶解度较大的有机溶剂为吸收剂，加压吸收，富液减压解吸，溶剂循环使用，解吸的硫化物需二次加工。化学吸收法则选用弱碱性溶液为吸收剂，吸收时伴有化学反应，富液升温再生循环使用，再生的硫化物也需要二次加工回收。直接氧化法的吸收剂为碱性溶液，溶液中加载体起催化作用，被吸收的硫化氢被氧化为硫黄。溶液再生循环使用，副产硫黄。

脱硫方法有很多种，甲醇生产中脱硫方法选用的原则应根据气体中硫的形态及含量、脱硫要求、脱硫剂供应的可能性等，通过技术与经济综合比较来确定。一般经验如下。

① 当原料气中总硫含量不太高，而脱硫要求达 $0.1cm^3/m^3$ 以下，以满足烃类蒸汽转化或铜基催化剂上甲醇合成的要求时，一般需要干法。若总硫为十至几十立方厘米每立方米，而且大多为硫化氢与硫氧化碳形式，选用活性炭法已能满足要求；若有机硫含量较高，且含噻吩，可选用钴钼加氢串联氧化锌流程。

② 当原料气中含有较多二氧化碳且含一定量硫化氢时，为脱除硫化氢，可选用化学吸收中的氧化法，如 ADA 法、氨水催化法等。当气体中硫化氢、二氧化碳含量较高时，可用物理吸收法，如低温甲醇法、聚乙二醇二甲醚法等，此类方法蒸汽消耗低，净化度较高，且腐蚀性小。

③ 当原料气中硫化氢含量太高时，如含 $30\sim50g/m^3$ 硫化氢的天然气，则可选用化学吸收中的醇胺法。

一、湿法脱硫

对于含大量无机硫的原料气，通常采用湿法脱硫。湿法脱硫有着突出的优点。首先，脱硫剂为液体，便于输送；其次，脱硫剂较易再生并能回收富有价值的化工原料硫黄，从而构成一个脱硫循环系统实现连续操作。因此，湿法脱硫广泛应用于以煤为原料及以含硫较高的重油、天然气为原料的生产流程中。当气体净化度要求很高时，可在湿法脱硫之后串联干法脱硫，通过多次脱硫，多次转化，使脱硫在工艺上和经济上都更合理。

干法脱硫净化度高，并能脱除各种有机硫。但干法脱硫剂或者不再能再生或者再生非常困难，并且只能周期性操作，设备庞大，劳动强度高。因此，干法脱硫仅适用于气体硫含量较低和净化度要求高的场合。

1. 湿法氧化法脱硫的基本原理

湿法氧化法脱硫包含三个过程。一是脱硫剂中的吸收剂将原料气中的硫化氢吸收；二是吸收到溶液中的硫化氢的氧化以及吸收剂的再生；三是单质硫的浮选和净化凝固。

（1）吸收的基本原理及吸收剂的选择

硫化氢是酸性气体，其水溶液呈酸性，吸收过程可表示为：

$$H_2S(g) \longrightarrow H^+ + HS^-$$
$$H^+ + OH^-（碱性吸收剂）\longrightarrow H_2O$$

故吸收剂应为碱性物质，使硫化氢的吸收平衡向右移动。工业中一般用碳酸钠水溶液或氨水等作吸收剂。

（2）再生的基本原理与催化剂的选择

碱性吸收剂只能将原料气中的硫化氢吸收到溶液中，不能使硫化氢氧化为单质硫。因此，需借助其他物质来实现，通常是在溶液中添加催化剂，在再生时被空气中的氧氧化后恢复氧化能力，如此循环使用。此过程可示意为：

$$载氧体（氧化态）+H_2S \longrightarrow S+载氧体（还原态）$$

$$载氧体（还原态）+\frac{1}{2}O_2 \longrightarrow S\downarrow+H_2O（氧化态）$$

总反应式：硫化氢在载氧体和空气作用下发生如下反应。

$$H_2S+\frac{1}{2}O_2（空气）\longrightarrow S\downarrow+H_2O$$

显然，选择适宜的载氧催化剂是湿法氧化法的关键，这个载氧催化剂必须既能氧化硫化氢又能被空气中的氧氧化。因此，从氧化还原反应的必要条件来衡量，此催化剂的标准电极电位的数值范围必须大于硫化氢的电极电位，小于氧的电极电位。实际选择催化剂时考虑到催化剂氧化硫化氢，一方面要充分氧化为单质硫，提高脱硫液的再生效果；另一方面又不能过度氧化生成副产物硫代硫酸盐和硫酸盐，影响脱硫液的再生效果。同时，如果催化剂的电极电位太高，氧化能力太强，再生时被空气氧化就越困难。

2. 栲胶脱硫法

目前化学脱硫主要是纯碱液相催化法，要使 HS^- 氧化成单质硫而又不发生深度氧化，那么该氧化剂的电极电位应在 $0.2V<E<0.75V$ 范围内，通常选栲胶、PDS、ADA。以栲胶为例说明脱硫过程基本原理。

栲胶的主要组成单宁（约70%），含有大量的邻二或邻三羟基酚。多元酚的羟基受电子云的影响，间位羟基比较稳定，而对位和邻位羟基很活泼，易被空气中的氧所氧化，用于脱硫的栲胶必须是水解类热熔栲胶，在碱性溶液中更容易氧化成醌类。氧化态的栲胶在还原过程中，氧取代基又还原成羟基。

（1）栲胶法脱硫基本原理

① 化学吸收。

$$Na_2CO_3（吸收）+H_2S \longrightarrow NaHCO_3+NaHS$$

该反应对应的设备为填料式吸收塔。由于该反应属强碱弱酸中和反应，所以吸收速率相当快。

② 元素硫的析出。

$$2NaHS+4NaVO_3（氧化催化）+H_2O \longrightarrow Na_2V_4O_9+4NaOH+2S\downarrow$$

该反应对应设备为吸收塔，但在吸收塔内只有少量反应进行，主要在富液内进行。

③ 氧化剂的再生。

$$Na_2V_4O_9+2栲胶（氧化）+2NaOH+H_2O \longrightarrow 4NaVO_3+2栲胶（还原）$$

该反应对应设备为富液槽和再生槽。

④ 载氧体（栲胶）的再生。

$$栲胶（还原）+O_2（空气中）\longrightarrow 栲胶（氧化）+H_2O$$

该反应对应设备为再生槽。

以上四个反应方程式总反应为：

$$2H_2S+O_2 \longrightarrow 2S\downarrow+2H_2O$$

（2）栲胶法脱硫的反应条件

① 溶液的pH。提高pH值能加快吸收硫化氢的速率，提高溶液的硫容，从而提高气体的净化度，并能加快氧气与还原态栲胶的反应速率。但pH值过高，吸收二氧化碳的量增多，且易析出 $NaHCO_3$ 结晶，同时降低钒酸盐与硫氢化物反应速率和加快生成硫代硫酸钠

的速率。

因此通过大量的实验证明：pH＝8.1～8.7为适宜值。

$$Na_2CO_3 + CO_2 + H_2O \rightleftharpoons 2NaHCO_3$$

$$2NaHS + 2O_2 \rightleftharpoons Na_2S_2O_3 + H_2O$$

上述方程式的进行主要源于硫氢化钠与偏钒酸钠在富液槽未反应彻底，或者说富液反应器并没有完成任务，而是将部分硫氢化钠后移到再生槽的结果所致。以上发生要么是因为富液在富液槽停留时间太短，要么是因为偏钒酸钠浓度不到位。溶液中的碳酸钠和碳酸氢钠当量浓度之和为溶液总碱度。pH值随总碱度增加而上升，生产中，一般总碱度控制在0.4～0.5mol/L，如果原料气中二氧化碳含量高，碳酸氢钠浓度大，pH值下降，可以从系统中引出一部分溶液为总量的1%～2%，加热到90℃脱除二氧化碳，如此经过2h的循环脱除即可恢复初始pH。

② 偏钒酸钠含量。偏钒酸钠含量高，氧化HS^-速率快，偏钒酸钠含量取决于它能否在进入再生槽前全部氧化完毕。否则就会有$Na_2S_2O_3$生成，含量太高不仅造成偏钒酸钠的催化剂浪费，而且直接影响硫黄纯度和强度（一般太高会使硫锭变脆），生产中一般应加入1～1.5g/L。

③ 栲胶含量。化学载氧体的作用是将焦钒酸钠氧化成偏钒酸钠，如果含量低，直接影响再生效果和吸收效果，含量太高则易被硫泡沫带走，从而影响硫黄的纯度。生产中一般应控制在0.6～1.2g/L。

④ 温度。提高温度虽然降低硫化氢在溶液中的溶解度，但加快吸收和再生反应速率，同时也加快生成的$Na_2S_2O_3$副反应速率。

温度低，溶液再生速率慢，生成硫膏过细，硫化氢难分离，并且会因硫酸氢钠、硫代硫酸钠、栲胶等溶解度下降而析出沉淀堵塞填料，为了使吸收再生和析硫过程更好地进行，生产中吸收温度应维持在30～45℃，再生槽温度应维持在60～75℃（在冬季应该用蒸汽加热）。

⑤ 液气比。液气比增大，溶液循环量增大，虽然可以提高气体的净化度，并能防止硫黄在填料的沉积，但动力消耗增大，成本增加。因此液气比大小主要取决于原料气硫化氢含量多少、硫容的大小、塔型等，生产一般维持11L/m³。

⑥ 再生空气用量及再生时间。空气的作用是将还原态的栲胶氧化成氧化态的栲胶。

空气还可以使溶液悬浮硫以泡沫状浮在溶液的表面上，以便捕集，溢流回收硫黄。

空气同时将溶解在吸收液中的二氧化碳吹除出来，从而提高溶液pH值，实际生产1kg硫化氢需60～110m³/(m²·h)空气，再生时间维持在8～12min。

（3）栲胶法工艺流程

由静电除尘岗位来的水煤气，含H_2S、CS_2、COS、C_4H_4S、RSH等有机和无机硫。经清洗塔进一步除去煤气中的尘粒和部分焦油后进入脱硫塔，在脱硫塔除去H_2S后，进入汽水分离器除去夹带的液体后去往压缩机。脱硫液经再生泵送入再生槽，在再生槽内，完成溶液的再生和单质硫的浮选，硫泡沫送入熔硫釜；再生液经贫液泵再送回脱硫塔循环使用，见图3-1。

3. 湿法脱硫的主要设备

湿法脱硫塔的塔型很多，有填料塔、湍流塔、喷射塔、旋流板塔、筛板塔、空淋塔以及复合型吸收塔等。湿法脱硫塔和再生塔实景图见图 3-2。

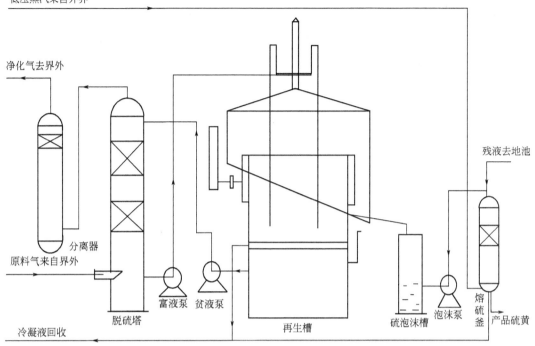

图 3-1　栲胶法脱硫工艺流程图

图 3-2　湿法脱硫塔和再生塔实景图

（1）吸收塔

可用于湿法吸收脱硫的塔型很多，常用的是喷射塔、旋流板塔、填料塔和喷旋塔。

① 喷射塔。喷射塔具有结构简单、生产强度大、不易堵塞等优点，由于可以承受很大的液体负荷、单级脱硫效率不高（70％），因而常被用来粗脱硫化氢。喷射塔主要由喷射段、喷杯、吸收段和分离段组成，其结构如图 3-3 所示。

② 旋流板塔。旋流板塔由吸收段、除雾段、塔板、分离段组成，其结构如图 3-4 所示。

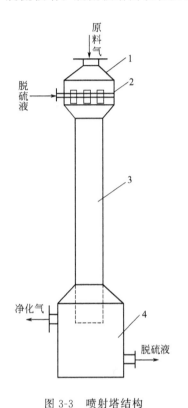

图 3-3　喷射塔结构

1—喷射段；2—喷杯；3—吸收段；4—分离段

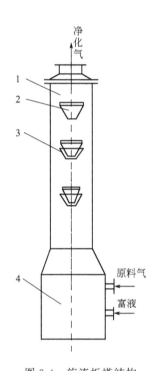

图 3-4　旋流板塔结构

1—吸收段；2—除雾段；3—塔板；4—分离段

旋流板塔的空塔气速为一般填料塔的 2～4 倍，一般板式塔的 1.5～2 倍，与湍流塔相近，但达到同样效果时旋流板塔的高度比湍流塔低；从有效体积看，旋流板塔最小，塔压降小，工业上旋流板塔的单板压降一般在 98～392Pa 之间，操作范围较大，不易堵塞。

③ 喷旋塔。喷旋塔是喷射塔与旋流板塔相结合的复合式脱硫塔，它集并-逆流吸收、粗-精脱为一体，因而对工艺过程有更强的适应性。

（2）喷射再生槽

喷射再生槽由喷射器和再生槽组成。

① 喷射器。其结构如图 3-5 所示。

② 再生槽。其结构如图 3-6 所示。

双级喷射器再生槽与单级喷射器再生槽相同。双级喷射器由喷嘴、一级喉管、二级喉管、扩大管和尾管组成，其结构如图 3-7 所示。

双级喷射器的特点是第一级喉管较小，截面比（喷嘴截面与第一级喉管面之比）较大，因而气液基本是同速的，形成的混合流体中的液体是连续相，气体是分散相，能量交换比较

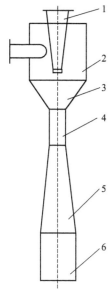

图 3-5　喷射器结构

1—喷嘴；2—吸气室；3—收缩管；

4—混合管；5—扩散管；6—尾管

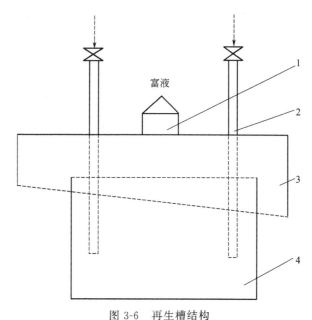

图 3-6　再生槽结构

1—放空管；2—吸气管；3—扩大部分；4—槽体

富液

完全。具有一定速度的混合流体从一级喉管喷出进入二级喉管，同时再次自动吸入空气，二级喉管比一级喉管大，气液比也较大，因而气体是连续相，液体是分散相，以高速液滴的形式冲击并带动气体，同时进行富液的再生。混合流体由二级喉管流出进入扩大管，将动能转化为静压，气体压力升高，最后通过尾管排出。尾管也能回收部分能量并进一步再生富液。

与单级喷射器相比，双级喷射器有如下特点：

富液与空气混合好，气液接触表面多次更新，强化了再生过程，提高了再生效率；因二次吸入空气（总空气吸入量比单级增加一倍），富液射流的能量得到更充分的利用，自吸抽气能力更高，溶液不易反喷。

由于强化了气液接触传质过程，空气量显著减少，因而减轻了再生槽排气对环境的污染，减小了再生槽的有效容积；由于一级喉管的滑动系数（S_o）接近1，气液接近同速，因而喉管不易堵塞；单级喷射器改为双级投资少，效益显著。

二、干法脱硫

1. 氢氧化铁脱硫法

（1）基本原理

用氢氧化铁法脱除硫化氢，反应式如下。

$$2Fe(OH)_3 + 3H_2S = Fe_2S_3 + 6H_2O$$

这是不可逆反应，反应原理不受平衡压力影响，但水蒸气的含量

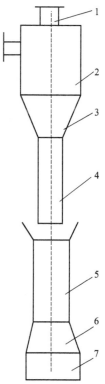

图 3-7　双级喷射器

1—溶液入口；2—吸气室；

3—收缩管；4—一级喉管；

5—二级喉管；6—扩大

管；7—尾管

对脱硫效率影响很大。副产硫黄，用过的氢氧化铁可以再生，再生反应如下。

$$2Fe_2S_3 + 6H_2O + 3O_2 \xrightarrow{\hspace{1cm}} 4Fe(OH)_3 + 6S$$

再生有间歇与连续两种。间歇再生用含氧气体进行循环再生，连续再生在脱硫槽进口处向原料气不断加入空气与水蒸气，后者简便、省时、能提高脱硫剂利用率。

（2）使用条件

氢氧化铁脱硫剂组成为 $aFe_2O_3 \cdot xH_2O$，脱硫剂需要适宜的含水量，最好为 $30\% \sim 50\%$，否则会降低脱硫率。氢氧化铁法使用时无特殊要求，在常温、常压与加压下都能使用，但脱硫效果与接触时间关系很大，在脱硫过程中，原料气含硫量与接触时间几乎成直线关系。

（3）高温下的氧化铁脱硫

氧化铁脱硫剂的主要成分是 Fe_2O_3，其使用温度为 $300 \sim 400℃$，压力要求不严，既可脱除 H_2S，又可脱除 CS_2 和 COS。

2. 氧化锰脱硫法

（1）基本原理

氧化锰对有机硫的转化反应与氢氧化铁相似，但对噻吩的转化能力非常小，在干法脱硫中，主要起吸收 H_2S 的作用，其反应式为：

$$MnO + H_2S \xrightarrow{\hspace{1cm}} MnS + H_2O$$

（2）氧化锰催化剂

氧化锰催化剂是天然的锰矿石，天然锰矿都是以 MnO_2 存在，MnO_2 是不能脱除 H_2S 的，只有还原后才具有活性。因此使用前必须进行还原。其反应式为：

$$MnO_2 + H_2 \xrightarrow{\hspace{1cm}} MnO + H_2O$$

生产中，根据需要将锰矿石粉碎成一定的粒度，然后均匀地装入设备内进行升温还原后，催化剂具有了吸收 H_2S 的活性后才可使用。

（3）工艺操作条件

氧化锰催化剂温度一般为 $350 \sim 420℃$，操作压力为 $2.1MPa$，出口总硫可降到 $20mg/m^3$ 以下。催化剂层热点温度为 $400℃$ 左右。

3. 氧化锌脱硫法

氧化锌是内表面积较大、硫容量较高的一种固体脱硫剂，脱除气体中的硫化氢及部分有机硫的速度极快。净化后的气体中总硫含量一般在 3×10^{-6}（质量分数）以下，最低可达 10^{-7}（质量分数）以下，广泛用于精细脱硫。

（1）基本原理

氧化锌脱硫剂可直接吸收硫化氢生成硫化锌，反应式为：

$$H_2S + ZnO \xrightarrow{\hspace{1cm}} ZnS + H_2O$$

对有机硫，如硫氧化碳、二硫化碳等则先转化为硫化氢，然后再被氧化锌吸收，反应式为：

$$H_2 + COS \xrightarrow{\hspace{1cm}} H_2S + CO$$

$$4H_2 + CS_2 \xrightarrow{\hspace{1cm}} 2H_2S + CH_4$$

氧化锌脱硫剂对噻吩的转化能力很小，又不能直接吸收，因此，单独用氧化锌是不能把有机硫完全脱除的。

氧化锌脱硫的化学反应速率很快，硫化物从脱硫剂的外表面通过毛细孔到达脱硫剂的内表面，内扩散速率较慢，它是脱硫反应过程的控制步骤。因此，脱硫剂粒度小，孔隙率大，有利于反应的进行。同样，压力高也能提高反应速率和脱硫剂的利用率。上述即为氧化锌脱硫剂的反应机理。

（2）氧化锌脱硫剂

氧化锌脱硫剂是以氧化锌为主体（占95％左右），并添加少量氧化锰、氧化铜或氧化镁为助剂，T305型氧化锌脱硫剂的主要性能如下：

外观为白色或浅灰色条状物，堆密度 $1\sim1.3\text{g/mL}$；强度 $\geqslant40\text{N/cm}^3$；适宜温度 $200\sim400℃$；出口气含硫量为 10^{-7}（质量分数）。

氧化锌脱硫剂装填后不需还原，升温后便可使用。T305型脱硫剂是一种适应性较强的新型脱硫剂，在苛刻条件下，用氮气置换 O_2 含量 $<0.5\%$，再用氮气或原料气进行升温，常温到120℃为 $30\sim50℃/h$，120℃恒温2h，$120\sim220℃$（或220℃以上）为 $50℃/h$，220℃（或220℃以上）恒温1h。恒温过程中即可逐步升压，每10min升0.5MPa，直到操作压力。在温度、压力达到要求后先维持4h的轻负荷生产，然后再逐步随系统一起加大负荷，转入正常生产。

（3）工艺流程

图3-8为氧化锌脱硫的部分流程。氧化锌脱硫剂由于其脱硫净化度高、稳定性可靠，常常放在最后把关。根据气、液原料和硫化物的品种和数量不同，氧化锌脱硫剂常在下列五种情况下使用。

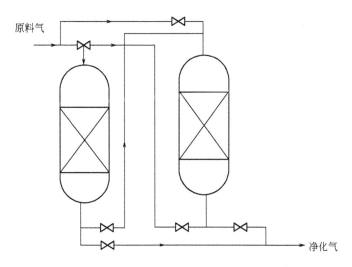

图3-8　氧化锌脱硫双塔串并联流程图

① 单用氧化锌。适用于含硫量低、要求精度高的场合。

② 同钴钼加氢转化催化剂或铁钼加氢转化催化剂串联使用。适用于含复杂有机硫（如噻吩）的天然气、油田气、石油加工气、轻油等。

③ 酸性气洗涤＋钴钼催化剂转化＋氧化锌脱硫。适用于油田伴生气之类总含硫量较高的气态烃脱硫。

④ 钴钼加氢转化＋酸性气洗涤＋氧化锌脱硫。适用于含有较多有机硫的液化石油气等气态烃。

⑤ 两个（或一个）钴钼加氢（其间设汽提塔），后设氧化锌脱硫。适用于石脑油，含硫量小于 50×10^{-6} 时可只用一个钴钼加氢槽。

4. 活性炭脱硫法

应用活性炭脱除工业气体中的硫化氢及有机硫化物称为活性炭脱硫，目前广泛应用的是活性炭脱硫过热蒸汽再生工艺。

（1）基本原理

在室温下，气态的硫化氢与空气中的氧能发生下列反应：

$$2H_2S+O_2 \longrightarrow 2H_2O+2S\downarrow \qquad \Delta H=-434.0kJ/mol$$

在一般条件下，该反应反应速率比较慢，而活性炭对这一反应具有良好的催化作用并兼有吸附作用。

活性炭是一种孔隙率大的黑色固体，主要成分为石墨微晶，呈不规则排列，属无定形碳。活性炭中的孔隙大小不是均匀一致的，可分为大孔（200～10000nm）、过渡孔（10～200nm）及微孔（1～10nm），主要是微孔，孔隙体积 $8.0\times10^{-3}m^3/kg$，比表面积最高可达 $18.0\times10^5m^2/kg$，一般为 $(5\sim10)\times10^5m^2/kg$。

活性炭脱硫属多相反应。研究表明，硫化氢与氧在活性炭表面的反应分两步进行。第一步是活性炭表面化学吸附氧，形成作为催化中心的表面氧化物。这一步极易进行，因此工业甲醇合成气体中只要含少量氧（0.1%～0.5%）便已能满足活性炭脱硫的需要。第二步是气体中的硫化氢分子碰撞活性炭表面，与化学吸附的氧发生反应，生成的硫黄分子沉积在活性炭的孔隙中。沉积在活性炭表面的硫对脱硫反应也有催化作用。在脱硫过程中生成的硫呈多分子层吸附于活性炭的孔隙中，活性炭中的孔隙越大，则沉积于孔隙表面上的硫分子层越厚，有超过 20 个硫原子。在微孔中，硫层的厚度一般为 4 个硫原子。活性炭失效时，孔隙中基本上塞满了硫。活性炭具有很大的孔隙率，因此，活性炭的硫容量比其他固体脱硫剂（如活性氧化铁、氧化锌、分子筛等）大，脱硫性能好的活性炭的硫容量可超过 100%。

活性炭脱硫的反应主要在活性炭孔隙的内表面上进行，由于表面张力的存在，其对工业气体中的分子具有一定的吸附作用。水蒸气在活性炭中，除存在多分子层的吸附外，还存在毛细管凝结作用，因此在常温下进行脱硫时，活性炭孔隙的表面凝结着一薄层水膜。利用硫化氢在水中的溶解作用使活性炭容易吸附硫化氢，从而能加速脱硫作用，这时硫化氢的氧化作用将在液相水膜中进行。所以，当气体中存在足够的水蒸气时，才能使硫化氢更快地呈酸性，能显著地提高活性炭吸附与氧化硫化氢的速率。

活性炭脱除硫化氢气体时，还发生下列副反应：

$$2NH_3+2H_2S+2O_2 \longrightarrow (NH_4)_2S_2O_3+H_2O$$
$$2NH_3+H_2S+2O_2 \longrightarrow (NH_4)_2SO_4$$

气体中氨的含量越高，在活性炭脱硫过程中越容易生成硫的含氧酸盐。

（2）影响脱硫的主要因素及控制条件

① 活性炭的质量。活性炭的质量可由其硫容量与强度直接判断，在符合一定强度的条件下，活性炭的硫容量高，其脱硫效果也就好。在活性炭中添加某些化合物后，可以显著提高活性炭的脱硫性能，甚至改变活性炭脱硫的产物。除上述的氨外，已知的能够增大活性炭脱硫性能的化合物有铵或碱金属的碘化物或碘酸盐、硫酸铜、氧化铜、碘化银、氧化铁、硫化镍等。工业上常用含氧化铁的活性炭净化含硫化氢的气体，活性炭中氧化铁的存在，能显著改进活性炭的脱硫性能，提高硫化氢的氧化速率。

② 氧及氨的含量。氧和氨都是直接参与化学反应的物质，对脱除硫化氢来说，工业生产中氧含量一般控制在超过理论量的 50%，或者使脱硫后气体中残余氧含量为 0.1%。含硫化氢 $1g/m^3$ 的工业气体，活性炭脱硫时，要求氧含量为 0.05%，对含硫化氢 $10g/m^3$ 的工业气体，含氧量 0.53% 便足够了。一般来说，半水煤气含氧 0.5% 左右，变换气、碳化气及合成甲醇气中的硫化氢含量均在 $1g/m^3$ 以下，所以在以煤为原料的合成氨厂使用活性炭脱硫时，都不需要补充氧。

氨易溶于水，使活性炭孔隙内表面的水膜呈碱性，增强了吸收硫化氢的能力。吸收硫化氢时，氨的用量很少，一般保持在 $0.1\sim0.25g/m^3$，或者相当于气体中硫化氢含量的 1/20（摩尔比），便可使活性炭的硫容量提高约一倍。

③ 相对湿度。在室温下进行脱硫时，高的气体相对湿度能提高脱硫效率，最好是气体被水蒸气所饱和。但需要注意的是，进入活性炭吸附器的气体不能带液态水，否则会使活性炭浸湿，活性炭的孔隙被水塞满失去脱硫能力。

④ 脱硫温度。温度对活性炭脱硫的影响比较复杂。对硫化氢来讲，当气体中存在水蒸气时，脱硫的温度范围为 $27\sim82℃$，最适宜温度范围为 $32\sim54℃$。低于 27℃ 时，硫化氢被催化氧化的反应速率较慢；温度高于 82℃ 时，由于硫化氢及氨在活性炭孔隙表面水膜中的溶解作用减弱，也会降低脱硫效果。当气体中存在水蒸气时，则活性炭脱除硫化氢的能力反而随温度的升高而加强。

⑤ 煤焦油及不饱和烃。活性炭对煤焦油有很强的吸附作用，煤焦油不但能够堵塞活性炭的孔隙，降低活性炭的硫容量及脱硫效率，而且还会使活性炭颗粒黏结在一起，增加活性炭吸附器的阻力，严重影响脱硫过程的进行。另外，气体中的不饱和烃会在活性炭表面发生聚合反应，生成分子量大的聚合物，同样会降低活性炭硫容量，并降低脱硫效率。

（3）活性炭的再生

活性炭作用一段时间后会失去脱硫能力，因活性炭的孔隙中聚集了硫及硫的含氧酸盐。需要将这些硫及硫的含氧酸盐从活性炭的孔隙中除去，以恢复活性炭的脱硫性能，这叫作活性炭的再生。优质活性炭可再生循环使用 $20\sim30$ 次。

活性炭再生方法较多，较早的方法是利用 S^{2-} 与碱易生成多硫根离子的性质，以硫化铵溶液把活性炭中的硫萃取出来，但该法设备庞大，操作复杂，并且污染环境。目前出现了一些新的再生方法，主要有以下几种。

① 用加热氮气通入活性炭吸附器，从活性炭吸附器再生出来的硫在 $120\sim150℃$ 变为液态硫放出，氮气再循环使用。

② 用过热蒸汽通入活性炭吸附器，把再生出来的硫经冷凝后与水分离。

③ 用有机溶剂再生。

（4）工艺流程

20 世纪 80 年代以来，国内小型化工企业采用活性炭脱硫的日益增多，且都采用过热蒸汽再生，工艺流程如图 3-9 所示。

5. 铁钼加氢转化法

经湿法脱硫后的原料气中含有 CS_2、C_4H_4S、RSH 等有机硫，在铁钼催化剂的作用下，绝大部分能加氢转化成容易脱除的 H_2S，然后再用氧化锰脱除，所以铁钼加氢转化法是脱

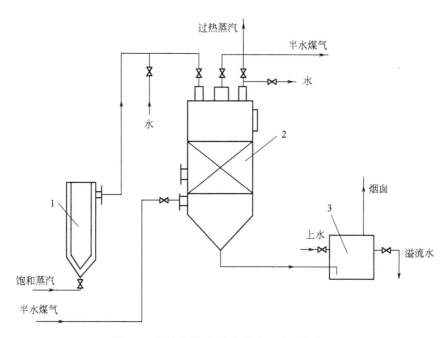

图 3-9　活性炭脱硫-过热蒸汽再生工艺流程
1—电加热器；2—活性炭吸附器；3—硫黄回收池

除有机硫的很有效的预处理方法。

（1）在铁钼催化剂的作用下，有机硫加氢转化为 H_2S 的反应

$$R—SH（硫醇）+H_2 \Longrightarrow RH+H_2S$$
$$R—S—R（硫醚）+2H_2 \Longrightarrow RH+H_2S+RH$$
$$C_4H_4S（噻吩）+4H_2 \Longrightarrow C_4H_{10}+H_2S$$
$$CS_2（二硫化碳）+4H_2 \Longrightarrow CH_4+2H_2S$$

上述反应平衡常数都很大，在 350～430℃ 的操作温度范围内，有机硫转化率是很高的，其转化反应速率对不同种类的硫化物而言差别很大，其中噻吩加氢反应速率最慢，故有机硫加氢反应速率取决于噻吩的加氢反应速率。加氢反应速率与温度和氢气分压也有关，温度升高，氢气分压增大，加氢反应速率加快。

在转化有机硫的过程中，也有副反应发生，其反应式为：

$$CO+3H_2 \Longrightarrow CH_4+H_2O$$
$$CO_2+4H_2 \Longrightarrow CH_4+2H_2O$$

转化反应和副反应均为放热反应，所以生产中要很好地控制催化剂层的温升。

（2）铁钼催化剂

铁钼催化剂的化学组成是 Fe 2.0%～3.0%，MoO_3 7.5%～10.5%，并以 Al_2O_3 为载体。催化剂制成 7mm×（5～6）mm 的片状，外观呈黑褐色，耐压强度＞1.5MPa（侧压），堆密度为 0.7～0.85kg/L，型号 T202。

氧化态的铁钼催化剂是以 FeO、MoO_3 的形态存在，对加氢转化反应活性不大，只有经过硫化后才具有很高的活性，其硫化反应如下：

$$MoO_3+2H_2S+H_2 \Longrightarrow MoS_2+3H_2O$$
$$9FeO+8H_2S+H_2 \Longrightarrow Fe_9S_8+9H_2O$$

（3）工艺操作条件

铁钼催化剂操作温度为 350～430℃；压力 0.7～7.0MPa，空间速率 500～1500h^{-1}。T202 型加氢转化催化剂主要用于重油（天然气）合成氨。

6. 干法脱硫的主要设备

干法脱硫塔群实景图见图 3-10。干法脱硫的主要设备是脱硫槽，不论采用哪一种脱硫剂，脱硫槽的结构都基本相同。常用结构如图 3-11 和图 3-12 所示。

图 3-10　干法脱硫塔群实景图

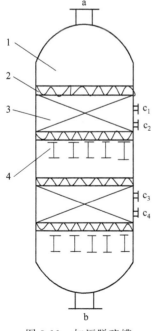

图 3-11　加压脱硫槽

1—壳体；2—铁丝网；3—脱硫剂；4—支撑；
a—气体进口；b—气体出口；c_1～c_4—测温口

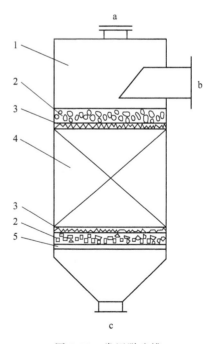

图 3-12　常压脱硫槽

1—壳体；2—耐火球；3—铁丝网；4—脱硫剂；5—托板；
a—人孔；b、c—气体进、出口

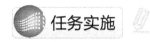

任务实施

完成合成气湿法脱硫工艺仿真实训项目。

思考与讨论

比较几种干法脱硫法、湿法脱硫法的特点，试分析如何根据合成气成分和甲醇合成气要求，选择合适的合成气净化方法。

任务二　合成气变换

任务描述

合成气变换主要指的是 CO 和 H_2O 反应生成 CO_2 和 H_2 的反应。利用此变换反应，可以调节合成气中 CO 和 H_2 的含量，进而调节甲醇合成气的氢碳比。同时该反应还可以将湿法脱硫工序难以脱除的有机硫在催化剂作用下水解转化为无机硫 H_2S，便于后续脱硫工序进行脱除。变换工序在甲醇合成气生产中是一道重要工序，同时也是一个能耗较大的工序，外加蒸汽量的大小是衡量变换工段能耗的主要标志。

变换反应是一个需要催化剂的放热反应，低温条件有利于反应平衡但不利于反应速率。由于该反应的主要目的是调节 CO 和 H_2 的比例，并不是要脱除其中的某一种组分，所以反应的转化率不需要太高。

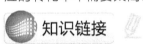

知识链接

从煤气化工艺可以看出，气化煤气的氢碳比 M 太低，说明气化煤气中 CO 含量偏高，不符合甲醇原料气的氢碳比 $M = 2.10 \sim 2.15$（实际氢碳比）的要求。气化煤气可以通过 CO 变换工序使过量的 CO 变换成 H_2 和 CO_2，多余的 CO_2 可通过脱碳工序脱除，最终使变换气的组成达到氢碳比要求。天然气转化工艺生产的合成气中 H_2 含量偏高，也需要借助于此变换反应转化成等量的 CO，进而调节氢碳比以符合甲醇合成原料气要求。

$$M = \frac{n(H_2)}{n(CO + 1.5CO_2)} = 2.10 \sim 2.15$$

甲醇合成要求其原料气中总硫含量控制在 0.1×10^{-6} 以下。气化煤气中的硫化物主要为 H_2S，约占总硫含量的 90% 以上，其次为有机硫，约占硫含量的 10%，主要为羰基硫（COS）和少量的 CS_2。气化煤气的常规湿法脱硫工序像栲胶法脱硫，只能有效地脱除煤气中的 H_2S，无法脱除煤气中的有机硫。气化煤气变换工序的另一任务就是将湿法脱硫工序后煤气中的有机硫，在催化剂的作用下水解转化为 H_2S，便于后续脱硫，变换后的煤气（也叫变换气）再返回湿法脱硫工序进一步脱硫后，即可进入脱碳工序。

一、CO 变换的基本原理

1. CO 变换反应的影响因素

（1）温度的影响

CO 变换反应的反应式如下：

$$CO+H_2O \rightleftharpoons CO_2+H_2 \qquad \Delta H=-38kJ/mol$$

上述反应是放热反应，降低温度有利于 CO 的变换，CO 平衡变换率与反应温度的关系如图 3-13 所示。反应温度越低，CO 平衡变换率越高，当温度降到 200℃时，其变换率接近 100%。但是温度越低，反应速率越慢，达到平衡所需的时间就越长，单方面降低温度肯定是不行的。

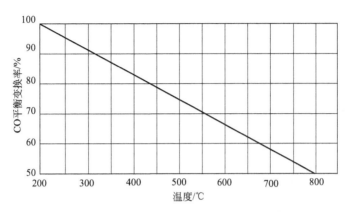

图 3-13　温度与 CO 平衡变换率的关系

（2）水蒸气添加量的影响

增加水蒸气量相当于增加反应物浓度，可使变换反应向右进行，因此，在实际生产中总是向系统中加入过量的水蒸气以提高 CO 的变换率。不同温度下蒸汽加入量与 CO 平衡变换率的关系如图 3-14 所示。

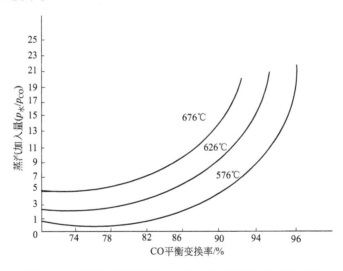

图 3-14　不同温度下蒸汽加入量与 CO 平衡变换率的关系

由图可知，达到同一变换率时，反应温度降低，蒸汽用量减少。在同一温度下，蒸汽量增大，CO 平衡变换率增大，但其变化趋势是先快后慢。因此，蒸汽用量过大，变换率的增大并不明显，然而蒸汽耗量却增大了，而且还易造成催化剂层温度难以维持。

（3）压力的影响

由于 CO 的变换反应是等分子反应，反应前后气体的总体积不变，所以压力对 CO 平衡变换率无影响。

（4）CO_2 的影响

在变换过程中，如能把生成的 CO_2 及时除去，也就是减小生成物浓度，平衡向 CO 的变换方向移动，能提高 CO 的平衡变换率。实际生产中不可能及时从反应体系中除去 CO_2。

（5）催化剂的影响

催化剂能降低反应的活化能，尽管催化剂不改变化学平衡，但能改变反应历程，提高反应速率，缩短达到平衡的时间。催化剂是 CO 变换的最重要的影响因素。

2. CO 变换反应的催化剂

从变换反应的机理看，变换反应必须在一定的催化剂作用下才能发生快速的化学反应，选用何种催化剂要根据生产工艺要求具体而定。甲醇生产中，为满足合成气氢碳比例的要求，对变换的转化率要求很低，对原料气中一氧化碳含量较高的水煤气（一氧化碳含量为 35％），变换反应的变换率也只需 30％ 左右，因此，对催化剂的选择要求并不是很严格，下面介绍几种常见的催化剂。

（1）中温变换催化剂

中温变换催化剂按组成可分为铁铬系和钴钼系两大类，前者活性高，机械强度好，耐热性能好，能耐少量硫化物，使用寿命长，成本低，在工业生产中得到了广泛应用。

① 铁铬系催化剂。铁铬系催化剂的主要组分为三氧化二铁和助催化剂三氧化二铬。三氧化二铁含量 70％～90％，三氧化二铬含量 7％～14％，另外还含有少量氧化钾、氧化镁和氧化钙等物质。三氧化二铁还原成四氧化三铁后能加速变换反应，三氧化二铬能抑制四氧化三铁再结晶，阻止催化剂形成更多的微孔结构，提高催化剂的耐热性能和机械强度，延长催化剂的使用寿命；氧化镁能增强催化剂的耐热和抗硫性能，氧化钾与氧化钙均能提高催化剂的活性。

催化剂的活性除与化学组成及使用条件有关外，还与物理参量有关，催化剂的物理参量主要有以下几种。

a. 颗粒的外形与尺寸。

b. 堆密度。指单位堆体积（包括催化剂颗粒内孔及颗粒间空隙）的催化剂具有的质量，一般中温变换催化剂的堆密度为 $1.0\sim1.6g/cm^3$。

c. 颗粒密度。指单位颗粒体积（包括催化剂颗粒内的微孔，不包括颗粒间的空隙）的催化剂具有的质量，中温变换催化剂的颗粒密度一般为 $2.0\sim2.2g/cm^3$。

d. 真密度。指单位骨架体积（不包括催化剂颗粒内微孔和颗粒间空隙）的催化剂具有的质量，一般中温变换催化剂的真密度为 $4g/cm^3$ 左右。

e. 比表面积。指 1g 催化剂具有的表面积（包括内表面积和外表面积），单位为 m^2/g，中温变换催化剂的比表面积一般为 $30\sim60m^2/g$。

f. 孔隙率。指单位颗粒体积（包括催化剂和骨架体积）含有微孔体积的百分数，一般中温变换催化剂的孔隙率为 40％～50％。

g. 比孔体积。指单位质量催化剂具有的微孔体积，简称比孔体积。

铁铬系催化剂是一种棕褐色圆柱体或片状固体颗粒，在空气中易受潮使活性下降，还原后催化剂遇空气则迅速燃烧，失去活性。硫、氯、硼、磷、砷的化合物及油类物质都能使催化剂暂时或永久中毒。各类铁铬催化剂都有一定的活性温度和使用条件，国产 B107 中温变换催化剂的性能如下：化学组成 Fe_2O_3 90％，Cr_2O_3 5％；颜色及外形为棕褐色圆柱体颗粒；规格 9mm×(5~7)mm；堆密度 1.45~1.55kg/L；比表面积 55~70m²/g；机械强度正压>200kgf/cm²，侧压>20kgf/m²；蒸汽/原料气（干基）0.7~0.8（体积比）；常压空间速度 700h⁻¹；加压空间速度因催化剂不同而不同，5~7kgf/cm²（表）相应 1000h⁻¹，30~40kgf/cm²（表）相应 1500~2000h⁻¹；入炉气温 330℃；原料气中硫含量<300mg/m³。

② 催化剂的还原与氧化。因为催化剂的主要成分三氧化二铁对一氧化碳变换反应无催化作用，需还原成四氧化三铁后才有活性，这一过程称为催化剂的还原。一般利用煤气中的氢和一氧化碳进行还原，其反应式如下。

$$3Fe_2O_3+CO == 2Fe_3O_4+CO_2 \qquad \Delta H=-50.94kJ/mol$$
$$3Fe_2O_3+H_2 == 2Fe_3O_4+H_2O \qquad \Delta H=9.26kJ/mol$$

当催化剂用循环氮升温至 200℃以上时，便可向系统配入少量煤气开始还原，由于还原反应是强烈的放热反应，为防止催化剂超温，应严格控制 CO 含量小于 5%。当催化剂床层温度达到 320℃后，反应剧烈，必须控制升温速度不高于 5℃/h。为防止催化剂被过度还原而生成金属铁，还原时应加入适量的水蒸气，催化剂当中含有的硫酸根会被还原成硫化氢而随气体带出，为防止造成后面的低变催化剂中毒，在还原后期有一个放硫过程。当分析中温变换炉出口 CO 含量≤3.5%，出入口 H₂S 含量相等时，即可认定为还原结束。

氧能使还原后的催化剂氧化成三氧化二铁，反应式如下：

$$4Fe_3O_4+O_2 == 6Fe_2O_3 \qquad \Delta H=-514.14kJ/mol$$

反应热效应很大，生产中必须严防煤气中因氧含量高造成催化剂超温，在停车检修或更换催化剂时必须进行钝化。其方法是用蒸汽或氮气以 30~50℃/h 的速度将催化剂的温度降至 150~200℃，然后配入少量空气进行钝化。在温升不大于 50℃/h 的情况下，逐渐提高氧的含量，直到炉温不再上升，进出口氧含量相等时，钝化工作结束。

③ 催化剂的中毒和老化。硫、磷、砷、氟、氯、硼的化合物及氢氰酸等物质均可引起催化剂中毒，使活性显著下降。磷和砷的中毒是不可逆的。氯化物的影响比硫化物严重，但在氯含量小于 1×10⁻⁶（质量分数）时，影响不明显。硫化氢与催化剂的反应如下：

$$Fe_2O_3+2H_2S+H_2 == 2FeS+3H_2O$$

硫化氢能使催化剂暂时中毒，提高温度、降低硫化氢含量和增加气体中的水蒸气含量可使催化剂活性逐渐恢复。

原料气中灰尘及水蒸气中无机盐含量高时，都会使催化剂活性显著下降，造成永久性的中毒。

催化剂活性下降的另一个重要因素是催化剂的老化。主要原因是在长期使用后，催化剂的活性逐渐下降。因为长期处在高温下会使催化剂逐渐变质，另外气流冲刷也会破坏催化剂表面状态。

④ 催化剂的维护和保养。为了保证催化剂具有较高的活性，延长使用寿命，在装填及使用过程中应注意以下几点：

a. 在装填前，要过筛除去粉尘和碎粒，使催化剂装填时保证松紧一致。严禁直接踩在催化剂上，并不许把杂物带入炉内。

b. 在开、停车时，要按规定的升、降速度进行操作，严防超温。

c. 正常生产中，原料气必须要经过除尘和脱硫（氧化型的催化剂）并保持原料气成分稳定，控制好蒸汽与原料气的比例及床层温度，升降负荷时要平稳。

(2) 低温变换催化剂

① 组成和性能。目前工业上采用的低温变换催化剂均以氧化铜为主体，经还原后具有活性组分的是细小的铜结晶。但其耐温性能差，易烧结，寿命短。为了克服这一弱点，采用向催化剂中加入氧化锌、氧化铝和氧化铬的方法，将铜微晶有效地分隔开来，防止铜微晶长大，提高了催化剂的活性和热稳定性，按组成不同，低变催化剂分为铜锌、铜锌铝和铜锌铬三种。其中铜锌铝型性能好，生产成本低，对人无毒。低温变换催化剂的组成范围为 CuO 含量 15%～32%，B202 型低温变换催化剂的主要性能如下：

主要成分 CuO、ZnO、Al_2O_3，规格 5mm×5mm，堆积密度 1.3～1.48g/cm³，使用温度 180～260℃，操作压力 1.2～3.0MPa，空间速度 1000～2000h^{-1}（2.0MPa）。

② 催化剂的还原与氧化。氧化铜对变换反应无催化活性，使用前要用氢或一氧化碳将其还原为具有活性的单质铜，其反应式如下：

$$CuO+H_2 \Longrightarrow Cu+H_2O \qquad \Delta H=-86.526kJ/mol$$
$$CuO+CO \Longrightarrow Cu+CO_2 \qquad \Delta H=-127.49kJ/mol$$

在还原过程中，催化剂中的氧化锌、氧化铝、氧化铬不会被还原。氧化铜的还原是强烈的放热反应，且低变催化剂对热比较敏感，因此，必须严格控制还原条件，将床层温度控制在 230℃ 以下。

还原后的催化剂遇空气接触发生下列反应。

$$Cu+\frac{1}{2}O_2 \Longrightarrow CuO \qquad \Delta H=-155.078kJ/mol$$

若与大量空气接触，其反应热会将催化剂烧结。因此，要停车换新催化剂时，还原态的催化剂应通少量空气进行慢慢氧化，在其表面形成一层氧化铜保护膜，这就是催化剂的钝化。钝化的方法是用氮气或蒸汽将催化剂层的温度降至 150℃ 左右，然后在氮气或蒸汽中配入 0.3% 的氧，在升温不大于 50℃ 的情况下逐渐提高氧的含量，直到全部切换为空气时，钝化结束。

③ 催化剂的中毒。硫化物、氯化物是低温变换催化剂的主要毒物，硫使低变催化剂中毒最明显，各种形态的硫都可与铜发生化学反应造成永久性中毒。当催化剂中硫含量达 0.1%（质量分数）时，变换率下降 1%；当含量达 1.1% 时，变换率下降 80%。因此，在中变串低变的流程中，在低变前设氧化锌脱硫槽，使总硫精脱至 1×10^{-6}（质量分数）以下。

氯化物对低变催化剂的毒害比硫化物大 5～10 倍，能破坏催化剂结构，使之严重失活，氯离子自水蒸气或脱氧软水中来，为此，要求蒸汽或脱氧软水中氯含量小于 3×10^{-8}（质量分数）。

（3）宽温耐硫变换催化剂

由于 Fe-Cr 中（高）温变换催化剂的活性温度高，抗硫性能差，Cu-Zn 系低变催化剂，低温活性虽然好，但活性温度范围窄，而对硫又十分敏感。为了满足重油、煤气化制氨流程中可以将含硫气体直接进行一氧化碳变换再脱硫、脱碳的需要，20 世纪 50 年代末期开发了耐硫性能好、活性温度较宽的变换催化剂，表 3-1 为国内外耐硫变换催化剂的化学组成及其性能。

耐硫变换催化剂通常是将活性组分 Co-Mo、Ni-Mo 等负载在载体上组成的，载体多为 Al_2O_3、$Al_2O_3+Re_2O_3$（Re 代表稀土元素）。目前主要是 Co-Mo-Al_2O_3 系，加碱金属助催化剂以改善低温活性，这一类变换催化剂的特点如下：

表 3-1 国内外耐硫变换催化剂

国别	德国	丹麦	美国	中国	
型号	K_{8-10}	SSK	$C_{25-2-02}$	B301	B302Q
CoO/%	约 3.0	约 1.5	约 3.0	2~5	>1
MoO_3/%	约 8.0	约 10.0	约 12.0	6~11	>7
K_2O/%	—	适量	适量	适量	适量
其他	—	—	加有稀有元素	—	—
Al_2O_3	专用载体	余量	余量	余量	余量
尺寸/mm	4×10 条形	ϕ3~5 球形	3×10 条形	5×10 条形	ϕ3~5 球形
颜色	绿	墨绿	黑	蓝灰	墨绿
堆密度/(kg/L)	0.75	1.0	0.7	1.2~1.3	1.0±0.1
比表面积/(m²/g)	150	79	122	148	173
比孔容/(mL/g)	0.5	0.27	0.5	0.18	0.21
使用温度/℃	280~500	200~475	270~500	210~500	180~500

a. 有很好的低温活性。使用温度比 Fe-Cr 系催化剂低 130℃以上，而且有较宽的活性温度范围，因此被称为宽温变换催化剂。

b. 有突出的耐硫和抗毒性。因硫化物为这一类催化剂的活性组分，可耐总硫到几十克每立方米，其他有害物如少量的 NH_3、HCN、C_6H_6 等对催化剂的活性均无影响。

c. 强度高。尤以选用 γ-Al_2O_3 作载体强度更好，遇水不粉化，催化剂硫化后的强度还可提高 50%以上（Fe-Cr 系催化剂还原态的强度通常比氧化态要低），而使用寿命一般为五年左右，也有使用十年仍在继续使用的。

d. 可再硫化。不含钾的 Co-Mo 系催化剂失活后，可通过再硫化使活性获得恢复。

Co-Mo 系变换催化剂的主要缺点是使用前的硫化过程比较麻烦，一般都用 CS_2 作硫化剂，目前已有采用泡沫硫来代替 CS_2。

硫化操作的好坏对硫化后催化剂的活性有很大关系，除在含氢气条件下用 CS_2 外，可以直接用 H_2S 或用含硫化物的工艺。硫化为放热过程，反应如下：

$$CS_2 + 4H_2 \Longrightarrow 2H_2S + CH_4 \qquad \Delta H = -240.6\text{kJ/mol}$$
$$MoO_3 + 2H_2S + H_2 \Longrightarrow MoS_2 + 3H_2O \qquad \Delta H = -48.1\text{kJ/mol}$$
$$CoO + H_2S \Longrightarrow CoS + H_2O \qquad \Delta H = -13.4\text{kJ/mol}$$

在温度为 200℃时，CS_2 的氢解反应可较快发生。若在常温下加入 CS_2，则 CS_2 易吸附在催化剂的微孔表面，到 200℃会因积聚而急剧氢解以及催化剂的硫化反应终致温度暴涨，若在温度较高时（如 800℃）加入 CS_2，会因发生氧化钴的还原反应而生成金属钴。

$$CoO + H_2 \Longrightarrow Co + H_2O$$

金属钴对甲烷化反应有强烈的催化作用，甲烷化反应、催化剂的硫化反应以及二硫化碳的氢解反应叠加在一起也易出现温度暴升现象。因此，加入 CS_2 以 180~200℃为宜。

B302Q 催化剂采用快速的硫化方法，硫化后催化剂的活性很好，使用时间也长，表 3-2 为该催化剂的快速硫化程序。

Co-Mo 系变换催化剂经过硫化后具有活性，而活性组分 MoS_2 和 CoS 在一定条件下会发生水解反应，实际上是反硫化反应，它是这一类催化剂失活的重要原因。反应如下：

$$MoS_2 + 2H_2O \Longrightarrow MoO_2 + 2H_2S$$

由上式可知，在一定条件下，当工艺气中 H_2S 含量比较高时，平衡向逆反应方向移动，能抑制反硫化反应，此时 H_2S 的含量称为最低 H_2S 含量。一般要求变换进口含量在 $50\sim 80mg/m^3$。同时上述反应为吸热反应，降低温度也能抑制反硫化反应。所以，防止反硫化反应的重要手段是：控制小的汽气比、保证较高的 H_2S 浓度以及低的进口温度。

一旦发生反硫化现象，必须再次实施硫化。

表 3-2   B302Q 催化剂的快速硫化程序

阶段	时间/h	床层温度/℃	进料气中 $CS_2/(g/m^3)$	备注
升温	约 4	$100\sim 200$		
初期	约 8	$200\sim 300$	$20\sim 40$	出口气 H_2S 约 $5g/m^3$
主期	约 2	$300\sim 400$	$40\sim 70$	出口气 H_2S 约 $15g/m^3$
强化期	约 2	$400\sim 500$		
降温置换	约 4			降温到 300℃，停止加入 CS_2

二、CO 变换工艺条件

综合变换反应热力学、动力学及催化剂的讨论，并考虑生产工艺的不同要求，对三种典型催化剂的工艺条件综述如下。

1. 中变工艺条件

（1）操作温度

① 操作温度必须控制在催化剂活性温度范围内。反应开始温度应高于催化剂活性温度 20℃ 左右，防止在反应过程中引起催化剂超温，一般反应开始温度为 $320\sim 380℃$，最高使用温度为 $530\sim 550℃$。

② 要使变换反应全过程尽可能在接近最适宜温度的条件下进行。由于最适宜温度随变换率的升高而下降，因此随着反应的进行，需要移出反应热，降低反应温度，生产中通常采取两种办法：一种是多段间接式冷却法，用原料气或蒸汽进行间接换热，移走反应热；另一种是直接冷激式，在段间直接加入原料气、蒸汽或冷凝液进行降温，这样一段温度高，可以加快反应速率，使大量一氧化碳进行变换反应，下一段温度低，可提高一氧化碳的变换率。

（2）操作压力

压力对变换反应的平衡几乎无影响，但加压变换与常压相比有以下优点。

① 可以加快反应速率和提高催化剂的生产能力，因此可用较大的空速增加生产负荷。

② 由于干原料气体积小于干变换气的体积，因此，先压缩原料气后再进行变换的动力消耗比常压变换后再压缩变换气的动力消耗低很多。

③ 需用的设备体积小，布置紧凑，投资较少。

④ 湿变换气中蒸汽的冷凝温度高，利于热能的回收利用。

但压力提高后，设备腐蚀加重且必须使用中压蒸汽。加压变换有其缺点，但优点占主要地位，因此得到广泛采用。目前中型甲醇厂变换操作压力一般为 $0.8\sim 3.0MPa$。

（3）汽气比

汽气比一般指蒸汽与原料气中一氧化碳的摩尔比或蒸汽与干原料气的摩尔比。增加蒸汽用量，可提高一氧化碳变换率，加快反应速率，防止催化剂中 Fe_3O_4 被进一步还原，使析炭及甲烷化等副反应不易发生；同时增加蒸汽能使湿原料气中一氧化碳的含量下降，催化剂床层的温升减少，所以改变水蒸气用量是调节床层温度的有效手段。但用量过大则能耗高，不经济，也会增大床层阻力和余热回收设备的负担。因此，应根据气体成分、变换率要求、反应温度、催化剂活性等合理调节蒸汽用量。甲醇生产中，中变水蒸气比例一般为汽/气（干原料气）＝0.2～0.4。

（4）空间速率

空间速率（空速）的大小，既决定催化剂的生产能力，又关系到变换率的高低。在保证变换率的前提下，催化剂活性好，反应速率快，才可用较大的空速，充分发挥设备的生产能力；若催化剂活性差，反应速率慢，空速太大，则气体在催化剂层的停留时间短，来不及反应而降低变换率，同时床层温度也难以维持。

2. 低变工艺条件

（1）温度

设置低温变换是为了变换反应在较低的温度下进行，以便提高变换率，使低变炉出口的一氧化碳含量降到更低。但反应温度并非越低越好，若温度低于湿原料气的露点温度就会出现析水现象，破坏与粉碎催化剂，因此，入炉气体温度应高于其露点温度20℃以上，一般控制在190～260℃。

（2）压力和空间速度

低变炉的操作压力取决于原料气具备的压力，一般为0.8～3.0MPa，空速与压力有关，压力高则空速大。

（3）入口气体中一氧化碳

入口气体中一氧化碳含量高，需用催化剂量多，寿命短，反应热量多，易超温。所以低变要求入口气体中一氧化碳含量小于6％，一般为3％～6％。

（4）催化剂

在甲醇生产中，因变换率仅有30％，考虑其耐硫性能差、使用寿命短、成本也较高，一般不选用铜锌系低温变换催化剂。

3. 全低变工艺操作条件

（1）压力

变换反应对压力的要求并不严格，有0.8MPa、2.5MPa，还有的更高，选用压力与全厂工艺和压缩机的选型有关，对变换本身的操作影响不大。只是提高压力可加大生产强度，节省压缩做功，并因蒸汽压力的相应提高而充分利用过剩蒸汽的热能。

（2）温度

一段入口温度≥200℃；二段入口温度≥230℃；一段出口温度≥320℃；二段出口温度≥250℃。

这是一组参考指标，一般在催化剂的初期要控制得低些，随着使用情况和化学活性的变化而稳步提高，以此延长使用寿命。

（3）汽气比

因甲醇合成的氢碳比要求，变换率仅为30％左右，故汽气比很低。在实际生产中，既要满足变换出气的指标要求，又要保证变换炉床层温度在活性范围内，只得采取部分变换而另外部分走变换炉近路的办法来稳定生产，一般汽气比控制在 0.2 左右。

（4）空速

因变换炉配有近路阀，所以空速也不尽相同，要根据生产负荷、变换率、催化剂的活性温度等条件灵活掌握。

三、CO 变换的工艺流程

CO 变换的工艺流程主要是由原料气组成来决定，同时还与所用催化剂、变换反应器的结构，以及气体的净化要求等有关。原料气组成中首先要考虑的是 CO 含量，CO 含量高，则应采用中（高）温变换，因为中（高）变催化剂操作温度范围较宽，且价廉易得，寿命长。CO 含量超过 15％时，一般应考虑将反应器分为两段或三段。其次应考虑进入系统的原料气温度及汽气比，若原料气温度及汽气比较低，则应考虑预热与增湿，合理利用余热。最后是将 CO 变换与脱除残余 CO 的方法结合考虑。

1. 中（高）变-低变串联流程

采用此流程一般与甲烷化脱除少量碳氧化物相配合。这类流程先通过中（高）温变换将含大量 CO 变换到含 3％左右后，再用低温变换使 CO 含量降低到 0.3％～0.5％，即"中串低"流程。为了进一步降低出口气中 CO 含量，也有在低变后面再串一个甚至两个低变的流程，如中低低、中低低低等。同样是"中串低"，根据原料气中 CO 含量不同又有多种流程：CO 含量较高时，变换气一般选在炉外串低变；而 CO 含量较低时，可选在炉内串低变。图 3-15 为炉外中串低的调温水加热流程。

其实中变之后串一个低变还是两个低变只是个形式，关键是变换终态温度，有的用户尽管是中低低（串两个低变）甚至中低低低（串三个低变），若低变催化剂活性不高，其终态温度降不下来，变换的效果也不明显。反之串一个低变的中串低，如采用低温活性高的钴钼低变催化剂，确保较低变换终态温度，其效果可以与中低低相同。

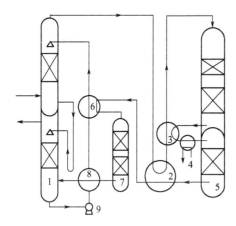

图 3-15　炉外中串低的调温水加热流程

1—饱和热水塔；2—主热交换器；3—中间换热器；
4—蒸汽过热器；5—变换炉；6—调温水加热器；
7—低变炉；8—水加热器；9—热水泵

中串低流程中要注意两个问题，一是要提高低变催化剂的抗毒性能，防止低变催化剂过早失活；二是要注意中变催化剂的过度还原，因为与单一的中变流程相比，中串低特别是中低低流程的反应汽气比下降，中变催化剂容易过度还原，引起催化剂失活、阻力增大，导致使用寿命缩短。

2. 全低变流程

全低变工艺是采用宽温区的钴钼系耐硫变换催化剂，主要有下列优点。

① 催化剂的起始活性温度低。变换炉入口温度及床层内热点温度低于中变炉入口及热点温度 100～200℃，降低了床层阻力，缩小了气体体积约 20％，从而提高了变换炉的生产能力。

② 变换系统在较低的温度范围内操作，在满足出口变换气中 CO 含量的前提下，可降

低入炉蒸汽量，使全低变流程的蒸汽消耗降低。

图 3-16 为全低变工艺流程图。半水煤气先进入饱和热水塔的饱和塔部分，与下塔顶流下的热水逆流接触进行热量与质量的传递，使半水煤气提温增湿。带有水分的出塔气体进入热交换器预热并使夹带的水分蒸发，然后进入变换炉顶部。经两段变换引出，在增湿器中喷水增湿，然后返回第三段催化剂进行变换，从第三段出来的气体经与原料气换热后进入第四段催化剂进行最后的变换反应。从变换炉出来的变换气先经一水加热器，再进入热水塔回收热量后引出。该流程有如下优点。

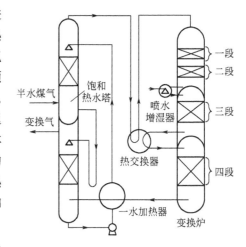

图 3-16　全低变工艺流程图

① 杜绝了铁铬中变催化剂过度还原的问题，延长了一段变换催化剂的使用寿命。

② 床层温度下降了 $100\sim200$℃。气体体积缩小 25%，降低了系统阻力，提高了变换炉的设备能力，减少了压缩机功率消耗。

③ 提高了有机硫化物的转化能力，在相同操作条件和工况下，全低变工艺与中串低或中低低工艺相比，有机硫化物转化率提高 5%。

④ 操作容易，启动快，增加了有效时间。

3. 甲醇合成工艺中的变换工艺

甲醇合成反应是一氧化碳和氢气（摩尔比 $1:2$）生成甲醇的反应，所以一氧化碳是反应物，那么在甲醇合成工艺中变换工段的作用并不是脱除合成气中的一氧化碳，而是通过 CO 可逆变换反应调节甲醇合成气中 CO 和 H_2 的比例，使之符合甲醇合成氢碳比的要求。或者说甲醇合成工艺中的 CO 变换反应并不需要很高的转化率。所以针对甲醇合成工艺转化需求，变换反应做了如下改进。

① 变换兼有机硫化物转化工艺。以煤或重油为原料的合成气生产中，在低温变换时大部分有机硫化物能够转化成无机硫化物，但有少部分有机硫化物（如噻吩、COS 和 CS_2 等）却难以转化。后续工序的脱硫中一般只能脱除无机硫化物，为保护后续工艺中的各种能化剂，采用变换兼有机硫化物转化工艺，可实现对硫的精脱。

② 适用于甲醇合成生产的低温变换工艺。用于联醇或单醇生产的变换工艺，由于 CO 是甲醇合成的反应物之一，变换气中允许具有较高的 CO 浓度，所以变化反应转化率要求较低，一般采用中温变换流程即可满足要求，同时在变换反应条件下有机硫化物可以催化转为无机硫。因此变换工艺可作适当简化。

③ 取消饱和热水塔工艺。由于低变催化剂的应用，低变工艺中的过量水蒸气大大减少，所以饱和热水塔回收潜热的意义就不大了。所以一些新工艺（如联醇工艺）取消了饱和热水塔，使变换工艺进一步简化。

四、有机硫 COS 的变换

气化煤气中硫化物主要为 H_2S，约占总硫含量的 90% 以上，其次为有机硫，约占总硫含量的 10%，主要为羰基硫（COS）和少量的 CS_2。气化煤气的常规湿法脱硫工序，像栲胶法脱硫只能有效地去除煤气中的 H_2S，无法脱除煤气中的有机硫。气化煤气变换不仅是 CO 的变换，同时将煤气中的有机硫在催化剂的作用下水解变换为 H_2S，便于后续脱硫。

1. COS 水解变换的基本原理

COS 呈中性或弱碱性，化学性能稳定，难以用常规的湿法脱硫方法脱除干净，在化学吸收中它的反应性较差，甚至使溶液降解；在物理吸收中 COS 与 CO_2 的溶解度接近，造成选择性分离困难，当然，气化煤气作为甲醇原料气在脱碳（脱除 CO_2）过程中希望吸收 COS，不存在二者的选择性分离。由于平衡等因素的限制，湿法脱硫要达到 10^{-6} 级净化度是有困难的。COS 水解变换是指在催化剂和温度的条件下，COS 与水反应生成 H_2S 和 CO_2，其化学反应如下：

$$COS + H_2O \Longrightarrow H_2S + CO_2 \qquad \Delta H = -35.53 kJ/mol$$

该反应平衡数随温度的降低而增大。例如 100℃时 K_P 为 2.98×10^4，38℃时 K_P 为 4.16×10^5，说明常温下平衡常数很大，降低温度对 COS 水解有利。

2. COS 变换工艺条件

一般先采用粗脱硫方法将原料中的 COS 脱除至 10×10^{-6} 左右，再经水解将 COS 转化为 H_2S，最后由氧化锌脱硫剂进行精脱硫，将 H_2S 脱除至小于 0.1×10^{-6}，即可作为甲醇原料气合成甲醇。

COS 的水解转化率与煤气中 H_2S 的含量关系很大。H_2S 抑制 COS 的水解反应，当煤气中 H_2S 的含量达 $14g/m^3$ 时，COS 的水解转化率仅为 65%，H_2S 的含量降到 $1mg/m^3$ 时，COS 的水解转化率可达 99% 以上。煤气经过粗脱硫后，煤气中的 H_2S 含量还比较高，为 $70mg/m^3$ 左右，致使 COS 的水解转化率不是很高，所以煤气变换脱硫、脱碳（该过程也能吸收一部分 H_2S 和 COS）后，还必须进行精脱硫才能达到甲醇原料气的要求。

COS 水解催化剂的寿命与进口气中 COS 含量、氧的含量和温度有关。COS 含量越低，催化剂的寿命越长，如 COS 含量 $<10mg/m^3$，寿命 2~4 年；COS 含量 $>10mg/m^3$，寿命 1~2 年。在有 O_2 存在时，原料气中的 H_2S 与 O_2 发生下列反应：

$$2H_2S + O_2 \Longrightarrow 2S + 2H_2O$$
$$S + O_2 \Longrightarrow SO_2$$
$$2SO_2 + O_2 \Longrightarrow 2SO_3$$

低温下发生第一个反应，生成的硫堵塞催化剂微孔而影响催化剂寿命；较高温度下发生剩下两个反应，生成的 SO_2 或 SO_3 与活性组分及 Al_2O_3 载体反应生成硫酸或亚硫酸而使催化剂失活，在较高温度下比低温下对催化剂寿命的影响大得多。

综上所述，COS 水解操作时要求"三低一严"，即进口 H_2S 低，O_2 含量低，床底温度低，并要严禁催化剂床底进水。

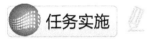 **任务实施**

完成一氧化碳中温变换仿真实训项目冷态开车任务，能处理常见事故。

思考与讨论

试述煤气的变换原理，说明甲醇合成气为什么要进行变换。

任务三　原料气的脱碳

 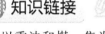 任务描述

　　各种原料制取的合成气，经脱硫、变换后仍有相当量的二氧化碳，有的来自制气阶段，有的来自变换工段，其中的一部分已经在脱硫工段脱除了。过量的 CO_2 导致合成气中的 CO_2/CO 值偏高，气体组成不符合（H_2-CO_2）/（$CO+CO_2$）= 2.1~2.2 甲醇合成要求。二氧化碳既是合成催化剂的有害物质，又是生产尿素、碳铵等产品的重要原料。所以必须脱除合成气中过量的二氧化碳并回收利用。

　　合成气脱碳的方法根据脱碳剂状态的不同可以分为湿法脱碳和干法脱碳，原理与脱硫有相似之处。不同的是作为甲醇合成原料气，适量二氧化碳的存在对甲醇合成温度控制是有利的，所以对于合成气中二氧化碳有较大的冗余度，或者说对脱碳反应的转化率要求不高。

知识链接

　　以重油和煤、焦为原料制得的甲醇粗原料气中，二氧化碳是过剩的，合成甲醇时氢碳比太低，对合成反应极为不利，因此，这部分二氧化碳必须从系统中脱除，同时利用各种脱碳方法还可去除气体中的硫化氢。而以天然气、石脑油为原料制气时，则氢气过剩，还需适当补充二氧化碳，才能达到甲醇合成的要求。所以条件具备的生产厂家往往将这两种方法一起使用，达到气体物料平衡和节能降耗的目的，创造出更好的经济效益。

　　与变换一样，脱碳后气体的 CO_2 指标也很高，含量一般为 3%~6%，而脱碳前气体中 CO_2 的含量不过是 15%，所以各种脱碳方法都可满足甲醇生产中的脱碳要求，下面介绍几种典型的脱碳方法，包括湿法脱碳和干法脱碳。

一、湿法脱碳

　　根据吸收原理的不同，湿法脱碳可分为物理吸收法和化学吸收法。

　　物理吸收法是利用分子间的范德华力进行选择性吸收。适用于 CO_2 含量>15%，无机硫、有机硫含量高的煤气，目前国内外主要有：水洗法、低温甲醇洗涤法、碳酸丙烯酯法、聚乙二醇二甲醚等吸收法，吸收 CO_2 的溶液仍可减压再生，可重复利用。其中水洗法的动力消耗大、氢气和一氧化碳损失大；低温甲醇洗涤法既可脱碳，又可脱硫，但需要足够多的能量，因此一般在大型化工厂使用；碳酸丙烯酯法由于溶液造成的腐蚀严重，并且液体损失量较大，所以聚乙二醇二甲醚脱碳被广泛采用。

　　化学吸收法是利用 CO_2 的酸性进行反应将其吸收，常用的吸收剂有热碳酸钾法、有机胺法和浓氨水法等，其中热的碳酸钾适用 CO_2 含量<15%时，浓氨水吸收最终产品为碳铵，达不到环保要求，该法逐渐被淘汰，有机胺逐渐被人们所看好。

（一）物理吸收法

1. 物理吸收剂

（1）碳酸丙烯酯

① 物理性质。分子结构 $CH_3CHOCOOCH_2$，沸点（0.1MPa）为 238.4℃；冰点 $-48.89℃$；密度（15.5℃）1.198g/cm^3；黏度（25℃）2.09×10^{-3} Pa·s；比热容（15.5℃）1.40$kJ/(kg·℃)$；饱和蒸气压（34.7℃）27.27Pa；对二氧化碳溶解热 14.65kJ/mol；临界温度 T_c523.11K，临界压力 p_c6.28MPa。

碳酸丙烯酯对 CO_2 吸收能力大，在相同条件下约为水的 4 倍。纯净时略带芳香味，无色，当使用一定时间后，由于水溶解 CO_2、H_2S、有机硫、烯烃、水及碳酸丙烯酯降解，使溶液变成棕黄色，密度 1.198kg/L，闪点 128℃，着火点 133℃，属中度挥发性有机溶剂，极易溶于有机溶剂，但对压缩机油难溶。吸水性极强，碳酸丙烯酯吸收能力与压力成正比，与温度成反比，对材料无腐蚀性（无水解时），所以可用碳钢作为材料，但碳酸液降解后对碳钢有腐蚀，使碳酸丙烯酯颜色变成棕色，这一点需特别注意。

各种气体在碳酸丙烯酯中的溶解度见表 3-3。

表 3-3　各种气体在碳酸丙烯酯中的溶解度（0.1MPa，25℃）

单位：m^3 气体$/m^3$

气体	CO_2	H_2S	H_2	CO	CH_4	COS	C_2H_2
溶解度	3.47	12.0	0.025	0.50	0.3	5.0	8.6

② 化学性质。水解性：$C_3H_6CO_3 + H_2O \Longrightarrow CH_3CHOHCH_2OH + CO_2$

碳酸丙烯酯水解成 1,2-丙二醇。

a. 溶液含水量越多，溶剂被水解的量也多。

b. 温度升高，能加快水解速率，增加碳酸丙烯酯液水解量。

c. 在酸性介质中，水解速率加快。

（2）聚乙二醇二甲醚（简称 NHD）

此法是美国 Allied 化学公司在 1965 年开发成功的物理吸收法，此法主要优点：对 H_2S、CS_2、C_4H_4S、CH_3SH、COS 等硫化物有较高的吸收能力，能选择吸收 H_2S，也能同时脱除水；溶剂本身稳定，不分解，不发生化学反应，损耗少，对普通碳钢腐蚀性小，无毒性，也不污染环境。

该溶剂是聚合度为 3~9 聚乙二醇二甲醚的混溶剂。

该溶剂的主要物理性质：分子结构 $CH_3—O—(C_2H_4O)_n—CH_3$；分子量 280~315；凝固点 $-29 \sim -22℃$；闪点 151℃；蒸气压（25℃）<1.33Pa·s；表面张力（25℃）$34.3 \times 10^{-5}N/cm^2$；溶解 CO_2 释放出热量 374.30kJ/kg。

该溶剂能与水任何比例互溶，不起泡，也不会因原料气中的杂质而引起降解，加上溶剂的蒸气压低，损失非常少。

每处理 1000m^3 含 H_2S 0.5%、CO_2 35% 的气体，要求净化气中 H_2S 含量<1×10^{-7}（质量分数）。当 CO_2 含量为 31%、吸收压力为 3.5MPa 时，溶剂消耗<0.01kg，如代替二乙醇胺法脱除 CO_2，每吨氨约可节省能量 2.93GJ。

（3）N-甲基吡咯烷酮

Lurgi 法重油气化制得的甲醇原料气采用 N-甲基吡咯烷酮法脱除 CO_2，因这种变换气中 CO_2 高达 30%，要降到 3%~6%，以满足甲醇合成的需要。考虑这种溶剂对二氧化碳的吸收能力比水高 6 倍，而 H_2 和 CO 的损失却很小，故选用这种溶剂作物理吸收剂。

（4）低温甲醇

甲醇在 $-70 \sim -30℃$ 的低温条件下，能同时脱除气体中的 H_2S、COS、CS_2、RHS、C_4H_4S、CO_2、HCN 以及石蜡烃、粗汽油等杂质，同时还可吸收水分。加上甲醇在低温下选择性强，有效 CO、H_2 等损失小，热稳定性和化学稳定性好等许多优点，被好多厂家广泛使用。但低温甲醇洗也有缺点：甲醇毒性大，再生流程复杂。多用于天然气、石脑油为原料蒸汽转化制得的原料气的脱碳，也有以固体燃料为原料加压连续气化的厂家用来同时脱硫和脱碳。

2. 吸收的基本原理

碳酸丙烯酯吸收二氧化碳气体是一个物理吸收过程，提高系统压力，降低碳酸丙烯酯溶液的温度，将增大二氧化碳气体在碳酸丙烯酯中的溶解度，对吸收过程有利。

合成甲醇的变换气中，除含有二氧化碳外，还含有氢、一氧化碳、甲烷、氮、氩、氧、硫化氢气体。这些气体在碳酸丙烯酯中也有一定溶解度，只是大小不同。表 3-3 列出了这些工艺气体在该溶剂中的溶解度。

从表 3-3 可以看出，在实际生产中，碳酸丙烯酯脱除变换气中二氧化碳的同时，又吸收了硫化氢，在一定程度上起到了脱硫作用，而对一氧化碳、氢气等气体的吸收能力很小。

3. 脱碳工段工艺流程

碳酸丙烯酯脱碳流程见图 3-17。自外界来的变换气，首先进入变换气分离器，分离出油水后进入活性炭脱硫槽进行脱硫，脱硫后的变换气由脱碳塔底部导入，碳酸丙烯酯液由贫液泵打入过滤器，溶剂经冷却器冷却后从脱碳塔顶部进入与自下而上的气体进行逆流吸收，脱除二氧化碳气体的净化气经净化、分离后进入闪蒸洗涤塔中部，净化气经碳酸丙烯酯液回收与稀液泵来的稀液逆流接触，回收碳酸丙烯酯后，经洗涤分离器分离回收净化气中夹带液体，净化气送往后工序。

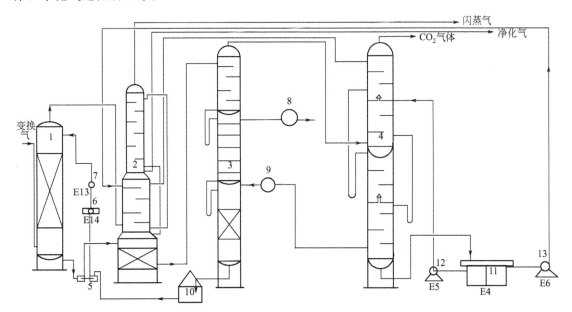

图 3-17 碳酸丙烯酯脱碳工艺流程

1—脱碳塔；2—闪蒸洗涤塔；3—再生塔；4—洗涤塔；5—贫液泵涡轮机；6—过滤器；7—贫液水冷器

8—真解风机；9—气提风机；10—循环槽；11—稀液槽；12,13—稀液泵

吸收二氧化碳后的碳酸丙烯酯富液从脱碳塔底部出来，经自动调节减压后，直接或间接经脱碳涡轮机回收能量后进入洗涤塔下部闪蒸段，在闪蒸段出氢气、一氧化碳、二氧化碳等气体，闪蒸气经闪蒸洗涤塔上部回收段回收碳酸丙烯酯后放空（或回收到压缩机的低压段）。

闪蒸后的富液，经自动减压阀减压后，进入再生塔常解段。大部分二氧化碳在此解吸，解吸后的富液经溢流管进入中部真空解吸段，由真空解吸风机控制真空解吸段真空度。真空解吸气由真空解吸风机加压后与常解段解吸气汇合后依次进入洗涤塔上部洗涤后，二氧化碳作为产品。

真空解吸段碳酸丙烯酯液经溢流管进入再生塔下段气提段。气提段由气提风机抽吸空气形成负压，气提碳酸丙烯酯液与自下而上的空气逆流接触，继续解吸碳酸丙烯酯液中的残余二氧化碳，再生后的贫液进入循环槽，经脱碳泵加压后，打入溶剂冷却器，再去脱碳塔循环使用。气提气依次进入洗涤塔下部洗涤后放空。

净化气回收段排出稀液进入闪蒸汽洗涤段，回收碳酸丙烯酯依次进入长解气下段、洗涤段及气提气下段，回收到稀液槽，经稀液泵加压去净化气回收段循环使用。由稀液泵出口经稀液洗涤塔常解气上段、洗涤段及气提气上段洗涤后回收到稀液槽。再经稀液泵加压后循环使用。另在泵出口配一管线，定期将部分稀液补入稀液槽。

被分离器排放的碳酸丙烯酯回收到地下槽，由地下泵加压后补充到循环槽。

稀液的循环原则上由稀液泵系统循环浓度达到 $2\%\sim4\%$ 时，补充给稀液泵循环系统。

当稀液浓度达到 $8\%\sim12\%$ 时，由洗涤塔气提段下段排液管将稀液排到地下槽，由地下泵打到循环槽，回收到系统。稀液回收后及时向稀液循环系统补加脱盐水，保证稀液循环。

（二）化学吸收法

以改良热钾碱法为典型示例。

1. 热钾碱法吸收反应原理

（1）纯碳酸钾水溶液和二氧化碳的反应

碳酸钾水溶液吸收 CO_2 的过程为：气相中 CO_2 扩散到溶液界面；CO_2 溶解于界面的溶液中；溶解的 CO_2 在界面液层中与碳酸钾溶液发生化学反应；反应产物向液相主体扩散。据研究，在碳酸钾水溶液吸收 CO_2 的过程中，化学反应速率最慢，起了控制作用。

纯碳酸钾水溶液吸收 CO_2 的化学反应式为：

$$K_2CO_3 + H_2O + CO_2 \longrightarrow 2KHCO_3$$

脱碳后气体的净化度与碳酸钾水溶液的 CO_2 平衡分压有关。CO_2 平衡分压越低，达到平衡后溶液中残存的 CO_2 越少，气体的净化度也越高；反之，平衡后气体中 CO_2 含量越高，气体的净化度越低。碳酸钾水溶液的 CO_2 平衡分压与碳酸钾浓度、溶液的转化率（表示溶液中碳酸钾转化成碳酸氢钾的摩尔分数）、吸收温度等有关。当碳酸钾浓度一定时，随着转化率、温度升高，CO_2 的平衡分压增大。

（2）碳酸钾溶液对原料气中其他组分的吸收

含有机胺的碳酸钾溶液在吸收 CO_2 的同时，也可除去原料气中的硫化氢、氰化氢、硫酸等酸性组分，吸收反应为：

$$H_2S + K_2CO_3 \longrightarrow KHCO_3 + KHS$$
$$HCN + K_2CO_3 \longrightarrow KCN + KHCO_3$$
$$R\text{—}SH + K_2CO_3 \longrightarrow RSK + KHCO_3$$

硫氧化碳、二硫化碳首先在热钾碱溶液中水解生成 H_2S，然后再被溶液吸收。

$$COS + H_2O \longrightarrow CO_2 + H_2S$$

$$CS_2 + H_2O \longrightarrow COS + H_2S$$

二硫化碳需经两步水解生成 H_2S 后才能全部被吸收，因此吸收效率较低。

2. 吸收溶液的再生

碳酸钾溶液吸收 CO_2 后，成为碳酸氢钾，溶液 pH 减小，活性下降，故需要将溶液再生，逐出 CO_2，使溶液恢复吸收能力，循环使用，再生反应为：

$$2KHCO_3 \longrightarrow K_2CO_3 + CO_2 + H_2O$$

压力越低，温度越高，越有利于碳酸氢钾的分解。为使 CO_2 能完全从溶液中解析出来，可向溶液中加入惰性气体进行气提，使溶液湍动并降低解析出来的 CO_2 在气相中的分压。在生产中一般是在再生塔下设置再沸器，采用间接加热的方法将溶液加热到沸点，使大量的水蒸气从溶液中蒸发出来。水蒸气再沿塔向上流动，与溶液逆流接触，这样不仅降低了气相中 CO_2 分压，增加了解析的推动力，同时增加了液相中的湍动程度和解析面积，从而使溶液得到了更好的再生。

3. 操作条件的选择

（1）溶液的组成

① 碳酸钾浓度。增加碳酸钾浓度，可提高溶液吸收 CO_2 的能力，从而可以减少溶液循环量与提高气体的净化度，但是碳酸钾的浓度越高，高温下溶液对设备的腐蚀越严重，在低温时容易析出碳酸氢钾结晶，堵塞设备，给操作带来困难。通常维持碳酸钾的质量分数为 $25\% \sim 30\%$。

② 活化剂的浓度。二乙醇胺在溶液中的浓度增加，可加快吸收 CO_2 的速率和降低净化后气体中 CO_2 含量。但当二乙醇胺的含量超过 5% 时，活化作用就不明显了，且二乙醇胺损失增高。因此，生产中二乙醇胺的含量一般维持在 $2.5\% \sim 5\%$。

（2）吸收压力

提高吸收压力可增强吸收推动力，加快吸收速率，提高气体的净化度和溶液的吸收能力，同时也可使吸收设备的体积缩小。但压力达到一定程度时，上述影响就不明显了。生产中吸收压力由合成氨流程来确定。在以煤、焦为原料制取合成氨的流程中，一般压力为 $1.3 \sim 2.0MPa$。

（3）吸收温度

提高吸收温度可加快吸收反应速率，节省再生的耗热量。但温度增高，溶液上方 CO_2 平衡分压也随之增大，降低了吸收推动力，因而降低了气体的净化度。即吸收过程温度产生了两种相互矛盾的影响。为了解决这一矛盾，生产中采用了两段吸收、两段再生的流程，吸收塔和再生塔均分为两段。从再生塔上段出来的大部分溶液（叫半贫液，占总量的 2/3~3/4），不经冷却由溶液大泵直接送入吸收塔下段，温度为 $105 \sim 110℃$。这样不仅可以加快吸收反应，使大部分 CO_2 在吸收塔下段被吸收，而且吸收温度接近再生温度，可节省再生热耗。而从再生塔下部引出的再生比较完全的溶液（叫贫液，占总量的 1/4~1/3）冷却到 65~80℃，被溶液小泵加压送往吸收塔上段。由于贫液的转化度低，且在较低温度下吸收，溶液的 CO_2 平衡分压低，因此可达到较高的净化度，使出塔碱洗气中 CO_2 含量降低至 0.2% 以下。

（4）再生工艺条件

在再生过程中，提高温度和降低压力，可以加快碳酸氢钾的分解速率。为了简化流程和便于将再生过程中解吸出来的 CO_2 送往后工序，再生压力应略高于大气压力，一般为 0.11～0.14MPa（绝对压力），再生温度为该压力下溶液的沸点，因此，再生温度与再生压力和溶液组成有关，一般为 105～115℃。

再生后贫液和半贫液的转化度越低，在吸收过程中吸收 CO_2 的速率越快。溶液的吸收能力也越大，脱碳后的碱洗气中 CO_2 浓度就越低。在再生时，为了使溶液达到较低的转化度，就要消耗更多的热量，再生塔和煮沸器的尺寸也要相应加大。在两段吸收、两段再生的流程中，贫液的转化度为 0.15～0.25，半贫液的转化度为 0.35～0.45。

由再生塔顶部排出的气体中，水气比 $n(H_2O)/n(CO_2)$ 越大，说明煮沸器提供的热量越多，溶液中蒸发出来的水分也越多，这时再生塔内各处气相中 CO_2 分压相应降低，所以再生速率也必然加快。但煮沸器向溶液提供的热量越多，意味着再生过程耗热量增加。实践证明，当 $n(H_2O)/n(CO_2)$ 等于 1.8～2.2 时，可得到满意的再生效果，而煮沸器的耗热量也不会太大。再生后的 CO_2 纯度达到 98％以上。

（三）两段吸收、两段再生典型流程

两段吸收、两段再生典型流程图见图 3-18。含二氧化碳 18％左右的变换气于 2.7MPa、127℃下从吸收塔底部进入，在塔内分别用 110℃的半贫液和 70℃左右的贫液进行洗涤。出塔净化气的温度约为 70℃，经分离器分离掉气体夹带的液滴后进入后工段。

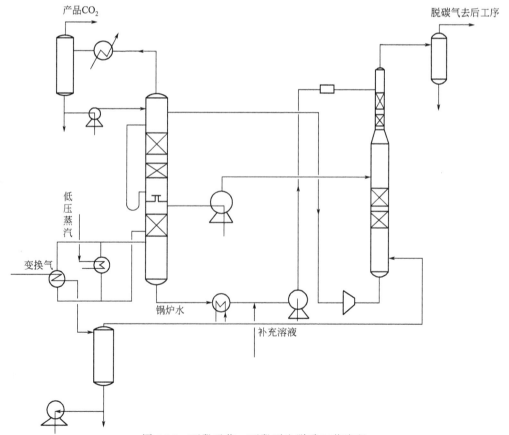

图 3-18　两段吸收、两段再生脱碳工艺流程

富液由吸收塔底引出。为了回收能量，富液进入再生塔前先经过水力透平减压膨胀，然后借助自身的残余压力流到再生塔顶部。在再生塔顶部，溶液闪蒸出部分水蒸气和二氧化碳后沿塔流下，与由低变气再沸器加热产生的蒸汽逆流接触，被蒸汽加热到沸点并放出二氧化碳。由塔中部引出的半贫液，温度约为112℃，经半贫液泵加压进入吸收塔中部，再生塔底部贫液约为120℃，经锅炉给水预热器冷却到70℃左右由贫液泵加压进入吸收塔顶部。

再沸器所需要的热量主要来自变换气，变换炉出口气体的温度为250～260℃。为防止高温气体损坏再沸器和引起溶液中添加剂降解，变换气首先经过淬冷器，喷入冷凝水使其达到饱和温度（约175℃），然后进入变换气再沸器。在再沸器中和再生溶液换热并冷却到127℃左右，经分离器冷凝水后进入吸收塔。由变换气回收的热能基本可满足溶液再生所需的热能，若热能不足而影响再生时，可使用与之并联的蒸汽再沸器，以保证贫液到达要求的转化度。

再生塔排出的温度为100～105℃，蒸汽与二氧化碳摩尔比为1.8～2.0的再生气经二氧化碳冷却器冷却至40℃左右，分离冷凝水后，几乎纯净的二氧化碳气体作为产品。

二、干法脱碳

干法脱碳是利用孔隙率极大的固体吸附剂在高压、低温条件下，选择性吸收气体中的某种或某几种气体，再将吸附的气体在减压或升温条件下，解吸出来的脱碳方法。常见的方法有变压吸附和变温吸附。这种固体吸附剂的使用寿命可长达十年之久，克服了湿法脱碳时大量的溶剂消耗，运行成本低，所以被广泛采用。

工业上常用的固体吸附剂有硅胶、活性氧化铝、活性炭、分子筛等，另外还有针对某种组分选择性吸附而研制的吸附材料，气体吸附分离成功与否很大程度上取决于吸附剂的性能，因此选择吸附剂是确定吸附操作的首要问题。

固体吸附剂的吸附性能可以通过孔容、比表面积、孔径和孔径分布、表观密度、真实密度、堆积密度、孔隙率等参数来进行衡量。表3-4列出了一些常用吸附剂的物理性质。

表 3-4　常用吸附剂的物理性质

吸附剂的名称	硅胶	活性氧化铝	活性炭	沸石分子筛
真实密度/(g/cm³)	2.1～2.3	3.0～3.3	1.9～2.2	2.0～2.5
表观密度/(g/cm³)	0.7～1.3	0.8～1.9	0.7～1.0	0.9～1.3
堆积密度/(g/cm³)	0.45～0.85	0.49～1.00	0.35～0.55	0.6～0.75
孔隙率	0.40～0.50	0.40～0.50	0.33～0.55	0.30～0.40
比表面积/(m²/g)	300～800	95～350	500～1300	400～750
孔容/(cm³/g)	0.3～1.2	0.3～0.8	0.5～1.4	0.4～0.6
平均孔径/Å	10～140	40～120	20～50	—

注：1Å=10^{-10}m，下同。

1. 固体吸附剂的变压吸附原理

变压吸附（pressure swing adsorption，SPA），"P"表示系统内要有一定压力；"S"表示系统内压力升降波动情况发生；"A"表示该装置必须有吸附床层存在。该法技术较为先进、成熟、运行稳定、可靠、劳动强度小、操作费用低，特别是自动化程度高，全部微机控制准确可靠，其工作原理如下。

利用床层内吸附剂对吸收质在不同分压下有不同的吸附容量，并且在一定压力下对分离的气体混合物各组分又有选择吸附的特性，加压吸附除去原料气中的杂质组分，减压又脱附这些杂质，而使吸附剂获得再生。因此，采用多个吸附床，循环地变动所组合的各吸附床压力，就可以达到连续分离气体混合物的目的。当吸附床饱和时，通过均压降方式，一方面充分回收床层死空间中的氢气、一氧化碳；另一方面增加床层死空间中二氧化碳的浓度，整个操作过程温度变化不大，可近似地看作等温过程。

一般采用两段法变压吸附脱碳工艺，其装置工艺流程框图如图 3-19 所示。

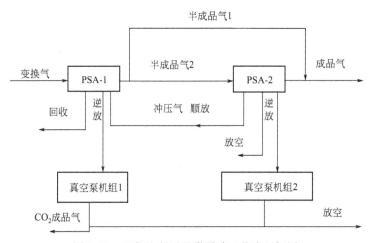

图 3-19　两段法变压吸附脱碳工艺流程框图

2. 变压吸附工艺流程

变压吸附脱碳原料气首先进入气液分离器分离游离水，进入 PSA-1 工序。原料气由下而上同时通过处于吸附步骤三个吸附床层，其中吸附能力较弱组分，如 H_2、N_2、CO 等绝大部分穿过吸附床层；相对吸附能力较强的吸附组分如 CH_4、CO_2、H_2O 等组分大部分被吸附剂吸附，停留在床层中，只有小部分穿过吸附床层进入下一工序，穿过吸附床层的气体称为半成品气；当成品气中 CO_2 指标达到 6%～8% 时，停止吸附操作。并随降压、抽空等再生过程从吸附剂上解吸出来，纯度合格的 CO_2 可回收利用输出界区，其余放空。若半成品气中的 CO_2 含量超标，则进入 PSA-2 工序，重复上述操作。吸附饱和后，再减压将吸附剂吸附的 CO_2 解吸出来，然后解吸后的吸附剂即可继续吸收，循环往复。

 任务实施

完成低温甲醇洗脱硫脱碳工艺仿真实训项目冷态开车任务，并处理常见事故。

🔦 思考与讨论

1. 化学吸收法脱碳的特点。
2. 简述变压吸附的原理，以及甲醇合成气的脱碳常采用变压吸附法的原因。

项目四
甲醇合成

任务一　甲醇合成的反应原理

任务描述

以合成气为原料合成甲醇的反应是可逆放热反应，从热力学角度上讲，降低温度、提高压力有利于反应向着正反应方向进行，提高一氧化碳的转化率；从动力学角度上讲，升高温度会使反应速率加快。另外此反应在催化剂活性中心上的反应步骤是控制步骤，所以催化剂的改进是重中之重。甲醇合成产物的组成和性质，与合成反应的反应条件密切相关。所以，研究甲醇合成反应机理、选择合适的反应条件，对确保甲醇合成反应快速有效地进行至关重要。

知识链接

1. 甲醇合成的主反应

甲醇合成的主反应是合成气 CO 和 H_2 在合成催化剂上发生的一氧化碳催化加氢的

反应：

$$CO + 2H_2 \Longleftrightarrow CH_3OH(g) \qquad \Delta H = -90.8kJ/mol$$

反应气体中含有 CO_2 时，发生以下反应：

$$CO_2 + 3H_2 \Longleftrightarrow CH_3OH(g) + H_2O(g) \qquad \Delta H = -49.5kJ/mol$$

在甲醇合成反应条件下，CO_2 和 H_2 还会发生逆变换反应：

$$CO_2 + H_2 \Longleftrightarrow CO + H_2O \ (g) \qquad \Delta H = 41.3kJ/mol$$

2. 甲醇合成的主要副反应

在甲醇合成反应的温度、压力和催化剂存在的条件下，可能发生以下副反应：

（1）烃类

$$CO + 3H_2 \longrightarrow CH_4 + H_2O$$
$$2CO + 2H_2 \longrightarrow CH_4 + CO_2$$
$$CO_2 + 4H_2 \longrightarrow CH_4 + 2H_2O$$
$$2CO + 5H_2 \longrightarrow C_2H_6 + 2H_2O$$
$$3CO + 7H_2 \longrightarrow C_3H_8 + 3H_2O$$
$$nCO + (2n+1)H_2 \longrightarrow C_nH_{2n+2} + nH_2O$$

（2）醇类

$$2CO + 4H_2 \longrightarrow C_2H_5OH + H_2O$$
$$3CO + 3H_2 \longrightarrow C_2H_5OH + CO_2$$
$$3CO + 6H_2 \longrightarrow C_3H_7OH + 2H_2O$$
$$4CO + 8H_2 \longrightarrow C_4H_9OH + 3H_2O$$
$$CH_3OH + nCO + 2nH_2 \longrightarrow C_nH_{2n+1}CH_2OH + nH_2O$$

（3）醛

$$CO + H_2 \longrightarrow HCHO$$

（4）醚类

$$2CO + 4H_2 \longrightarrow CH_3OCH_3 + H_2O$$
$$2CH_3OH \longrightarrow CH_3OCH_3 + H_2O$$

（5）酸类

$$CH_3OH + nCO + 2(n-1)H_2 \longrightarrow C_nH_{2n+1}COOH + (n-1)H_2O$$

（6）酯类

$$2CH_3OH \longrightarrow HCOOCH_3 + 2H_2$$
$$CH_3OH + CO \longrightarrow HCOOCH_3$$
$$CH_3COOH + CH_3OH \longrightarrow CH_3COOCH_3 + H_2O$$
$$CH_3COOH + C_2H_5OH \longrightarrow CH_3COOC_2H_5 + H_2O$$

（7）单质炭

$$2CO \longrightarrow C + CO_2$$

这些副产物还可以发生进一步反应如脱水、缩合、酰化或酮化，生成烯烃、酮类等。当催化剂中含有碱类时，这些化合物生成得更快。副反应不仅消耗原料，而且影响甲醇的质量和催化剂寿命。特别是生成甲烷的反应是一个强放热反应，不利于反应温度的控制，而且生成的甲烷不能随产品冷凝，甲烷在循环系统中循环，更不利于主反应的化学平衡和反应速率。

由于甲醇合成反应条件下副反应较多，所以甲醇合成反应产物中的副产物也比较多，对甲醇产品的质量影响较大。所以应当努力探索活性较高的甲醇催化剂、优化反应条件、减少副反应的发生，才能从源头上减少粗甲醇分离难度，为提高甲醇质量提供便利。

3. 甲醇合成的反应热力学

甲醇合成的两个主反应都是放热反应，都是气体分子数减少的反应。从反应热力学的角度分析温度、压力对反应平衡常数的影响可知：降低温度和提高压力有利于反应平衡向右移动，提高反应物的转化率。实验数据也证明了这一点（见表 4-1）。

表 4-1　不同温度和压力下 CO 和 CO_2 转化率及甲醇的平衡浓度

温度/℃	CO 转化率/%			CO_2 转化率/%			CH_3OH(体积分数)/%		
	5MPa	10MPa	30MPa	5MPa	10MPa	30MPa	5MPa	10MPa	30MPa
200	95.6	99.0	99.9	44.1	82.5	99.0	27.8	37.6	42.3
250	72.1	90.9	98.9	18.0	46.2	91.0	16.2	26.5	39.7
300	25.7	60.6	92.8	14.3	24.6	71.1	5.6	14.2	32.2
350	−2.3	16.9	73.0	19.8	23.6	52.1	1.3	4.8	21.7
400	−12.8	−7.2	38.1	27.9	30.1	44.2	0.3	1.4	11.4

从表中数据可以得出：随着温度的升高，平衡常数变小，说明降低反应温度有利于平衡向右移动，提高反应转化率；但是低温下甲醇合成的反应速率太慢，所以应当综合考虑。

随着压力的增加，平衡常数变大，说明增加压力有利于反应平衡向右移动，提高反应转化率；但是压力的增加会使设备投资增加，设备安全系数减小，所以反应压力也应当综合考虑。

温度变化对甲醇合成的影响幅度较大，压力变化的影响较小。

另外，增加反应物浓度，有利于反应平衡向右移动。实际生产中，常常采用较高的氢碳比，即通过提高反应物氢气的浓度，使得反应平衡向右移动，提高转化率。

4. 甲醇合成的反应动力学

甲醇合成反应在没有催化剂存在的条件下，反应速率很慢。只有采用合适的催化剂加快反应，甲醇合成的工业化才成为可能。

甲醇合成反应无论是采用锌铬催化剂还是铜基催化剂，都属于非均相催化反应，反应在催化剂表面按照非均相催化反应的典型七步反应历程进行：外扩散→内扩散→吸附→化学反应→解吸→内扩散→外扩散。

甲醇合成反应的反应速率是上述每一个历程进行速率的总和，但总的反应速率取决于其中最慢一步的完成速率，这步称为控制步骤。研究证实，甲醇合成反应的扩散速率很快，吸附和解吸的速率也较快，而反应物 CO 和 H_2 分子在催化剂活性界面上的反应速率最慢，是甲醇合成反应的控制步骤。所以催化剂的改进是甲醇合成工艺的关键内容。

综上所述，甲醇合成反应的特点总结如下。

① 放热反应。甲醇合成是可逆放热反应，反应过程中应采取必要的移热手段，使反应适应最佳温度曲线，达到较高的甲醇产量。

② 体积缩小反应。无论是 CO 与 H_2 合成甲醇还是 CO_2 与 H_2 合成甲醇，都是体积缩小反应，因此压力高有利于反应向生成甲醇的方向进行。但是，压力提高将增加压缩机动力能耗，增加设备投资，且反应过程中的副产物将增加。

③ 可逆反应。即 CO、CO_2 与 H_2 合成甲醇的同时，甲醇也分解成 CO、CO_2 与 H_2，合成反应的转化率与反应压力、温度及 $n(H_2-CO_2)/n(CO+CO_2)$ 的值有关，一般合成新鲜气的 $n(H_2-CO_2)/n(CO+CO_2)$ 控制在 2.05～2.15 之间。

④ 催化反应。甲醇反应在催化剂存在条件下才能较快地进行，没有催化剂存在时，即使在较高的温度和压力条件下，反应仍极慢地进行，低压法甲醇合成催化剂最佳使用温度范围为 210～270℃。

⑤ 循环反应。反应生成的甲醇与未反应的 H_2、N_2、CO、CO_2 等气体必须得到及时分离，降低反应生成物的浓度，以提高合成反应的平衡浓度，甲醇分离后的一部分气体经循环机进行循环，为防止循环气中 N_2、CH_4 等惰性气累积和有效气组分降低，分离后的一部分排出甲醇合成装置。

💡 思考与讨论

1. 甲醇合成的主、副反应分别有哪些？理解甲醇合成反应为什么副产物较多。
2. 讨论在实际生产操作中，可以采取哪些措施减少副反应，提高主反应的选择性。

任务二　甲醇合成的典型工艺流程

💡 任务描述

合成工段的主要任务是将经过净化的合成气经合成气压缩机加压，在一定压力、温度和催化剂作用下合成粗甲醇。并利用其废热副产中压蒸汽，然后减压送入蒸汽管网，同时将弛放气体送往燃料气柜或作为燃料燃烧使用。甲醇的生产工艺根据所使用的催化剂不同，分为高压法、低压法和中压法三种。

 知识链接

1. 甲醇合成生产方法

甲醇合成工序的任务是将各种途径制得的符合甲醇合成要求的合成气（CO、CO_2 和 H_2），在一定的压力和温度下进行合成反应生成粗甲醇。

$$CO+2H_2 \longrightarrow CH_3OH$$
$$CO_2+3H_2 \longrightarrow CH_3OH+H_2O$$

合成气主要成分是 CO、CO_2 和 H_2，且根据化学计量要求及考虑到反应速率，(H_2-CO_2) 与 $(CO+CO_2)$ 的摩尔比一般在 2.05～2.15 范围内。当 CO_2 参与合成甲醇反应时，H_2 的消耗较多，而反应生成的水使粗甲醇的水含量增加，一般 CO_2 含量控制在小于 9%。除此以外合成气由于来源不同，或多或少含有少量的甲烷、氮和氩，它们的存在会降低有效合成气分压，降低甲醇合成速率，但由于含量较低，且它们对甲醇合成催化剂无毒害作用是惰性组分，所以暂时不必加以脱除。至于对催化剂有毒害作用的硫化物等，经过脱硫等合成气净化工序的处理，其含量已降至允许浓度以下。这些都为甲醇催化剂上的合成反应创造了条件。

无论哪种原料制备的甲醇合成气，其合成甲醇的基本流程是一致的，主要包括合成气制备、合成气净化和转化、合成气压缩、甲醇合成、粗甲醇精馏等五大工序（图4-1）。不同来源的煤基原料经过造气、净化和变换，得到符合要求的合成气（主要成分一氧化碳和氢），在催化剂作用下于一定温度和压力下合成粗甲醇，粗甲醇精制脱除杂质而得到成品精甲醇。

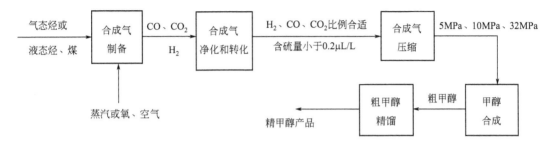

图 4-1 合成气制备甲醇的典型工艺路线

（1）合成气制备

用来合成甲醇的合成气，其主要成分是一氧化碳和氢气，允许含有少量的二氧化碳。理论上来讲凡是以含碳氢或含碳的资源（煤、石油、天然气、生物质及其下游产品）都可以用来制备甲醇合成原料气。煤基合成甲醇的原料主要有煤、焦炭、合成水煤气、焦炉煤气、煤层气等。用蒸汽转化或部分氧化加以转化，使其生成主要由氢和一氧化碳组成的混合气体，氢碳比要求2.0左右。

（2）合成气净化和转化

原料气的净化和转化包括甲烷变换、脱硫、脱碳等工序，主要有两个方面的作用。

一是脱除对甲醇合成催化剂有毒害作用的杂质，如硫化物。甲醇生产工序中使用多种催化剂，如转化催化剂、变换催化剂、甲醇合成催化剂等都易受硫化物毒害而失去活性，必须将硫化物除净。脱硫的方法一般有湿法脱硫和干法脱硫两种。两者优缺互补，经常在原料气净化工序中共同发挥作用，满足甲醇合成原料气对脱硫的要求。

二是调节原料气的组成，脱除无用的惰性组分，使氢碳比达到甲醇合成的比例要求。一种是变换，如果原料气中一氧化碳含量过高，则采取蒸汽部分转换的方法，使其发生如下变化反应：

$$CO + H_2O \rightleftharpoons H_2 + CO_2$$

这样增加了有效组分氢气，提高了系统中能的利用效率。若造成CO_2多余，也比较容易脱除。另一种是补碳，如原料中氢气过剩，则需要向原料气中补碳（CO或CO_2），调节氢碳比。还有一种是脱碳，如果原料气中二氧化碳含量过多，使氢碳比例过小，可以采用脱碳方法除去部分二氧化碳。

（3）合成气压缩

目前甲醇合成的压力主要有三个方法：高压法（30～50MPa）、低压法（0～5MPa）、中压法（10～27MPa）。通过各种方法制备并净化后的甲醇合成原料气，通过往复式或透平式压缩机压缩至甲醇合成所需要的压力，压力的高低主要视工艺或催化剂的性能而定。

（4）甲醇合成

甲醇的合成是在高温、高压、催化剂存在下进行的，是典型的复合气-固相催化反应过程。在催化剂存在的作用下，一定的温度和压力下于甲醇合成塔中合成甲醇。由于受催化剂活性和选择性的限制，甲醇合成的温度和压力条件各不相同，合成甲醇的同时会有许多副反应发生，生成很多副产物，所以合成工序得到的产品是含有甲醇的混合溶液，即粗甲醇。

（5）粗甲醇精馏

粗甲醇中含有水分和高级醇、醚、酮等多种有机杂质，需要精制才能制得符合一定质量标准的精甲醇。精制过程包括化学处理与精馏。化学处理主要用碱破坏精馏过程中难以分离的杂质，并调节 pH。精馏主要是除去甲醇中易挥发组分（如二甲醚）和难挥发组分（如乙醇、高级醇、水），制备得到精甲醇及其他副产物。

各种甲醇合成的流程细节虽有不同，是总的框架和基本步骤是一致的。图 4-2 为甲醇合成工艺流程示意图。它是一个最基本的流程图，各种流程原则上都包含图中所示的各个步骤，合成气由合成气压缩机压缩到合成反应所需的压力，与从循环气压缩机来的循环气合并后分成两股，一股作为主线，经过热交换器与从合成塔出来的高温的合成气进行热交换，原料合成气经过预热达到催化剂活性温度之后进入合成塔；另一股走线不进入热交换器而是直接进入合成塔以调节合成塔催化剂层的温度。生产过程中通过调节进入主、副线合成气的比例就可以实现合成塔的温度调节。合成气在合成塔所提供的催化剂和温度、压力下进行反应，反应之后的高温产品气进入热交换器与冷的原料气进行热交换，产品气温度得到降低，之后进一步在水冷器中得到冷却，然后进入甲醇分离器分离出液态粗甲醇送去精馏提纯制备精甲醇。分离器顶部分离出的气体中含有大量由于反应平衡限制而未反应的合成气，经循环气压缩机加压之后与合成气混合进入合成塔重新利用。合成气中的惰性介质（如甲烷和氮气等）不会参与反应，但是随着反应循环的进行会在合成系统中累积而影响反应，所以甲醇合成工序每隔一定的时间要进行放空以排出这些惰性介质。

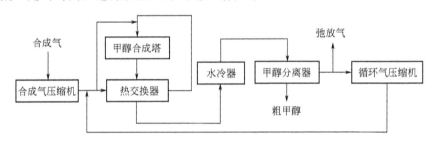

图 4-2　甲醇合成工艺流程示意图

由甲醇合成工艺流程图可以看出，甲醇合成工艺的主要特点分析如下。

① 甲醇合成的气体流程采用循环流程，这一点与其他工序不同。为什么必须采用循环流程？如果 CO、CO_2 和 H_2 经合成塔后全部或绝大部分变成甲醇，合成塔出口便是甲醇成品，问题就简单得多了。但是由于化学反应平衡和反应速率的限制，甲醇合成反应单程转化率很低，未反应的原料气直接分离排空必然造成严重浪费，最好进行回收利用。所以使合成气从甲醇合成塔出来之后经过一系列的甲醇分离装置，一方面分离产品甲醇，另一方面使未反应的气体得以分离并返回合成塔循环利用，这就构成了甲醇合成的循环气循环流程。总之，循环流程是由"甲醇合成反应转化率低"和"提高合成气利用率"二者之间的矛盾所决定的。另外，气体流经设备时受到各种阻力使其压力逐渐降低，要重新循环进入合成塔反应就必须设有循环气压缩机进行升压以满足合成压力要求。

② 合成气在哪里补入最为有利？当然应该在甲醇分压最高的时候补入，以免甲醇分压降低，减少甲醇的收率。所以在合成塔的进口处补入最为有利，而不宜在合成塔的出口或甲醇分离之前。此外，循环压缩机放在合成塔之前对合成反应是最有利的，因为在整个循环

中，循环压缩机出口的压力最大，压力高对合成反应有利。

③ 采用循环流程的一个必然结果是惰性气体在系统中逐步累积，CO、CO_2 和 H_2 因反应生成甲醇而在甲醇分离器中排出，而未反应的惰性气体（CH_4 等）除少量溶解于液体甲醇外，其余大多数会随着循环气回到甲醇合成塔。周而复始惰性气体逐渐累积，含量将越来越高，使得合成气分压降低从而影响甲醇合成速率。为此甲醇合成工艺流程中都设有放空管线。显然放空管线设置的位置应避免损失甲醇合成有效成分，因此放空位置应选择循环气中惰性气体浓度最大的位置，所以放空的位置设在甲醇分离器后是适当的。

由以上分析讨论可见，图 4-2 表示的设备和管线的安排顺序是适当的，从而构成了甲醇合成流程的共性特征，无论哪一种类型的甲醇合成流程都具有以上所述的共性特征。

甲醇生产的总流程长，工艺复杂，根据不同原料与不同的净化方法可以演变为多种生产流程。其中甲醇合成是甲醇生产的关键工序，甲醇合成塔又是合成工序的关键设备，这是因为甲醇工序前的一长串流程制得的合成气在合成工序如不能充分被利用来制取甲醇，不论物料还是能量都是很大的损失。合成工序的设备和管路在高压下操作，为了安全、防漏、防爆，对设备的设计和制造，以及生产操作和管理都提出了较高的要求，合成前的上游流程都是为满足合成工序要求而配置的，合成技术上的变化必然影响全局，例如由锌铬催化剂改为铜基催化剂，两种催化剂对于合成气的要求不尽相同，则上游的净化处理就必须做相应的调整和变化，可谓牵一发而动全身。

甲醇合成的工艺流程有多种，其发展的过程与新催化剂的应用以及净化技术的发展是密不可分的。最早实现工业化的是采用锌铬催化剂的高压工艺流程，该工艺在压力 30MPa、温度 360~400℃下进行合成生产操作，该法的特点是技术成熟，投资及生产成本较高。铜基催化剂的研制成功以及脱硫净化技术成熟以后，出现了低压工艺流程，该工艺采用操作压力 4~5MPa、温度 200~300℃。中压法是在低压法的基础上发展起来的，仍然采用铜基催化剂。由于低压法操作压力低，使得设备体积相当庞大，因此发展了 10MPa 左右的甲醇合成中压流程，还有将合成氨与甲醇联合生产的联醇工艺流程。从生产规模来说，目前世界甲醇装置日趋大型化，单系列年产 60 万吨、100 万吨甚至 150 万吨以上，新建厂多采用中、低压流程。

合成气合成甲醇的生产方法由于所使用的催化剂不同，其反应温度和反应压力也各不相同，分为高压法、低压法和中压法，见表 4-2。

表 4-2 不同甲醇合成法的反应条件

方法	催化剂	条件		备注
		压力/MPa	温度/℃	
高压法	ZnO-Cr_2O_3 二元催化剂	25~30	300~400	1924 年工业化
低压法	CuO-ZnO-Cr_2O_3 或 CuO-ZnO-Al_2O_3 三元催化剂	5	240~270	1966 年工业化
中压法	CuO-ZnO-Al_2O_3 三元催化剂	10~15	240~270	1970 年工业化

2. 高压法

高压法合成甲醇工艺流程一般采用的是锌铬催化剂，由于该催化剂活性温度为 300~400℃，使得甲醇合成反应温度较高，为了得到较高的一氧化碳转化率，又使得反应必须在高压（如 30MPa）下进行，所以高压法合成甲醇采用的条件实际上是高温高压。自 1923 年第一次用这种方法合成甲醇成功后，差不多有50年的时间世界上合成甲醇生产都沿用这种方法，仅在设计上有某些细节不同，例如甲醇合成塔内移热的方法有冷管型连续换热式和冷激型多段换热式两大类；反应气体流动的方式有轴向和径向或者二者兼有的混合型式；有副产蒸汽和不副产蒸汽的流程等。

经典的高压工艺流程见图4-3。经压缩后的合成气同循环气一起进入甲醇合成管式合成塔中，在350℃和30MPa下，一氧化碳和氢气通过催化剂床层反应生成粗甲醇。从合成塔出来的含粗甲醇的气体经水冷凝器冷凝后迅速送入粗甲醇分离器中，液化的粗甲醇从分离器底部分离出来，未反应的一氧化碳、氢气循环回甲醇反应器重复利用。冷凝分离后的粗甲醇进入甲醇精馏装置进行进一步精制。

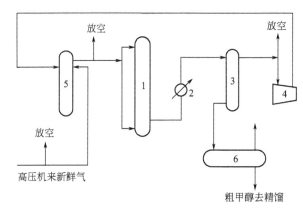

图 4-3　高压法甲醇合成系统流程图

1—合成塔；2—水冷凝器；3—甲醇分离器；4—循环压缩机；5—分离器；6—粗甲醇中间槽

该工艺采用往复式压缩机压缩合成气，在压缩过程中合成气夹带了压缩机润滑油，油和水蒸气混合在一起，成为饱和状态甚至过饱和状态，呈细雾状悬浮在气流中，经压缩机多级压缩后再经油水分离器仍不能分离干净。如合成系统中的循环气也采用往复式循环压缩机进行压缩，那么循环气中也会夹带压缩机润滑油。这两部分的油滴、油雾进入合成塔会造成甲醇合成催化剂活性下降。因此高压甲醇合成工艺如采用往复式压缩机，应设置专门的滤油设备将油雾清除。

另外在加压条件下，甲醇合成相关反应设备中的碳素钢会被CO气体腐蚀形成羰基铁夹带在合成气中，其中主要是五羰基铁 $Fe(CO)_5$，一般在气体中含量为 $3\sim5mg/m^3$。加压条件下温度为 $150\sim200℃$ 时，碳素钢被腐蚀的速率最大，即在热交换器中、原料气压缩机的管线中羰基腐蚀最为严重。腐蚀形成的羰基铁在温度高于250℃时分解成极细的元素铁，沉积在换热器管和合成塔催化剂床层中，而元素铁是合成气反应生成甲烷的有效催化剂，该反应也是强放热反应，这不仅增加了原料合成气的消耗，而且使反应区的温度急剧上升，增加温度控制的难度，很容易造成催化剂的烧结和合成塔内件的损坏。用铬钼钢制作热区的管道、用铜或不锈钢制作设备内衬可以大大降低羰基腐蚀。此外气体中如有硫化物，硫化物会与管道表面的金属氧化物作用而破坏管道内衬从而促进羰基腐蚀。活性炭过滤器可同时除去羰基铁和油雾，在甲醇合成塔前设置活性炭过滤器是高压甲醇合成工艺常采用的方法之一。

3. 低压法

低温铜基催化剂的发现以及脱硫净化技术的发展促进了低压工艺流程发展。此工艺采用铜系低温高活性催化剂，由于催化剂活性温度较低使反应温度降低，从而使甲醇合成反应在较低的压力（如 5MPa）下就可以得到较高的一氧化碳转化率。目前，低压法甲醇合成技术主要是英国 ICI 低压法和德国 Lurgi 低压法。此外还有美国的三相甲醇合成技术。合成塔的形式分别为：英国 ICI 技术采用多段冷激式合成塔，德国 Lurgi 技术采用管束型副产蒸汽合成塔。大型甲醇合成装置较多采用冷激型，因其结构简单、利于大型化，但缺点是反应器出口甲醇含量较低；管束型塔的优点是出口甲醇含量高且可副产蒸汽、能效高，已建立不少工业生产装置。三相甲醇合成虽已研究成功，但大规模的生产装置尚不多见。

（1）ICI 低压法甲醇合成工艺

1966 年，英国 ICI 公司在成功开发了铜基催化剂之后，建立了世界上第一个低压法甲醇合成工厂。该厂以石脑油为原料，采用铜基催化剂、合成压力 5MPa，日产甲醇 300t。到 1970 年，日产量最多能达到 700t，催化剂使用寿命可达 4 年以上。ICI 法采用的合成塔为热壁多段冷激式合成塔。该塔结构简单，每段催化剂层上部装有菱形冷激气分配器，使冷激气均匀进入催化剂层，用以调节合成塔内温度。大型高压离心式压缩机的制造成功，为甲醇生产向大型化发展准备了条件。由于低压法合成的粗甲醇，其杂质含量比高压法甲醇低得多，因此净化比较容易，利用双塔精馏系统便可以得到纯度为 99.85% 的精制产品甲醇。我国四川维尼纶厂年产 10 万吨甲醇装置就是引进的 ICI 低压甲醇合成工艺。

合成气经离心式压缩机升压至 5MPa 下进行工作，与循环压缩后的循环气混合，大部分循环气经换热器预热至 230～245℃ 进入合成塔，一小部分混合气作为合成塔冷激气，控制床层温度。

在合成塔内，气体在低温高活性的铜基催化剂上合成甲醇，反应在 230～270℃、5MPa 下进行，副反应少，粗甲醇中杂质含量低。合成塔出口气经换热器换热，再经水冷分离，得到粗甲醇，未反应气返回循环机升压，完成一次循环。为了使合成回路中的惰性气体含量维持在一定范围内，粗甲醇在闪蒸器中降压至 0.35MPa，使溶解的气体闪蒸，可作为燃料使用。

图 4-4 的 ICI 低压甲醇合成工艺采用乙炔尾气为原料，经部分氧化转化法制备甲醇合成气，采用多段冷激式合成塔、铜基催化剂在 210～270℃ 和 5MPa 条件下进行甲醇合成。

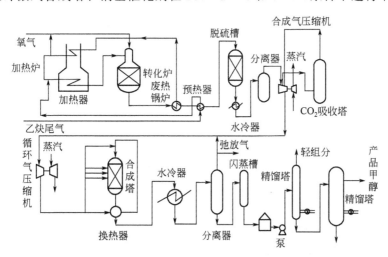

图 4-4　ICI 低压甲醇合成工艺流程图（原料：乙炔尾气；产量：300t/d）

部分氧化转化流程如下：上一工段来的 25℃、0.95MPa 的原料乙炔尾气在尾气预热器中预热至 170℃，自废热锅炉产生的工艺蒸汽经过尾气/蒸汽加热炉对流段过热至 299℃，两种气体混合后（蒸汽：尾气＝0.75）进入加热炉辐射段，进一步加热至412℃。由制氧装置送来并压缩至0.98MPa的纯氧，调节流量后与299℃过热蒸汽（蒸汽：氧气＝3.05）混合。上述两股气体进入部分氧化炉顶端混合后，在炉顶首先发生燃烧反应，反应放热使反应区的温度急速升高至950℃。随后反应在转化炉中部进行转化和变换反应，由于这两种反应均为吸热反应，随着反应的进行反应体系温度逐渐降低。当反应气离开部分氧化转化炉时温度约为850℃，残余甲烷含量降至0.315%（干基）。转化气随后进入废热锅炉副产1.4MPa的工艺用饱和蒸汽。出废热锅炉的转化气温度280℃，经尾气预热器进一步利用余热后降至220℃，进入氧化锌脱硫槽将转化气中硫含量由0.6μL/L降至0.06μL/L，以满足甲醇合成催化剂的要求。

甲醇合成流程如下：转化气经水冷器、分离器后，在0.5MPa、40℃下进入合成气压缩机第一段、第二段，出口压力升至2.15MPa，温度约为134℃。不经冷却即分离为两股：一股占总流量的80%送去脱碳，使CO_2浓度由16.5%降至10.9%左右，再与另一股未经脱碳的20%的转化气汇合，使CO_2含量为12.16%，符合甲醇合成氢碳比$n(H_2-CO_2)/n(CO+CO_2)=2.05$的要求。此合格的转化气经水冷器、分离器后进入压缩机第三段，压缩至5.07MPa即为合成用新鲜气去甲醇合成系统。新鲜气与分离甲醇后的循环气混合后进入循环气压缩机，升压至5.26MPa。此入塔气分为两股：一股在合成塔换热器与出塔合成气换热，被预热至240～250℃进入合成塔顶部；另一股不经预热直接进入合成塔各层，作为合成塔催化剂冷激气调节床层温度。催化剂使用初期活性较高，床层温度可控制在210～240℃，使用末期催化剂活性下降，需要提高反应床层温度至240～270℃。合成塔出口甲醇浓度为3.5%～4%。出塔合成气与入塔转化气换热后进入甲醇冷却器，水冷至40℃以下将合成气中的产品甲醇冷凝为液态，经甲醇分离器分离甲醇后，未反应的合成气循环回合成塔重复使用。在甲醇分离器后连续排放部分气体，以维持系统中惰性气体的浓度在11%～12%。甲醇分离器出来的粗甲醇减压后送往储槽和精馏系统。粗甲醇经过两塔精馏除去轻组分和重组分（主要是水）后即得合格的精甲醇产品。

ICI低压法甲醇合成工艺的主要特点如下。

① 甲醇合成塔结构简单。ICI工艺采用多段冷激式合成塔，结构简单，催化剂装卸方便，通过直接通入冷激气调节催化剂床层温度。但与其他工艺相比，醇净值低，循环气量大，合成系统设备尺寸大，需设开工加热炉，温度调控相对较差。

② 产品粗甲醇杂质含量低。由于采用了低温、活性高的铜基催化剂，合成反应可在5MPa、230～270℃下进行。低温低压的合成条件抑制了强放热的甲烷化反应及其他副反应，因此粗甲醇中杂质含量低，减轻了后续甲醇分离的难度和负荷。

③ 合成压力低，能耗低。由于合成压力低（仅为5MPa），选用离心式压缩机就可满足要求，设计和制造容易。采用天然气、石脑油等为原料，蒸汽转化法制备合成气的流程中，可用副产的蒸汽驱动透平带动离心式压缩机，降低能耗。且驱动蒸汽透平所需的蒸汽压力为4～6MPa，压力不高，蒸汽系统也较简单。

由于ICI低压法工艺具有以上特点，目前世界上现有的低压法甲醇合成，绝大部分还是ICI合成技术。ICI甲醇合成工艺作为第一个工业化的低压法工艺，在甲醇工业的发展历程中具有里程碑的意义，相对于高压法工艺是一个巨大的技术进步。

（2）Lurgi低压甲醇合成工艺

20世纪60年代末，德国Lurgi公司建立了一套年产4000t的低压甲醇合成示范装置。

在获取了必要数据及经验后，于 1972 年底建立了 3 套总产量超过 $30 \times 10^4 t/a$ 的工业装置。Lurgi 低压法合成工艺与 ICI 低压法工艺的主要区别在于合成塔的设计。该工艺采用管壳型合成塔，催化剂装填在管内，反应热由管间的沸腾水移走，并副产中压蒸汽。

Lurgi 低压甲醇合成流程以减压渣油为原料，在 6MPa 压力下用部分氧化法造气，采用石脑油萃取法回收炭黑，在常温下用 Amisol 法脱硫、脱碳。吸收液为甲醇溶液中加二乙醇胺，气体净化度高，净化气一部分直接进入合成系统，另一部分经过一氧化碳高温变换，变换气经常温 Purisol 法脱碳，用 N-甲基吡咯烷酮脱除部分 CO_2，然后在 5MPa 压力下等压合成粗甲醇，最后粗甲醇通过三塔精制得产品精甲醇。

图 4-5 为 Lurgi 低压法甲醇合成工艺流程，由脱碳工段来的 4.82MPa、40℃的高氢气体与循环气混合，进入循环压缩机加压到 5.14MPa、温度为 48℃，再与脱硫工段来的 5.25MPa、30℃的新鲜合成气（$CO + H_2$）混合，经热交换器预热到 225℃，进入甲醇合成塔的列管中，在 5MPa、240～260℃、铜基催化剂的作用下，CO 和 H_2 部分转化成甲醇。Lurgi 合成塔是个副产蒸汽的管式反应器，管内装催化剂，管间为沸腾水，管内甲醇合成反应放出的热量很快被管间沸腾水带走并副产蒸汽。合成塔壳程的锅炉给水是自然循环的，这样通过控制沸腾水上的蒸汽压力就可以控制合成塔的管内反应体系的反应温度，蒸汽压力变化 0.1MPa 相当于反应温度变化 1.5℃。4.93MPa、255℃的出塔气体与新鲜进塔气换热后温度降到 91.5℃，经锅炉给水换热器冷却到 60℃，再经水冷器冷却到 10℃，在 4.86MPa 压力下进入甲醇分离器以分离液态甲醇。甲醇分离器出来的气体大部分回到循环机入口，少部分气体排空或送辅助锅炉作为燃料以维持惰性气体含量合格。液体粗甲醇则送精馏工序。

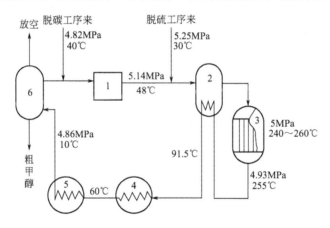

图 4-5　Lurgi 低压法甲醇生产流程

1—循环气压缩机；2—热交换器；3—甲醇合成塔；4—锅炉给水换热器；5—水冷器；6—甲醇分离器

Lurgi 低压法甲醇合成工艺的主要特点是采用管壳型合成塔，这种合成塔的主要特点是反应温度容易控制，通过合成塔管间沸腾水的蒸汽压力调节就可以实现反应温度的调节。在 Lurgi 系统中即使循环压缩机发生故障，系统的升温同样是允许的，只要将蒸汽通过一个喷射泵加入到合成塔的水侧（管间），就可以维持合成塔管内的反应温度。

① 由于换热方式好，催化剂床层温度分布均匀，可防止铜基催化剂过热，对延长催化剂使用寿命有利。

② 由于反应温度易控使副反应大大减少，允许含 CO 高的新鲜气进入合成系统，因而反应单程气体转化率高，合成塔出口反应气体中甲醇含量可达 7% 左右，粗甲醇产品中甲醇

含量较高。由于 Lurgi 法粗甲醇质量较好，工业生产上大约有 70％的 Lurgi 法粗甲醇不需要经过精馏分离就直接用于甲醇生产。

③ 由于反应转化率高，循环气量较少，设备、管道尺寸小，动力消耗低。

④ 反应体系无须专设开工加热炉，开车方便。开工时直接将蒸汽送入甲醇合成塔将催化剂加热升温以满足甲醇合成反应初温的要求。

⑤ 合成塔可以副产中压蒸汽，非常合理地利用了反应热。投资和操作费用低，操作简单，但不足之处是合成塔结构复杂，材质要求高，装填催化剂不方便。

此外 Lurgi 工艺的设备和管线的材料都经过仔细选择，反应器材料不含铁，换热器的列管是不锈钢的，一方面防止合成气中达到露点的 CO_2 腐蚀，另一方面是防止气体在 $110\sim130$℃范围内与铁形成羰基铁，高于此温度又分解，使催化剂活性下降，并使生成高级烃的反应加剧。系统的管道由合成塔出口一直到粗甲醇分离器均采用不锈钢。从分离器出口到合成塔入口的管道均采用低合金钢管，防止氢腐蚀。

ICI 法和 Lurgi 法各有优缺点，在目前的工业生产中均有采用。比较和分析两种工艺的主要指标（表 4-3）可以看出：Lurgi 法的催化剂活性高，空时产率比 ICI 法高 1 倍左右，使生产费用大为减少，另外 Lurgi 合成塔每生产 1t 甲醇可副产 $4\sim5$MPa 中压蒸汽 $1\sim1.4$t，热能被充分利用。Lurgi 法的循环气与新鲜气的比例低，不仅减少动力消耗，而且缩小了设备和管线、管件的尺寸，可节省设备费用，另外还可以在低负荷下操作，合成塔最低负荷可达到 40％。ICI 法有较多副反应，可生成烃类，在 270℃易生成石蜡，在冷凝分离器内析出。而 Lurgi 法因为管式反应器能严格控制温度不会生成石蜡。因此 Lurgi 法技术经济先进，ICI 法最大的特点是合成结构简单，目前世界上现有的低压法合成甲醇，绝大部分还是 ICI 法技术，而新建的甲醇装置 Lurgi 技术更有竞争力，特别当采用重油为原料时更值得采用 Lurgi 的配套技术，其特点是：部分合成气用甲醇洗涤和变换；等压合成甲醇；热效率高，动力蒸汽能自平衡；高效的催化剂。

表 4-3   ICI 法和 Lurgi 法合成甲醇的工艺指标

项目	ICI 法	Lurgi 法	项目	ICI 法	Lurgi 法
合成压力/MPa	5(中压法 10)	5(中压法 8)	循环气：新鲜气	10：1	5：1
合成反应温度/℃	$230\sim270$	$225\sim250$	合成反应热的利用	不副产中压蒸汽	副产中压蒸汽
催化剂成分	Cu-Zn-Al	Cu-Zn-V	合成塔型式	冷激型	管束型
空时产率/[t/(m³·h)]	0.33(中压法 0.5)	0.65	设备尺寸	设备较大	设备紧凑
进塔气中 CO 含量/%	约 9	约 12	合成开工设备	开设加热炉	不设加热炉
出塔气中 CH_3OH 含量/%	$3\sim4$	$5\sim6$	甲醇精制	采用两塔流程	采用三塔流程

4. 中压法

中压法是在低压法研究的基础上进一步发展起来的，由于低压法操作压力低，导致设备体积相当庞大，不利于甲醇生产的大型化，因此发展了压力为 10MPa 左右的甲醇合成中压法工艺流程。它能更有效地降低建厂费用和甲醇生产成本。ICI 公司在原有低压甲醇合成 51-1 型催化剂的基础上研制成功了 51-2 型催化剂，这种催化剂与 51-1 型催化剂的组成和活性基本相同，只是改变了催化剂的晶体结构，所以成本较高。这种催化剂可以在较高压力下维持较长的使用寿命，从而使 ICI 法可以将原有的 5MPa 合成压力提高到 10MPa，1972 年 ICI 公司建立了一套合成压力为 10MPa 的中压甲醇合成装置。ICI 甲醇中压合成塔与低压法相同，也是四段冷激式，工艺流程也基本相似。Lurgi 公司也发展了 8MPa 的中压法甲醇合成，其工艺流程和设备与其低压法类似。

（1）日本中压合成甲醇工艺

日本三菱瓦斯化学公司开发了合成压力为
15MPa 左右的中压法甲醇合成工艺，见图 4-6。
该公司新钨工厂的甲醇工艺生产流程以天然气
为原料，经镍催化剂蒸汽转化后的新鲜合成气
由离心式压缩机增压至 14.5MPa，与循环气混
合，在循环段增压至 15.5MPa 送入合成塔。合
成塔为四层冷激式，塔内径 2000mm，采用低
温高活性 M-5 型 Cu-Zn 催化剂，装填量 30t，
反应温度 250～280℃。反应后的出塔气体经换
热、冷凝后送至甲醇分离器，分离后的粗甲醇
送往精馏系统。分离器出口气体大部分循环使
用，少部分排出系统送转化炉作为燃料使用。

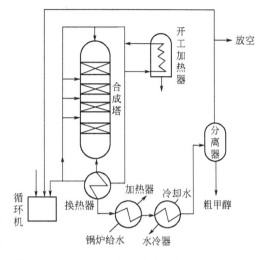

图 4-6　日本三菱瓦斯中压法甲醇生产工艺流程

工艺流程中设有开工加热器。出合成塔的气体与入塔气在换热器换热后进废热锅炉副产
0.3MPa 低压蒸汽。

（2）中国合成氨联产甲醇的中压甲醇生产工艺

国内外大多数甲醇装置都是与其他化工产品实现联合生产的，很多甲醇装置成为大型煤
化、石化工厂的一个组成部分，其中具有代表性的是合成氨联产甲醇与煤气联产甲醇。20
世纪 60 年代末，我国开发了合成氨联产甲醇工艺技术，即充分利用合成氨生产的废气一氧
化碳、二氧化碳作为原料生产甲醇，联醇后全系统的经济效益明显提高。城市煤气联产甲
醇，即在生产城市煤气的同时生产甲醇，可以合理利用煤资源，提高煤化工厂的经济效益。

合成氨生产是 N_2 和 H_2 在高温高压的条件下生产 NH_3 的过程。N_2 可由空气分离得到，
H_2 一般来自不同来源的合成气（CO 和 H_2），经变换工序提高 H_2 的比例之后送去进行氨
合成。由于变换反应平衡的限制，变换之后的合成气中必然含有一定比例的 CO。CO 虽然
不参与合成氨反应，但是一方面 CO 的存在降低了反应物 H_2 的比例，另一方面 CO 的存在
会影响合成氨催化剂的活性，对合成氨反应而言是不利因素。但是单纯地从合成气中脱除
CO 相对是比较困难的。所以合成氨联产甲醇工艺应运而生。主体的思路是：在合成氨铜洗
工段（脱除 CO_2）之前设置甲醇合成工段，先利用合成气中的 H_2 和 CO 反应合成甲醇，同
时 CO 含量得以降低或脱除，之后剩余的 H_2 再送往合成氨塔进行氨的合成。

与合成氨联合生产甲醇简称联醇。针对我国中小型合成氨装置的特点，在铜洗工段前设
置甲醇合成塔（如图 4-7 所示），用合成氨原料气中的 CO、CO_2 以及 H_2 合成甲醇，操作压
力 10～13MPa，采用铜基催化剂，催化剂床层温度 240～280℃，合成塔一般采用自热式合
成塔。在合成氨生产中设置联醇工段，是中国合成氨生产工艺开发的一种新的配套工艺，具
有中国特色，既生产氨又生产甲醇，达到实现多种经营的目的，提高了经济效益。目前，联
醇产量约占中国甲醇总产量的 40%。

合成氨联醇生产合成甲醇的流程分两类，一类是高压合成流程，使用锌铬催化剂，操作
压力为 25～32MPa，操作温度为 330～390℃；另一类为中低压流程，使用铜系催化剂，操
作压力为 5～15MPa，操作温度为 230～285℃。选用何种工艺流程合成甲醇，应根据实际情
况来确定，总趋势是使用锌铬催化剂的高压合成流程正在逐步被使用铜系催化剂的中低压所

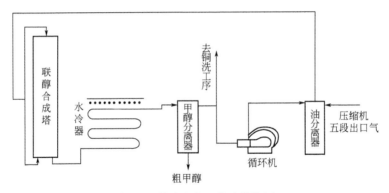

图 4-7　联醇生产工艺流程简图

取代。联醇工艺中选择将甲醇合成工序放在铜洗工序或甲烷化、醇烃化工序之前，以充分利用原料气中对合成氨有害的毒物 CO、CO_2，因为联醇工艺中甲醇合成压力与铜洗压力是一致的，非常适合采用 10～15MPa 的中压合成副产甲醇，而单醇厂目前一般选用 5.0MPa 的低压流程进行甲醇生产。

20 世纪 60 年代末，联醇工艺在我国实现工业化。50 年来，联醇工艺本身也处于不断发展和完善之中，从原来的一级联醇＋铜洗发展到一级联醇＋甲烷化的双甲工艺，再到二级联醇＋甲烷化的双甲新工艺，目前已发展到二级联醇＋醇（醚）烃化新工艺。这一具有自主知识产权的创举，突显出我国科技人员对世界化肥工业的卓越贡献。第一套双甲工艺的目标是以净化精制原料气为主、副产甲醇为辅。为了达到既能多产甲醇又满足合成氨原料气精制的要求，双甲工艺的发明人谢定中又提出了可控制醇氨比的双甲工艺，即两甲醇化塔串联工艺和双级双压节能流程，并在工业实践中得到应用。

这一流程工艺安排非常灵活。当工艺选择以联产甲醇为主时，取醇氨比很大，原料气先后通过两个甲醇合成塔——低压塔和高压塔，在第一塔中 CO 与 CO_2 组分的 80% 转化为醇，以生产甲醇为主；第二塔只把剩余 20% 的 CO 与 CO_2 转化，使它们的含量≤0.3%，满足下游合成氨原料气精制要求。当甲醇市场需求疲软时，可以将双甲工艺调整为以净化精制合成氨原料气为主，生产甲醇为辅，甲醇的产量尽可能减少。例如醇氨比可选 1：10 到 1：20，此时只用一塔合成，甲醇第二塔备用，当第一塔催化剂活性降低的时候启用第二塔，且在运行中可不启用循环机，同样全过程均可十分方便地控制入甲烷化炉的 CO＋CO_2 含量≤0.3%。十多年来全国已有近 20 套双甲工艺在运行。

新型联醇生产双甲工艺流程如图 4-8 所示。

新型联醇生产双甲工艺甲醇合成部分的流程说明如下：为提高联醇的产量、醇后气净化度，以及充分提高单位甲醇催化剂的生产能力，新型联醇工艺中的低压甲醇合成塔实际上是采用两塔（图 4-9 中的 I 和 II）串并联的方式来进行生产。且两塔的关系不是固定不变的，而是可以灵活地进行切换，可以进行并联生产，也可以进行串联生产，串联和并联之间只需要通过阀门和管道进行切换即可。但不管两塔顺序如何变换，塔前换热器、水冷器、水洗塔、循环机等均为两塔共用。两塔相互关系及局部流程示意图如图 4-9 所示。

① 两塔并联操作。并联时合成气可以平均通过两塔，两塔的空间速度只有串联的一半，即两塔的负荷较小，此时单塔的 CO 转化率较高，如果气体的净化精制较完善，且两塔的催化活性相当且处于活性良好阶段时，采用并联操作可降低压差、增加甲醇产量。联醇工段若采用双塔并联装置，新鲜气量和循环气量可根据 I、II 两个甲醇合成塔催化剂的活性、生产

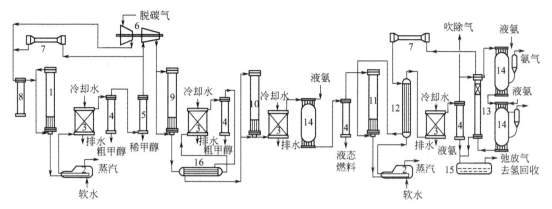

图 4-8　新型联醇生产工艺流程示意图

1—低压甲醇合成塔；2—中置锅炉；3—水冷器；4—气液分离器；5—洗涤塔；6—高压机；
7—循环压缩机；8—过滤器；9—高压甲醇合成塔；10—烃化塔；11—氢合成塔；
12—塔前预热器；13—冷交换器；14—氨冷器；15—液氨储罐；16—换热器

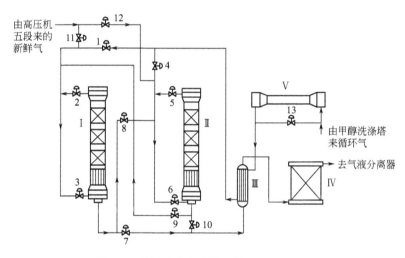

图 4-9　低压甲醇合成塔串并联流程示意图

Ⅰ、Ⅱ—甲醇合成塔；Ⅲ—塔前换热器；Ⅳ—水冷器；Ⅴ—透平式循环压缩机；1~13—自动阀

任务等灵活分配，操作弹性较大。并且若其中一套催化剂活性降低或失效需停车更换时，另一套系统仍可照常运行。但两塔操作的不足之处：一是当催化剂活性同时降低或同时失效时，CO 转化率、出口气中 CO 的净化度、工艺的连续性等方面很难满足工艺要求；二是进入并联合成塔的气体是由新鲜气和循环气混合组成的，不能够达到区别进气的目的。因为新鲜气中 CO 浓度高，而循环气中 CO 浓度低。这两种不同浓度、不同组合气体的混合过程是一个高度不可逆的过程，存在较大的能量损失，表现为合成甲醇过程余热有效利用减少，而开启电加热器的时间较长，能耗较大；当两塔催化剂活性不同步时，需要调节两塔的负荷，这种频繁的调节在操作上也较为复杂。因此两塔并联组合方式较少采用。

② 两塔串联操作。与并联操作不同，两塔串联设置就是让新鲜气与循环气先后进入催化剂活性不同的两个甲醇合成塔，这样可以充分发挥两种不同活性阶段催化剂的生产能力，以最大限度提高甲醇产量和保持醇后气中最低的 CO 含量。联醇生产时进合成塔的新鲜气中只有 30% 左右的气体参加了合成甲醇反应，而有 70% 左右的气体（主要是 N_2 和 H_2）虽然

通过合成塔，但不参与合成甲醇反应。所以联醇生产的空速明显大于单醇生产，而空时产率却较低，因此进塔气中所含的毒物（如硫、磷、砷等）在通过合成塔时易被铜基催化剂所吸收，使联醇催化剂中毒、老化和失活的速度要快于单醇生产过程。即使新鲜气中的有毒物质含量很少，但由于进塔气体量远大于反应气体量，毒物在催化剂中的积累是可观的。合成塔串联就是利用已经使用到后期的催化剂（旧催化剂）让它先接触新鲜气，以便旧催化剂在合成甲醇、提高生产能力的同时吸收掉大部分的催化剂毒物，使活性较高的催化剂减少中毒的机会，延长新催化剂的使用寿命。

合成塔采用串联操作时，新鲜气先进入活性较差的催化剂床，因新鲜气中 CO 含量较高而增加了合成反应进行的比例，使反应放出的热量增多，容易利用自身的反应热来实现热量平衡；而让 CO 含量较低的循环气进入活性较好的催化剂床，使反应进行的程度和温度容易控制，催化剂超温可能性减小。因此串联操作比并联操作容易控制，同时利用反应热维持自身热量平衡，需要外加热源的热量减少，从而开启加热器的时间减少，降低了能耗。

③ 低压甲醇合成塔内部流程说明。脱碳气经过高压机四段和五段压缩后，使其压力达到 10～15MPa。经油水分离器除去油水后，再经炭过滤器除去其中可能夹带的微量铁锈、润滑油及其他杂质，得到纯净的甲醇合成原料气，经主、副线进入甲醇合成塔 I 。由甲醇合成塔主线进塔的气体，从塔的上部沿塔筒体内壁与催化剂框之间的环隙向下，进入合成塔下部的塔内换热器管间，加热到一定的温度后在塔内换热器上部与塔副线来的未经加热的气体混合进入分气盒，分气盒与插在催化剂框内的冷管相连，气体在管内直接受到管间催化剂床层反应热加热。冷管的传热面积、排列方式、长度直接影响催化剂床最佳反应的实现，因此是合成塔的关键部分。从冷管出来的气体经集气盒进入中心管。中心管内装有电加热器，主要用于开车时加热进塔气体；此外若生产出现不正常情况，如副线开得过大、冷管负荷过大等，导致进气经过换热器加热后仍达不到催化剂的起始反应温度，也可启动电加热器。达到起始反应温度后气体出中心管，从上部进入催化剂床，在催化剂作用下进行 CO、CO_2 和 H_2 合成甲醇的反应并放出大量热，用来加热尚未参加反应的冷管内气体且控制催化剂床层温度。反应后的气体到达催化剂床层底部，为了防止催化剂破碎漏出，在催化剂框底部装有一定量的钢球和钢丝网。气体出催化剂框后经分气盒外环隙进入塔内换热器管内，把热量传给进塔的冷气，温度为 160℃ 左右的合成气沿副线管外环隙从塔底出来。

出塔气体经回收预热后进入套管水冷器管内，管外用冷却水冷却，使管内合成气冷却至 30～40℃。在 10～15MPa 压力和 30～40℃ 温度下，合成气中的气态甲醇、二甲醚、高级醇、多碳烷烃和水大部分被冷凝成液体或溶解而进入液体，然后在气液分离器中分离出来。被分离出来的气体其主要成分是甲醇，但由于含有较多的杂质所以称为粗甲醇。粗甲醇经减压后送往粗甲醇储槽，依靠其剩余压力送往粗甲醇精馏工段。经分离的气体中仍含有一定量甲醇，经洗涤塔洗涤后的气体经循环压缩机加压后返回甲醇合成塔。

联醇生产是串联在合成氨工艺之中的，在合成氨生产中采用联醇工艺的主要目的有两个：一是用合成氨原料气中的 CO、CO_2、H_2 合成甲醇；二是净化合成氨原料气体，使醇后气中 CO 的量降低到 0.1%～0.3%，满足甲烷化和烃化的需要，或达到降低铜洗负荷的目的，确保合成氨精炼气中 $(CO+CO_2)<10×10^{-6}$。与传统的单醇生产高压法和低压法相比，联醇生产甲醇有以下特点：

a. 联醇生产串联在合成氨工艺之中，因此合成原料气既要满足合成氨工艺条件要求（氢氮比为 3），又要满足甲醇合成的工艺要求（必须经过精脱硫，使总硫含量小于 $0.1×$

10^{-6} 等）。任何一方工艺条件发生变化，都会影响合成甲醇与合成氨的生产操作，所以在联醇生产中必须有必要的补充调节措施，以维持两种合成生产的同时稳定进行。例如一般合成氨催化剂可以使用 3～5 年，而合成甲醇催化剂即使采用精脱硫装置也只能使用 1 年左右。期间甲醇催化剂的活性衰退、醇氨比调整、甲醇催化剂更换、甲醇装置开/停车等原因，都将造成醇后气中 CO、CO_2、N_2、H_2 等气体含量的改变，进而不可避免地造成后续精制工序甲烷化、醇烃化或铜洗负荷的改变，直至最终影响合成氨工序。在无论何种原因引起甲醇生产不正常或事故状态下，都要能够维持合成氨生产的正常进行。

b. 串联了甲醇合成工序的合成氨原料气，经甲醇合成工艺后其 CO、CO_2 的含量（<1%）已经远小于脱碳气中含量（10%～14%），但与距离氨合成精炼气的要求 CO＋CO_2<（10～20）×10^{-6} 还相差很远，还必须经过进一步精制（甲烷化、醇烃化）才能满足氨合成的要求。

c. 与单纯的合成氨工艺相比，串联在合成氨工艺中的中压甲醇合成工艺采用铜基催化剂，其抗毒性较差，非常容易中毒失活，所以合成氨原料气必须采取特殊的净化措施，如设置精脱硫、精脱氯、有机硫水解转化等装置，才能既保持合成甲醇所必需的 CO、CO_2，同时又不能使 H_2S、CO、CO_2 等有害气体进入氨合成系统，使联醇铜基催化剂有较长的使用寿命和较强的生产能力，保证联醇工艺中的合成氨催化剂有着比单纯合成氨催化剂更长的使用寿命和更强的生产能力。此外还必须彻底清除其他对铜基催化剂有害的成分，如设备和管道中的铁、镍所生成的羰基铁 $Fe(CO)_5$ 与羰基镍 $Ni(CO)_4$，以及溶解性的铁、镍化合物，并防止碱性氧化物与碱金属随气体被带入催化剂床。因为微量铁、镍化合物的带入会使 CO 和 H_2 反应生成烷烃的反应增加；碱金属的带入会引起生成高级醇的反应加快，使合成的粗甲醇中杂质含量增加，有效气体消耗增多。

d. 铜基催化剂的起始活性温度一般在 200℃左右，为使整个催化床均匀达到活化温度之上，入塔气体必须经过必要的预热。同时为了防止碳钢设备在高温下产生氢蚀，出塔气体必须经过冷却。为了满足入塔气体和出塔气体对温度的要求，采用设置塔内换热器的方法，既提高了进入催化床的气体温度，又降低了出塔气体温度。

e. 出塔气体中的甲醇与未反应的 CO、CO_2、N_2、H_2 等气体必须得到及时有效的分离，由于反应平衡的限制，出塔气体中约有 2/3 是未反应的原料气，它们将通过循环压缩机循环回甲醇合成塔继续合成甲醇，以提高催化剂的利用率。所以通过分离降低循环气中甲醇浓度有利于提高甲醇合成反应的推动力。

f. 联醇生产中，整个装置的生产能力是以合成氨产量和合成甲醇产量之和，即所谓"总氨"来表示的。在正常状况下，装置的总氨生产能力是一定的，甲醇生产能力取决于醇氨比的大小，而醇氨比在一定的范围内是可以调整的，调整的方式一般是改变原料气中 H_2/CO 值，准确地讲应该是调整氢碳比 $M＝n(H_2－CO)/n(CO＋CO_2)$。因此在联醇工艺中，除了要有合成氨生产时调整氢氮比的手段，还要有调整氢碳比的手段。一般来说联醇生产中经常以调节变换反应的汽气比来改变 CO 在变换反应中的变换率，从而实现氢碳比的调节。即变换率较大时，则醇氨比较小，甲醇产量就较低，合成产量就较大，反之亦然。

g. 联醇作为合成氨工艺中一个环节，是一个铜基催化剂的活性不断衰退的过程，而甲醇生产工艺条件的波动势必会对合成氨及整个系统的生产造成影响。

h. 在合成氨厂设置联醇生产，不仅可以使变换工段 CO 指标放宽、变换的蒸汽消耗降低，而且可以使铜洗工段进口 CO 含量降低、铜洗负荷减轻，从而使合成氨厂的变换、压缩和铜洗工段能耗降低。

 任务实施

  1. 完成合成氨工艺联醇工段仿真实操项目的冷态开车任务。

  2. 熟悉正常生产条件下的工艺参数，能够识别并处理常见故障。

思考与讨论

  比较高压法、低压法、中压法的异同和优缺点。

任务三　甲醇合成的工艺条件和影响因素

任务描述

  甲醇合成工段的主要目的是将转化工段送来的工艺气体,经合成气压缩机加压，在一定压力、温度、铜基催化剂作用下合成粗甲醇。并利用其预热副产中压蒸汽，然后减压送入蒸汽管网，同时将弛放气体送往燃料气柜和转化装置燃烧。由于甲醇合成反应具有副反应多、转化率低、催化剂床层温度难以控制等特点，应用生产原理确定适宜的工艺条件对提高甲醇产量和质量、降低能耗非常重要。

 知识链接

  从甲醇合成反应的热力学分析知道：甲醇合成反应是一个强放热与体积缩小的可逆反应，提高原料气中 CO 或 H_2 的比例（通常采用高氢含量）、降低反应体系温度、增加反应体系压力、及时分离出反应产物甲醇都可以使反应平衡向右移动，提高反应的转化率，对甲醇合成有利。从动力学分析可以知道，甲醇合成反应速率较低，且合成反应是甲醇合成过程的控制步骤，所以必须采用合适的催化剂加快反应速率才能维持反应的正常进行。所以影响甲醇合成的工艺条件和影响因素主要有原料气的组成、温度、压力、催化剂等。

  甲醇合成塔是甲醇合成工段的中心，甲醇合成塔工艺条件的控制不仅关系到甲醇的产量、质量和能耗，而且影响催化剂和设备的使用寿命，乃至全厂的经济效益。因此，一切操作条件都要从维护甲醇合成塔的正常稳定生产来考虑，其主要操作控制要点如下：

  1. 甲醇合成原料气的组成

  甲醇合成原料气主要由 CO、CO_2 和 H_2 组成，其主要反应式如下：

$$CO+2H_2 \rightleftharpoons CH_3OH$$
$$CO_2+3H_2 \rightleftharpoons CH_3OH+H_2O$$

  从反应式可以看出，氢与一氧化碳合成甲醇的摩尔比为 2∶1，与二氧化碳合成甲醇的摩尔比为 3∶1。当反应气体中既有一氧化碳又有二氧化碳时，原料气中氢碳比（f 或 M 值）可以有如下两种表达方式：

$$f=\frac{n(H_2)-n(CO_2)}{n(CO)+n(CO_2)}=2.05\sim2.15 \qquad M=\frac{n(H_2)}{n(CO)+1.5n(CO_2)}=2.0\sim2.05$$

  不同原料采用不同工艺所制得的原料气组成往往偏离 f 值或 M 值。例如，用天然气

（主要组成为 CH_4）为原料采用蒸汽转化法所得的粗原料气中氢多碳少而导致氢碳比偏高，这就需要在转化前或转化后加入二氧化碳，以调节原料气组成使之具有合理的氢碳比。而用重油或煤为原料所制得的原料气则由于碳多氢少导致氢碳比太低，需要设置变换工序把过量的一氧化碳变换为氢气，从而调节氢碳比满足要求。受上游流程的限制，新鲜气的组成各不相同，工艺中应当采取适当的措施进行组成调整，最大限度满足甲醇合成系统的要求。生产中合理的氢碳比应比化学计量比略高些，按化学计量比值，f 值或 M 值约为 2，实际上控制得略高于 2，即通常保持略高的氢含量。过量的氢对减少羰基铁的生成与高级醇的生成及延长催化剂寿命均有益。

此外，原料气中要保留一定量的 CO_2。因为反应生成甲醇，但是其中一分子 H_2 反应转化成了 H_2O，增加了后续粗甲醇分离的难度，而且较昂贵的 H_2 反应转化成了较廉价的 H_2O，于反应的经济效益而言是不利的。但是 CO_2 与 H_2 的反应虽然也是放热反应，但反应放出的热要比 CO 和 H_2 反应放出的热量少得多。适量 CO_2 的存在可以减少反应热量的放出，有利于甲醇合成塔催化剂床层的温度控制，同时还抑制二甲醚等副产物的生成，有利于提高甲醇品质。一般选择原料气中的 CO_2 的含量控制在 6% 左右。

甲醇原料气的有效组分是 CO、CO_2 与 H_2，其中还含有少量的 CH_4 或 N_2 等其他气体组分。CH_4 或 N_2 在合成反应器内不参与甲醇合成反应，是甲醇合成反应的惰性气体。由于甲醇合成反应转化率较低，为了提高原料中有效组分 CO、CO_2 与 H_2 的利用率，大部分的甲醇合成工艺会选择让出塔合成气分离甲醇后，重新循环回甲醇合成塔进行甲醇合成。这些惰性气体虽然不参与反应，但是会随着循环气的循环逐渐累积而增多。循环气中的惰性气体含量的增多不仅会降低有效气体 CO、CO_2、H_2 的分压，而且增加了循环气压缩机的动力消耗，对甲醇的合成反应不利，所以一般采用甲醇合成塔后断续排放部分循环气的方法（弛放气）调节惰性气体含量。显然在系统中弛放气若排放过多，会引起过多有效气体的损失。一般来说，适宜的惰性气体含量，要根据具体情况而定，而且也是调节工况手段之一。催化剂使用初期，活性较高，可允许较高的惰性气体含量，惰性气体一般控制在 20%～25%；使用后期，一般应维持较低的惰性气体含量，控制在 15%～20%。

2. 反应压力

压力也是甲醇合成反应过程的重要工艺条件之一。从热力学分析，甲醇合成是体积缩小的反应，因此增加压力对平衡有利，可提高甲醇平衡产率。在高压下，因气体体积缩小，分子之间相碰撞的机会和次数就会增多，甲醇合成反应速率也就会因此加快。因此无论是反应平衡还是反应速率，提高压力总是对甲醇合成有利，同时催化剂的生产强度也相应提高。但是合成压力不是单纯由一个因素来决定的，它与选用的催化剂、温度、空间速率、氢碳比等因素都有关系。而且甲醇平衡浓度也不是随压力而成比例增加的，当压力提高到一定程度也就不再增加。另外，过高的反应压力为设备制造、工艺管理及操作带来困难，不仅增加了建设投资，而且增加了生产中的能耗。对于合成甲醇反应，目前工业上使用三种压力，即高压法、中压法、低压法。

操作压力的选用主要受催化剂活性温度的影响。早年采用的锌铬催化剂活性温度较高，合成反应需要在较高的温度下进行，相应的平衡常数就小，则需采用较高的压力（一般在 25～30MPa）才能抵消温度的影响，使反应平衡向右移动。由于一氧化碳和氢反应不仅生成甲醇，而且还生成二甲醚、甲烷、异丁醇等副产物。而在较高的压力和温度下，这些副反应的反应热高于甲醇合成反应，导致床层温度提高，副反应速率加快，如果不及时控制，会造成温度猛升而损坏催化剂。目前广泛使用的铜基催化剂，其活性温度低，操作压力降至5MPa。低压操作反应条件温和，平衡常数大，副反应少，甲醇合成反应选择性强，产品质量优于锌铬催化剂。低压法单系列的日产量可达 1000～2000t，但低压法生产也存在一些问题，如当生产规模更大时，低压流程的设备与管道显得庞大，而且对热能的回收也不利，因此发展了压力为 10～15MPa 的甲醇合成中压法。

对于现有合成塔的操作，催化剂在使用初期活性好，操作压力就可以适当降低；催化剂在使用后期活性下降，往往需要采用较高的操作压力，以维持一定的生产强度。可以看出，反应操作压力的选用也不是由单一因素决定的，也是由综合因素决定的，并且有的时候又是互相矛盾的。甲醇合成的操作压力需根据催化剂活性温度、气体组成、反应器热平衡、系统能量消耗等多方面的因素综合决定。

3. 反应温度

甲醇合成反应过程的工艺参数中，温度对于反应平衡和反应速率都有很大影响，由一氧

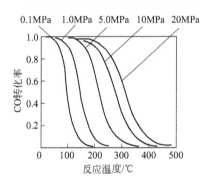

图 4-10　温度和压力对反应转化率的影响

化碳加氢生成甲醇的反应和由二氧化碳加氢生成甲醇的反应均为可逆的放热反应。对于可逆的放热反应，温度升高，可以使反应速率常数增大，但反应平衡常数的数值减小。当反应混合物的组成一定而改变温度时，反应速率受这两种相互矛盾的因素影响。由图 4-10 可以看出，反应温度较低时，平衡常数的数值较大，CO 的转化率较大，反应速率随温度增加而加快；但随着反应温度逐渐增加，平衡常数逐渐减小，CO 的转化率降低，温度增加到某一数值，反应速率的增加量变为零。当反应混合物组成一定时，具有最大反应速率的温度称为这个组成的最佳反应温度。

最佳反应温度值与组成有关，在同一初始组成情况下则与反应转化率有关。反应开始，转化率高、甲醇含量较低，此时由于平衡的影响相对很小，最佳反应温度可以高一些；随着反应的进行，转化率升高，甲醇含量升高，平衡对反应的影响增大，最佳反应温度就要低一些。合成塔操作时，如果反应温度能够沿着最佳温度线进行，则反应速率最高产量也最大，但温度不能超过催化剂耐热允许温度。铜基催化剂热稳定性差，反应温度一般不允许超过 300℃。

目前甲醇合成流程有高压法、中压法和低压法多种，使用的原料气组成差别也较大，因此每种具体情况下的最佳反应温度线都不相同。对于铜基催化剂来说，高压、高反应物浓度的情况下，一般最佳温度常超过催化剂的耐热温度，而低压、低反应物浓度时，尽量设法在最佳温度下操作才有实际意义。对于锌铬催化剂来说，情况与铜基催化剂类似，但锌铬催化剂的耐热温度比铜基催化剂高（约为 400℃），而反应速率又比铜基催化剂慢，因此可以有较宽的温度操作范围。所以催化剂的活性不同，最适宜的反应温度也不同。

最佳反应温度操作值除了与反应混合物组成、催化剂活性温度有关，还与催化剂的颗粒大小、老化情况、反应压力、空间速率、设备的使用情况有关。例如为了延长催化剂使用的寿命，反应初期宜采用较低温度，使用一定时间后再升至适宜温度。其后随催化剂老化程度增加，反应温度也需相应提高。所以实际操作中应当综合考虑所有因素，在合理的范围内，尽量使反应温度靠近最佳温度操作线。工业上甲醇合成塔无论采用连续换热还是多段冷激，

都是为了控制反应温度尽可能沿最佳温度线分布。

4. 空间速率

气体与催化剂接触时间的长短，通常以空间速率来表示。空间速率简称空速，即单位时间内，每单位体积催化剂所通过的气体量。其单位是 $m^3/(m^3$ 催化剂·$h)$，简写为 h^{-1}。在温度、压力不变时，空速越大，则气体在催化剂表面的接触时间越短。

在甲醇生产中，气体一次通过合成塔仅能得到 $3\%\sim6\%$ 的甲醇，新鲜气的甲醇合成率不高，新鲜气必须循环使用。因此合成塔空速常由循环机动力、合成系统阻力等因素决定。表 4-4 列出了在铜基催化剂上转化率、生产能力随空速变化的实际数据。

表 4-4　铜基催化剂上空速与转化率、生产能力的关系

空间速率/h^{-1}	CO 转化率/%	粗甲醇产量/[$m^3/(m^3$ 催化剂·$h)$]
20000	50.1	25.8
30000	41.5	26.1

从表中数据可以看出增加空速在一定程度上意味着增加甲醇产量。另外增加空速有利于反应热的移出，防止催化剂过热。但空速太高，转化率降低，导致循环气量增加，从而增加能量消耗。同时，空速过高会增加分离设备和换热设备的负荷，引起甲醇分离效果降低；甚至由于带出热量太多，造成合成塔内的催化剂温度难以控制。

如果采用较低空速，反应过程中气体混合物的组成与平衡组成较接近，催化剂的生产强度较低，但是单位甲醇产品所需循环气量较小，气体循环的动力消耗较少，预热未反应气体到催化剂进口温度所需换热面积较小，并且离开反应器气体的温度较高，其热能利用价值较高。适宜的空间速度应综合考虑催化剂活性、反应温度及进塔气体的组成等。采用铜基催化剂的低压法合成甲醇，工业生产上一般控制空速为 $10000\sim20000 h^{-1}$。

5. 循环量的控制

循环量是指每小时合成气回到压缩机循环段的气量。提高循环量可以提高合成塔催化剂的生产能力，但系统阻力增加，催化剂床层温度下降。正常生产操作中，在压缩机新鲜气量一定的情况下，可以通过调节循环气量来控制入塔气量，进而调节催化剂床层的温度，循环量的多少主要靠压缩机循环近路阀控制，加减循环量应缓慢进行，不得过快。

6. 催化剂颗粒尺寸

催化剂颗粒尺寸的大小对甲醇合成的宏观速率有显著影响。催化剂颗粒小，颗粒内表面利用率大，可减少催化剂的量。但催化剂粒度减小，会使体积流速一定的反应气体通过单位高度的催化剂床的压力降增大，从而增加反应气体的动力消耗。因此催化剂的最佳颗粒尺寸需要根据流速、床层压降和反应速率等相关情况具体决定。较合理的情况是，反应器上部装小颗粒，下部装大颗粒催化剂。由于甲醇合成反应器中气流是自上而下的，所以合成塔上部反应率较低，减小催化剂颗粒是有利的；而反应器下部反应率较高，所以催化剂需要采用较大的颗粒。

综上所述，影响甲醇合成反应过程的主要工艺条件有反应温度、压力、气体组成、催化剂颗粒尺寸、空速等。如果是单纯地针对某一个操作条件，容易找到该影响因素的最佳条件，但是所有的这些影响因素之间都互相影响。

7. 甲醇合成塔操作控制要点

甲醇合成塔操作的关键是温度控制，主要是控制热点温度，催化床入口温度以及催化床层同平面温差不应过大。当出现同平面温差时，需分析原因，如果由于催化剂还原不充分或不均匀，则需维持较长时间的低负荷操作使催化剂各处还原充分，即能改善同平面温差。对于冷激式合成塔，如果冷激气分布不均匀产生同平面温差；对于径向合成塔，如果主气流分布不均匀产生同平面温差等，解决的根本办法只能从改善合成塔结构着手。

合成塔正常操作时，主要通过进入合成塔主、副线反应物的比例来调节催化层温度。如果催化床温度过高，有效和快速的方法是加大空速。一般情况下，压力不作为经常调节的手段。在催化剂使用前期维持较低的压力，后期则可以较高，每一阶段维持一定的压力，不要经常变化。新鲜气的成分主要由上一工序决定，而循环气中惰性气体的含量则由合成工序的放空量来决定。催化剂使用前期催化床温度较高，则可维持较高的惰性气体含量；催化剂使用后期活性衰退，为保持一定的反应速率和反应的温度，惰性气体含量应降低。总之，各参数的调节和变化都是为了维持给定的催化床层温度，使之靠近最佳反应温度，保持最大反应速率，提高生产能力和产品质量。催化剂使用前期，催化床层温度的给定值可低些；使用后期，催化床层温度的给定值则应高些。

  任务实施

观察 Lurgi 法/ICI 法甲醇合成工艺仿真实训项目正常生产过程，熟悉甲醇合成主要工艺参数的正常取值范围。

思考与讨论

1. 甲醇合成原料气组成有哪些要求？二氧化碳的存在有什么意义？
2. 甲醇合成反应中温度受哪些因素影响？催化剂升温还原过程中温升过快如何操控？不同平面温差过大如何解决？
3. 甲醇合成中操作压力稳定的主要决定因素是什么？

任务四　甲醇合成的催化剂

  任务描述

甲醇合成是典型的气-固相催化反应，没有催化剂的存在，合成反应几乎不能进行。甲醇工业的发展，很大程度上取决于甲醇合成催化剂的发展和催化剂性能的改进，反应温度、反应压力等工艺指标和操作条件实际上都是由甲醇合成催化剂本身的特性决定的。

知识链接

甲醇合成是有机合成工业中典型的气-固相催化反应过程。没有催化剂的存在，合成甲醇反应几乎不能进行。合成甲醇工业半个世纪以来的进展很大程度上取决于甲醇合成催化剂的发展及催化剂质量的改进，甲醇合成生产的许多工艺指标和操作条件都由所采用催化剂的性质决定。

一、甲醇合成催化剂的活性组分及促进剂

氧化锌、氧化铬、氧化铜是目前认为对甲醇合成反应有催化作用的活性成分，而单纯的活性组分往往催化活性并不好，其催化剂的催化活性不仅取决于催化助剂和载体，也取决于催化剂的原料来源和制备工艺，而且往往需要与其他的催化助剂和载体共同作用，才能具有良好的催化活性。

氧化锌（ZnO）是最早发现的对甲醇合成反应有催化作用的催化剂，也是最早实现工业化的催化剂。目前的甲醇合成工业，虽然不用纯氧化锌作为催化剂，但 ZnO 仍是大多数混合催化剂中最重要的组分。研究表明，ZnO 对甲醇合成的选择性很好，在低于 380℃的温度下能生成纯的甲醇，其活性与反应合成气来源和工艺条件有关。如用金属锌制得的氧化锌活性很差，而用沉淀的氢氧化锌进行烧结所得的 ZnO 活性较好；在甲醇合成催化剂的制备过程中，不能带入碱金属离子，因为碱金属离子的存在会催化高级醇生成反应，使甲醇合成反应选择性变差；ZnO 的催化活性还与晶体的大小有关，晶体较小的氧化锌活性较高。

目前低温甲醇合成催化剂的活性组分普遍采用氧化铜（CuO），但纯净的氧化铜具有非常低的活性。此外氧化铬（Cr_2O_3）也常作为甲醇合成催化剂的主要成分，但纯净的氧化铬作为甲醇合成催化剂的催化活性和选择性较差，工业应用价值较差，而且其活性也与制备方法有关。真正具有工业意义的甲醇合成催化剂都是由两种或多种氧化物所组成的，除了要求具有高活性，还要求具有高选择性、高寿命和耐毒物等性能。

对以 ZnO 为主要成分的二元催化剂的性能研究和应用较多。ZnO 催化剂中含有非常少量的氧化铬，可以改善 ZnO 的寿命，使催化剂具有很高的抗老化能力，但是氧化铬含量不能太高，以免降低反应的选择性。在甲醇合成多组分催化剂中，CuO 和 ZnO 两种组分有相互促进的作用，CuO-ZnO 混合催化剂在合成甲醇反应中所显示的活性较这两种氧化物中任何单独的一种都要高很多。但 CuO-ZnO 催化剂易老化且对毒物无防御作用，所以很少采用。有实际意义的含铜催化剂都是三组分氧化物催化剂。

工业上应用的三元催化剂主要有 $CuO-ZnO-Cr_2O_3$ 和 $CuO-ZnO-Al_2O_3$ 两大类。在 250℃时，纯 ZnO 或纯 CuO 催化剂的活性为零，两组分 CuO-ZnO 催化剂的活性与其组分的配比有关，加入 Al_2O_3 或 Cr_2O_3 后，它们的活性与两组分 CuO-ZnO 催化剂相比较提高并不多，证明了低压甲醇合成催化剂的活性和选择性需要铜和锌两种氧化物同时存在，Al_2O_3 或 Cr_2O_3 的加入主要用来提高催化剂的抗老化能力，也是催化剂中必不可少的组分。

二、工业典型甲醇合成催化剂

工业上目前应用的甲醇合成催化剂主要有锌铬催化剂和铜基催化剂。催化剂的选择性与活性既决定于其组成，又决定于其制备方法。催化剂的生产主要分为两个阶段：制备阶段和还原活化阶段。具有催化活性的氧化态活性组分，在空气中不能稳定存在，所以工业生产上通常将催化剂先制备成能够稳定存在的组分，装填到合成塔中之后再用还原剂进行还原，得到具有催化活性的活性组分，并用惰性气体保压。对甲醇合成催化剂有害的杂质是铁、钴、镍，它们能促进甲醇副反应的进行，使催化床层的温度升高；碱金属化合物的存在则降低了选择性使其生成高级醇。因此在催化剂的制备及还原活化阶段所用的材料中都需要对这些有害杂质的含量进行严格把控。

1. 锌铬催化剂

锌铬（ZnO-Cr$_2$O$_3$）催化剂是德国 BASF 公司首先开发研制成功的，也是甲醇合成最早使用的催化剂。该催化剂活性较低，活性温度较高，为 380～400℃，为了提高平衡转化率，反应需要在高压下进行，操作压力为 25～35MPa，因此被称为高压催化剂。锌铬催化剂的耐热性、抗毒性以及力学性能都较令人满意，且使用寿命长、使用范围宽、操作控制容易，但动力消耗大、设备复杂、产品质量差，随着低压催化剂的研制成功，目前锌铬催化剂正逐步被淘汰。

（1）锌铬催化剂的制备

工业上锌铬催化剂的制备方法分干法和湿法两种。干法是把氧化锌和铬酐细粉在混合器中混合均匀，并添加少量的铬酐水溶液和石墨，然后送入压片机挤压成片剂，在温度为 90～110℃下干燥 24h，即可制得锌铬催化剂成品。湿法一般是将锌和铬的硝酸盐溶液用碱沉淀，经洗涤、干燥后成型制得催化剂成品；也有将铬酐溶液加入氧化锌的悬浮液中，充分混合之后分离水分，将制得的糊状物料烘干后掺进石墨成型。干法的优点是工艺简单、制作方便，缺点是组分在片剂上分布不均匀。湿法制得的催化剂，化学组成较为均匀，而且由于晶粒较小，细孔较多，一般比表面积较大，其活性比用干法制取的高 10%～15%，缺点是制作工艺较为复杂。

（2）锌铬催化剂的还原

无论用哪种方法制得的锌铬催化剂，其主要成分都是 ZnCrO$_4$，而甲醇合成反应中具有催化活性的是 ZnO。所以用以上两种方法制得的催化剂需还原后才能使用，工业生产中一般在将催化剂装填到合成塔中的时候，采用合成反应原料中的氢和一氧化碳将催化剂还原，还原反应如下：

$$2ZnCrO_4 \cdot H_2O + 3H_2 \Longrightarrow ZnO + ZnCr_2O_4 + 5H_2O$$
$$2ZnCrO_4 \cdot H_2O + 3CO \Longrightarrow ZnO + ZnCr_2O_4 + 3CO_2 + 2H_2O$$

在还原过程中，高价铬还原为低价铬，同时析出一定量的水分。还原后生成的亚铬酸锌（ZnCr$_2$O$_4$）起晶间助催化作用，即在工业合成甲醇的温度范围内，它具有阻止活性组分 ZnO 再结晶的性质。还原条件在很大程度上影响催化剂的活性、强度和使用寿命。

催化剂在 150℃左右开始还原，在排出的气体中氢的浓度有所降低。在这一温度下还原过程进行得很慢，且由于反应同时排出吸附水和结晶水，所以其吸热效应超过还原的放热效应，因此在热谱图上表现为吸热效应。随着温度升高铬酸锌开始分解，使还原速率加快，在温度为 350℃之前，反应呈现强烈的放热效应。温度超过 360℃，结晶水释放的反应重新占优势，而且还原反应进行得也非常激烈，这可以从热谱图上放热效应大和气体中氢含量急剧下降来证明。因此，150℃以前，还原过程的主要反应是脱去吸附水，此时控制要点是脱水速率不要过快而影响催化剂强度。150℃以上脱水（主要为结晶水）和还原过程同时进行，此时的操作要点是控制还原速率不要过快，使温度平稳上升，以免催化剂过热影响其反应活性。

工业上锌铬催化剂的还原都是直接在合成塔中进行的，根据实验摸索，低压下还原的催化剂的活性比在高压下还原的催化剂活性高，所以一般在 7～15MPa 压力下进行还原，并需要注意温度、空速和出水速度的调节。

锌铬催化剂的预还原也可以在合成塔外进行，一般在常压下进行。由于预还原可以选择有利的操作条件，可以提高催化剂的活性。另外催化剂的体积在还原后会减小 $10\%\sim15\%$，所以采用合成塔外预还原之后再装填催化剂，可以更好地利用高压装置的容积，提高甲醇生产的强度。采用甲醇蒸气作为还原剂，操作方便，过程平稳。也有报道催化剂在压片前先在流化床中进行还原，由于能及时移出热量，使还原期缩短到 $6\sim12h$，催化剂的活性也不低。

（3）锌铬催化剂的中毒和寿命

工业催化剂的活性和寿命，除了与制备、还原条件有关以外，合成过程的条件也有很大影响。合成气体中的硫化物能使催化剂中毒，这是因为硫化物与 ZnO 生成 ZnS 的缘故；气体中的油分也会影响催化剂的活性，因此有些工厂在合成塔前设置油过滤器。循环气中氢碳比较高可减少副反应的发生、延长催化剂的使用寿命。保持较低的操作温度对延长催化剂的寿命有利，并且产品质量也好，但操作稳定性较差。一般锌铬催化剂使用初期热点温度可按 $(385\pm5)℃$ 控制，使用末期操作温度可达 $(410\pm5)℃$，最高不超过 $420℃$。锌铬催化剂的粉尘会伤害人的鼻黏膜，对呼吸系统有刺激作用，装卸时要注意加强防尘措施。

2. 铜基催化剂

铜锌催化剂根据所加入不同助剂可分为以下三个系列：①$CuO\text{-}ZnO\text{-}Al_2O_3$ 铜锌铝系；②$CuO\text{-}ZnO\text{-}Cr_2O_3$ 铜锌铬系；③除①②以外的其他铜锌系催化剂，如 $CuO\text{-}ZnO\text{-}ZrO$ 等。

铜基催化剂的主要特点是活性温度低，为 $220\sim270℃$。由于低温对生成甲醇的平衡是有利的，反应选择性也好，允许在较低的压力下操作，为 $5\sim10MPa$，所以铜基催化剂也称为低温催化剂。铜基催化剂尽管热稳定性较差，易发生硫、氯中毒而失活，但由于其选择性较好、副反应少、产品甲醇浓度高、操作条件缓和，近年来的使用日趋普遍。而且近年来由于铜基催化剂研发力度加大，性能得到进一步改善，使用范围也越来越广。国内甲醇生产所用铜基催化剂有 C207（适用于中低压力）和 C301（适用于中高压力）等。此外由于铬对人体有害，因此工业上采用 $CuO\text{-}ZnO\text{-}Al_2O_3$ 较多，$CuO\text{-}ZnO\text{-}Cr_2O_3$ 有淘汰之势。

（1）铜基催化剂的制备

低温甲醇催化剂的活性组分主要是铜，铜基催化剂的制备方法多采用共沉淀法。例如 ICI 公司有一种催化剂是将铜的硝酸盐或乙酸盐溶液共沉淀制得的，沉淀终了时 pH 值不超过 10。将沉淀物仔细清洗后在 $105\sim150℃$ 下烘干，然后在 $200\sim400℃$ 下煅烧，再将物料磨碎并成型。催化剂的活性与其制备工艺有关，其中共沉淀过程是关键，其后的干燥、煅烧等热处理过程对活性也有影响。

（2）铜基催化剂的还原

铜基混合氧化物催化剂，需经还原后才具有活性，而且还原过程对催化剂的活性影响较大。工业上常使用氢、一氧化碳或甲醇蒸气作为铜基催化剂的还原剂，还原气体中需含有少量二氧化碳，并要求在较低压力下操作。此过程是一个强放热反应，一般认为氧化铜被还原为一价铜或金属铜。还原操作的关键是升温速率和还原速率都不能太快，以免破坏催化剂的结构，造成超温烧结。工业上用出水速率控制还原操作的进程。

用氢、一氧化碳还原氧化铜的反应式如下：

$$CuO+H_2 \rightleftharpoons Cu+H_2O$$
$$CuO+CO \rightleftharpoons Cu+CO_2$$

为了保证铜基催化剂还原过程的顺利进行，需要遵循以下的四个原则：

① 三低。低温出水；低 H_2 还原；还原后有一个低负荷生产期。

② 三稳。提温稳；补氢稳；出水稳。

③ 三不准。不准提氢、提温同时进行；不准水分带出塔内；不准长时间高温出水。

④ 三控制。控制补氢速度；控制 CO_2 浓度；控制好小时出水量。

此外，铜基催化剂还原还应该注意以下事项。

① 还原过程中必须严密监视合成塔出口温度的变化，当温度急剧上升时，必须立即停止或减少还原气量，并减少蒸汽喷嘴流量。

② 严格控制出水速率，小时出水量不得大于 2kg/t 催化剂。

③ 还原终点判断。当反应器出口气体中（$CO+H_2$）的浓度经多次分析和进口浓度一致时，即催化剂不再消耗（$CO+H_2$），分离器液位不再增高，可认为催化剂还原已至终点。

④ 还原结束后，将系统降压至 0.15MPa，保持合成塔的温度不低于 210℃，用新鲜气置换系统中的 N_2。直至 N_2 含量低于 1% 方可进行甲醇合成开车。

⑤ 在合成升压时，升压速率不得大于 0.5MPa/h，以防温升过快而烧坏催化剂。

⑥ 新的催化剂的操作是在保持一定产量后，再逐步升压，增加循环量，提高 CO 含量及逐步升温，新的催化剂第一次开车时，合成塔出口温度由 220℃ 逐步升到 230℃。

⑦ 合成气中硫含量、氯化物含量均应小于 $0.1mg/m^3$，微量氧、重金属、水蒸气及羰基物不能带入塔内。

⑧ 在甲醇合成过程中，应严格控制条件，催化床层温度不得低于 210℃，严禁催化剂温度急剧变化，催化剂的使用空速以 $6000\sim10000h^{-1}$ 为宜。

⑨ 使用中因故停车。时间在 24h 以内的短期停车，可切断新鲜气继续进行循环。直至系统中的（$CO+H_2$）反应完，催化剂床层保持在 210℃。

⑩ 停车时间超过 24h，可按正常程序，及⑨中停车后，降温降压，用 N_2 置换，保持系统压力 0.5MPa。

（3）铜基催化剂的钝化

催化剂钝化的目的是防止还原后的催化剂在卸出后与大气接触发生强氧化反应，该反应大量放热不仅能够使催化剂超温失效，而且容易自燃引发火灾或损坏设备。因此使用后的废催化剂卸出时应先使其钝化，将表面缓慢氧化后再卸出。

钝化的方法是将空气定量加入合成系统，N_2 正压循环逐步通过催化剂，使催化剂逐步氧化。反应温度用进口气中的氧浓度来控制。开始时进口氧浓度为 $0.4%\sim0.88%$，出口小于 0.01%，催化床层的温度则不超过 300℃，钝化结束时循环气中氧的浓度要增至 $2%\sim3%$。如果温度不变，循环气中进、出口氧浓度基本不变，则说明钝化已完成。值得一提的是新催化剂经还原后钝化，再还原，其活性与未经钝化的几乎相等，因此铜基催化剂也可在反应器外进行预还原，经钝化后再装入反应器内，在反应器内还原钝化过的催化剂比还原新催化剂快得多。

（4）铜基催化剂的中毒和寿命

催化剂使用的寿命与合成甲醇的操作条件有关，铜基催化剂比锌铬催化剂的耐热性差得多，因此防止反应超温是延长催化剂使用寿命的最重要措施。反应气体中 CO_2 的存在能够维持催化剂铜处于一价铜的状态，而且实践证明，如合成气体中含 $3%\sim12%$ 的 CO_2，能够使催化剂性能较为稳定，延长使用寿命。

另外，铜基催化剂对硫敏感，一般认为其原因是 H_2S 和 Cu 发生了如下反应：

$$CuO+H_2S =\!\!= CuS+H_2O$$

在生产中发现，气体中 H_2S 浓度即使降至 $0.1\mu L/L$ 也能使铜基催化剂中毒。因此采用铜基催化剂时，对甲醇合成原料气中的硫含量要求甚高，要求应小于 $0.1\mu L/L$。与此类似还有氢卤酸对催化剂的毒性。总之，铜基催化剂与锌铬催化剂相比主要优点是活性温度低、选择性高，因而粗甲醇中所含杂质少；但其主要问题是耐热性、耐毒性不够好，不及锌铬催化剂。

 任务实施

完成 Lurgi 法/ICI 法甲醇合成工艺仿真实训项目冷态开车操作，重点关注催化剂升温过程中床层温度的控制，保证催化剂还原过程顺利进行。

 思考与讨论

比较锌铬催化剂和铜基催化剂各自的特点。分析催化剂对于甲醇合成工艺设计的影响。

任务五 甲醇合成的主要设备

 任务描述

合成工段的主要任务是将转化工段送来的工艺气体，经合成气压缩机加压，在一定压力、温度、铜基催化剂作用下合成粗甲醇。并利用其预热副产中压蒸汽，然后减压送入蒸汽管网，同时将弛放气体送往燃料气柜和转化装置燃烧。合成工段的核心设备是合成塔。由于合成反应是强放热反应，合成塔设计中最关键的问题是及时移出反应热，保证反应体系温度稳定，保证催化剂工作在活性温度范围内。由于热交换方式的不同，甲醇合成塔的类型很多。

 知识链接

甲醇合成的主要设备有合成塔、水冷器、甲醇分离器、循环压缩机、粗甲醇储槽等，其中甲醇合成塔是核心设备。甲醇合成塔的操作是甲醇合成工段的中心，这不仅关系到产品甲醇的产量、质量、消耗，而且影响催化剂和设备的使用寿命，乃至全厂的经济效益。

1. 甲醇合成塔的结构要求

合成甲醇的反应器，又叫甲醇合成塔、甲醇转换器，是甲醇合成系统最重要的设备。甲醇合成塔采用什么样的形式，主要由所采用的催化剂、反应条件的工艺要求决定，而甲醇合成塔的形式又决定了甲醇合成系统其他配套装置的形式。在选择甲醇合成塔时，既要考虑甲醇合成反应条件的要求，还要综合考虑反应器的操作灵活性、灵敏性，催化剂的生产强度，操

图 4-11 甲醇合成塔外观

作维修的方便性，反应热的回收利用等因素。合成塔内 CO、CO_2 与 H_2 在较高的压力、温度以及有催化剂的条件下直接合成甲醇，对合成塔的机械结构及工艺要求都比较高，尤其是反应放热严重，如何有效地移走反应热、控制反应温度，是甲醇合成塔的重要任务。甲醇合成塔是合成甲醇工艺中最复杂的一个设备。甲醇合成塔外观及其附属设备图见图 4-11 和图 4-12。

图 4-12　甲醇合成塔及其附属设备

（1）工艺对甲醇合成塔的要求

甲醇合成塔的结构主要由合成工艺要求和操作要求决定，要点归纳如下：

① 甲醇合成是放热反应，在合成塔结构上必须考虑到，要将反应过程中放出的热量不断移出。否则，随着反应进行将使催化剂温度逐渐升高，偏离理想的反应温度，严重时将烧坏催化剂。因此，合成塔应该能有效地移出反应热，合理地控制催化剂层的温度分布，使其接近最适宜的温度分布曲线，提高甲醇合成率和催化剂的使用寿命。

② 甲醇合成是在有催化剂的情况下进行的，合成塔的生产能力与催化剂的填装量有关。因此，要充分利用合成塔的容积，尽可能多装催化剂，以提高生产能力。

③ 反应器内件结构合理，能保证气体均匀地通过催化剂层，减少流体阻力，增加气体的处理量，从而提高甲醇的产量。

④ 进入合成塔的气体温度很低，所以在设备的结构上要考虑到进塔气体的预热问题。

⑤ 高温高压下，氢气对钢材的腐蚀性能加剧，而且在高温下，钢的机械强度下降，对出口管道不安全。因此，出塔气体温度不得超过 160℃，在设备结构上必须考虑高温气体的降温问题。

⑥ 保证催化剂在升温、还原过程中操作正常，还原充分，提高催化剂的活性，尽可能达到最大的生产能力。

⑦ 为防止氢、一氧化碳、甲醇、有机酸及羰基化合物在高温下对设备的腐蚀，要选择耐腐蚀的优质材料。

⑧ 结构简单、紧凑、坚固、气密性好，便于制造、拆装、检修和装卸催化剂。

⑨ 便于操作、控制、调节。当工艺操作在较大幅度范围内波动时，仍能维持稳定的适宜条件。

⑩ 节约能源，应能较好地回收利用反应热。

（2）甲醇合成塔的基本结构

甲醇合成塔的结构主要由外筒和内件构成。

① 外筒。甲醇合成反应是在较高压力下进行的，所以外筒是一个高压容器，一般由多层钢板卷焊而成，有的则用扁平绕带绕制而成。

② 内件。内件的主要功能是承载催化剂，为合成反应气体提供合适的反应空间和反应条件。甲醇合成塔内件的型式繁多，内件的核心是催化剂筐。考虑催化剂筐的型式和结构，首先是为了尽可能实现催化剂层中最佳温度分布。此外为了满足开工时催化剂的升温还原条件，内件一般设开工加热器，可放在塔外，也可放在塔内。若加热器安装在合成塔内，一般用电加热器，成为内件的组成部分，进、出催化剂床层的其他热交换器则多放在塔外。在直径大的合成塔中，为了使气体分布均匀还设有气体分布器，为了减小阻力可采用径向合成塔，为了利用热能可以设计副产蒸汽的甲醇合成塔等。

（3）催化剂筐的基本型式

甲醇合成反应是可逆放热反应，在反应过程中如果不及时排出反应热，则反应体系的温度会不断升高，最后失去控制，这样不仅甲醇产品产量降低，而且容易导致催化剂筐超温失效，严重的还会导致合成塔损坏引发事故。因而反应温度控制是甲醇合成反应正常进行的关键控制点，也是催化剂筐设计的一个重要任务。而且可逆放热反应的最佳温度分布曲线要求，随着反应的进行相应地降低反应混合物的温度，使催化床达到最大的生产能力，因此必须设法从催化床排出热量，并且排出的热量应当加以利用以降低能耗。在甲醇合成工业中，大多数采用冷原料气作为"冷却剂"使催化床层得到冷却降温，同时利用反应放出的热使冷原料气被加热到高于催化剂的活性温度，然后进入催化床进行反应，这种反应器称为"自热"式反应器，而对催化床来说实际上起到了"自冷"的作用。如果冷却剂采用其他介质，则称为"外冷式"。例如 Lurgi 反应器中采用高压沸腾水作为冷却剂，三相反应器采用高沸点的烃类化合物作为冷却剂。

甲醇合成所用的固定床反应器根据催化床与"冷却剂"之间换热方式的不同，又分为多段换热式和连续换热式两大类。

多段换热式催化反应器的基本特征是反应过程与换热过程分开进行，即合成反应在绝热情况下进行，反应后的气体离开催化床，与冷却剂换热而降低温度。之后再进行下一段绝热反应，这样绝热反应和换热过程依次交替进行多次，使整个反应过程尽可能接近最佳温度曲线。多段换热式又可分为两类：多段间接换热式和多段直接换热式。多段间接换热式催化反应器的段间换热过程在间壁式换热器中进行。多段直接换热式是向反应混合气体中加入部分冷却剂，二者直接混合，以降低反应混合物的温度，因此又称为冷激式，一般冷却剂就采用冷的合成气。

连续换热式催化床的特点是反应气体在催化床内的反应过程和换热过程是同时进行的，即反应器催化床层内装有许多管子作为反应气体与冷却剂之间的换热面。自冷式催化床的冷却剂一般在管内流动，所以称为"冷管"。而外冷式反应器（如 Lurgi 反应器），催化剂装填在管内，以利于管间的冷却介质沸腾水循环。连续换热式甲醇合成催化床上部大多设一绝热段，主要目的是利用自身反应热提高反应初温，使反应温度更接近于最佳温度曲线，提高单位体积催化剂的利用率。

总之，目前甲醇合成反应的合成塔多采用固定床反应器，多段换热式和连续换热式两种都有应用。

① 连续换热式催化床的主要结构。连续换热式甲醇合成反应器的特点是在催化床内气体的反应过程与换热过程同时进行，控制的目的是使反应温度尽可能符合最佳温度曲线。根据冷管结构不同主要可分为单管逆流式、双套管并流式、三套管并流式、单管并流式及U形管式，其结构及温度分布示意图分别见表4-5，表中1～5是自冷式催化床，6是单管外冷式。由表可以看出并流式及U形管式连续换热催化床上部都有一绝热段，而单管逆流式及单管外冷式催化床中只有冷却段。

表 4-5　连续换热催化床结构及温度分布示意图

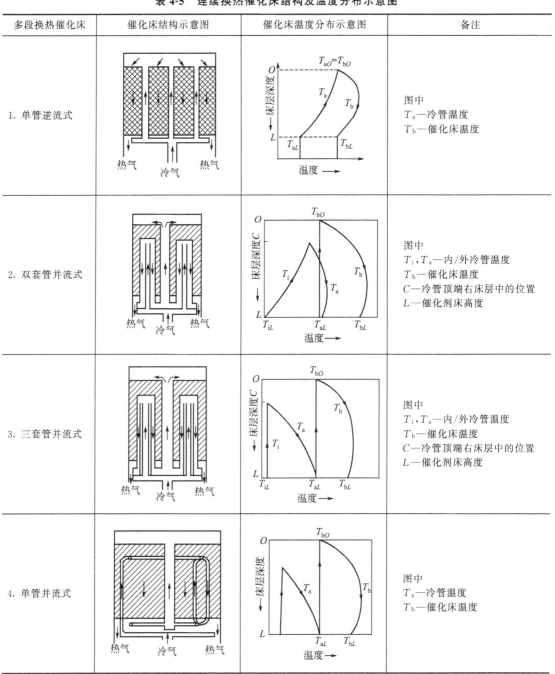

多段换热催化床	催化床结构示意图	催化床温度分布示意图	备注
1. 单管逆流式			图中 T_a—冷管温度 T_b—催化床温度
2. 双套管并流式			图中 T_i，T_a—内/外冷管温度 T_b—催化床温度 C—冷管顶端右床层中的位置 L—催化剂床高度
3. 三套管并流式			图中 T_i，T_a—内/外冷管温度 T_b—催化床温度 C—冷管顶端右床层中的位置 L—催化剂床高度
4. 单管并流式			图中 T_a—冷管温度 T_b—催化床温度

多段换热催化床	催化床结构示意图	催化床温度分布示意图	备注
5. U形管	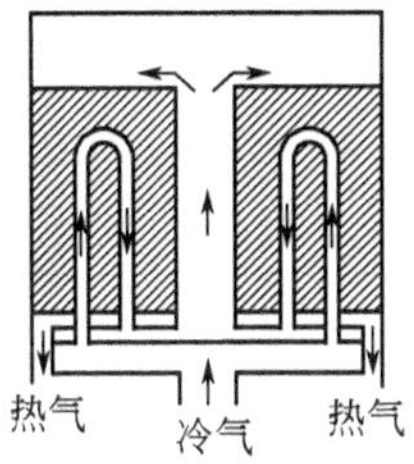	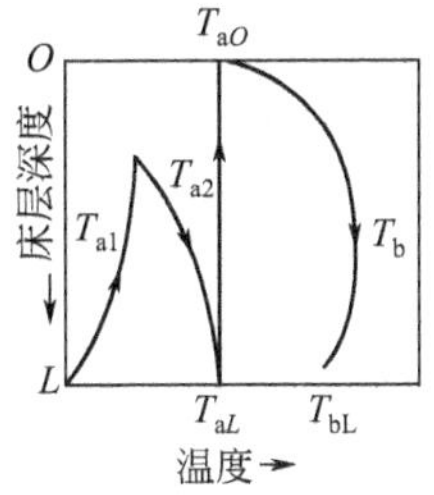	图中 T_{a1}，T_{a2}—U形上行管和下行管温度 T_b—催化床温度
6. 单管外冷式	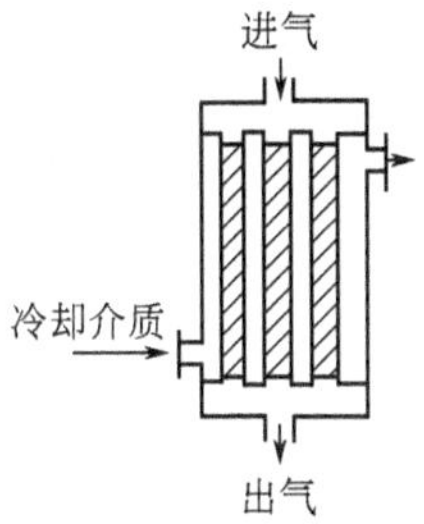	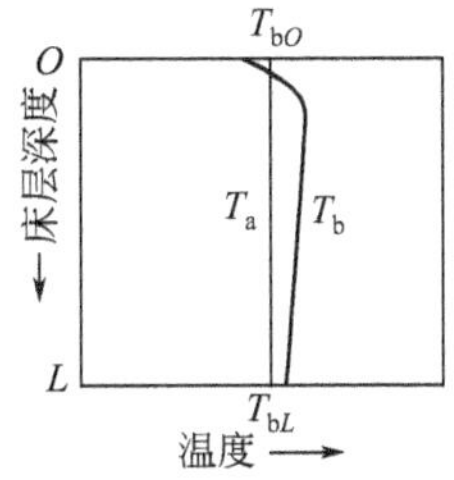	图中 T_a—外冷管温度 T_b—催化床温度 L—催化剂床高度

在冷却段中，过程的实际温度分布决定于单位体积床层中反应放热量与单位体积催化床中冷管排热量之间的相对大小，排热量的大小既取决于冷管面积和传热系数，也取决于催化床温度与冷管中冷气体之间的温差，其温差随床层高度变化而变化，也与冷管的结构有关。因此不同的冷管结构会产生不同的温度分布，进而影响到催化床的生产强度。传统的高压法甲醇合成或中压法联醇生产中，多采用三套管并流式和单管并流式；Lurgi 型合成塔采用单管外冷式催化床，广泛应用于中低压法合成甲醇。

② 多段换热式催化床。多段换热式甲醇合成塔也分为多段间接换热式和多段直接换热式两类（表 4-6），而直接换热式又称冷激式，冷却介质一般用合成气。

表 4-6　多段换热式催化床结构及其温度分布示意图

多段换热式催化床	催化床结构示意图	催化床温度分布示意图	备注
多段间接换热式催化床	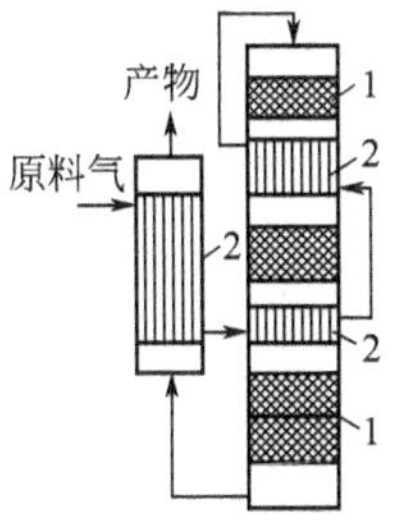	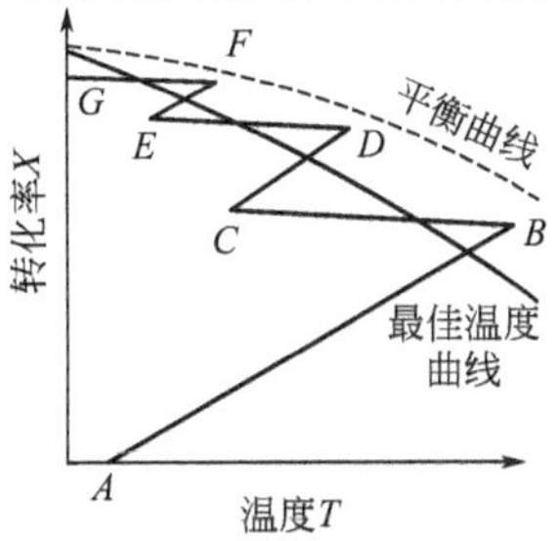	1—催化床 2—换热器 $A\sim G$—操作点
多段冷激式催化床（多段直接换热式催化床）	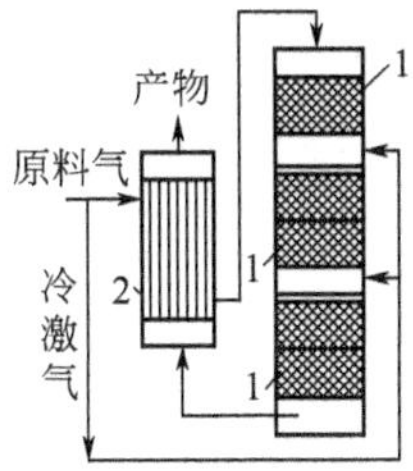	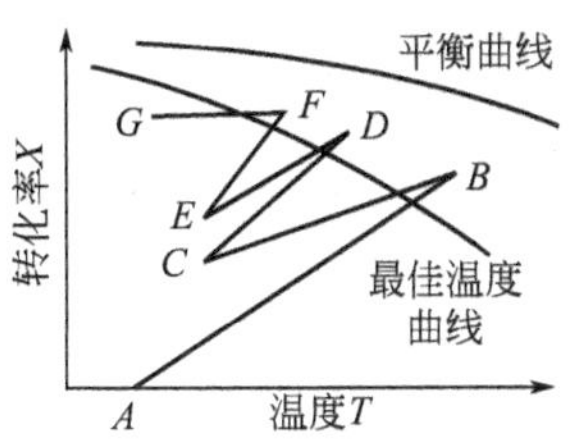	1—催化床 2—换热器 $A\sim G$—操作点

原料气冷激后，使反应气体的转化率降低，这相当于段间有部分气体返混，因此同样的初始气体组成及气体处理量，如果要达到同样的最终反应率，合成气冷激式所耗用的催化剂比间接换热式多得多，即单位体积催化剂的处理能力下降。

由于采用间接换热式不利于装卸催化剂及设备检修，特别是大型装置的甲醇合成塔，在催化床中装配冷管和在各段催化床间安装换热器难度都比较大，因此大多采用多段原料气冷激式。多段换热式的段数越多，过程越接近于最佳温度线，催化床的生产强度越高，但段数过多，设备结构复杂，操作不便。

（4）塔内热交换器和电加热器

① 热交换器。合成塔内碳氧化物与氢在催化剂作用下反应生成甲醇，由于反应放热，反应后出催化床层的气体温度很高，而进合成塔的气体温度很低，为了回收热量，实现合成塔内甲醇合成反应的自身热平衡，维持催化剂床层的适宜反应温度，一般合成塔都要设置热交换器。

通常热交换器放在塔的下部。大直径的合成塔为了装填催化剂方便和利用高压空间，也有把热交换器放在塔的上部或塔外。塔内热交换器的结构型式主要有列管式、螺旋板式、板式等多种。其中列管式使用较多，因为列管换热器坚固、工艺成熟、容易清理，缺点是换热器所占空间较大，催化剂装填能力较低。为了提高合成塔的生产能力，多装催化剂，要求塔内换热器换热效率高、所占空间小。近年来改进的工艺广泛采用小管密排，管内插入麻花铁提高传热系数，管外减小挡板间距，采用双程列管换热器等措施以增加管外传热系数。

② 电加热器。甲醇合成塔内的电加热器的主要作用是用于开工时催化剂的升温还原，开车以后合成塔可以实现自热平衡，就不需要电加热器了。电加热器所在的中心管是塔内气体必经的通道。甲醇合成塔大型化后，为充分利用合成塔高压空间，通常不在塔内设置电加热器，而是在塔外设开工加热炉，提供甲醇合成塔还原时所需要热量，而多数中小型合成塔则仍是在塔内安装电加热器。电加热器的电热元件是通过合成塔顶盖或塔体上开孔，用中心吊杆悬挂在催化剂筐中心管内，或悬挂在催化剂筐上部。

塔内电加热器设计的一般要求为：电加热器功率应满足催化剂在升温还原过程中所需要的热量，使催化剂得到充分的还原，发挥催化剂的活性；密封绝缘性能可靠；气流通过电加热器阻力小；结构简单，制造、安装、检修方便；材料消耗少，使用寿命长，电热元件的局部温度不超过其允许值。

2. 典型甲醇合成塔

由于不同甲醇合成工艺发展的方向和路线不同，合成塔及其内件的型式有很多种。每一种合成塔都有其自身的特点和适用场合，因此不能简单地肯定一种塔型或否定另一种塔型。传统的高压法甲醇合成生产中多采用连续的三套管并流和单管并流式，新发展的中低压则较少采用。中低压法甲醇生产中多用多层冷激式合成塔和管束式合成塔及二者的改进型合成塔。无论在多大压力下操作，为减少阻力也有采用径向合成塔或轴径向复合式合成塔。篇幅所限仅介绍几种有代表性的塔型，重点说明塔的结构、操作特性和气体的流向，并指出其优缺点。一种是采用间接换热方式的连续单管外冷换热方式的 Lurgi 甲醇合成塔和连续自热换热的三套管并流式合成塔，一种是采用直接换热方式的 ICI 多段冷激式合成塔和 MGC 多段冷激式合成塔。

（1）Lurgi 甲醇合成塔

Lurgi 甲醇合成塔（图 4-13）是德国 Lurgi 公司研制设计的一种管束型副产蒸汽低压合

成塔，操作压力为 5MPa，温度为 250℃。我国采用 Lurgi 合成塔的工厂较多。

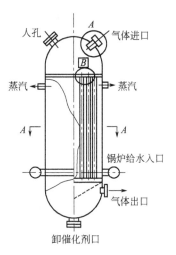

图 4-13 Lurgi 甲醇合成塔结构图

合成塔结构类似于一般的列管式热器，列管内装填催化剂。合成塔既是甲醇合成反应器又是废热锅护，合成塔管外冷的原料气经预热后进入反应器列管内进行反应，合成甲醇所产生的反应热由管外的沸腾水带走，管外沸腾水与锅炉汽包维持自然循环，汽包上装有压力控制器，以维持恒定的压力，因此管外沸水温度是恒定的，于是管内催化剂床层的温度也几乎是恒定的。温度恒定的好处：一是有效地抑制了副反应，二是有效保护催化剂，延长催化剂使用寿命。由于温度比较恒定，因此当操作条件发生变化时（如循环机故障等），催化剂也没有超温危险，仍可安全运转。吸收反应热之后沸腾水产生的中压蒸汽（4.5～5MPa），经过热后可带动离心压缩机（即甲醇合成气压缩机及循环气压缩机），压缩机用过的低压蒸汽又可送至甲醇精制部分使用，因此，整个系统热量利用很好。

某日产 300t 的甲醇合成塔的主要结构尺寸为：塔直径 3m，高 9.4m，催化剂层高 6m，列管内径 ϕ34mm、长 6m，列管数 3555 根，管内充满催化剂，催化剂总装量约 20m³。用焊接方法将上下两个管板与管子连接，塔厚 40mm，管板厚约 100mm。水进口为环形管，分 4～6 根进入合成塔下段，管的入口处周围有孔，使气体分布均匀。塔的保温层采用硅酸铝棉，厚为 80mm，外层用镀锌铁包上。合成塔进气管口开有长方槽，使气体分布均匀。Lurgi 塔装卸催化剂没有多段冷激塔方便，合成塔上部封头约 1.7m 高，塔顶有人孔，装填催化剂时，将催化剂用漏斗注入胶皮管内，由人孔进入塔内，拿胶皮管往列管内装填催化剂，装满为止，约需 8h。卸催化剂时先通氮气及空气（含 N₂ 99%，O₂ 1%）将催化剂氧化，再降温至 35℃，打开塔下部卸催化剂的孔，塔下管板下面有个栅板可以托住催化剂，栅板由八块板拼成，每块板与塔壁用铰链连接可以活动，在卸催化剂时可以将栅板一块一块地放下来，催化剂即可卸出。为了使催化剂不致流入气体出口管中，可将气体出口管从下封头侧面接出。每卸一炉催化剂约需 10h。

Lurgi 甲醇合成塔的主要优点如下：

① 合成塔温度几乎是恒定的。反应几乎是在等温下进行，实际催化剂床层轴向温差最大为 10～12℃，最小为 4℃；同平面温差可以忽略。温度恒定的好处是不仅有效地抑制了副反应，而且延长了催化剂的寿命。

② 能灵活有效地控制反应温度。通过调节汽包的压力，可以有效地控制反应床层的温度。蒸汽压力每升高 0.1MPa，催化剂床层温度约升高 1.5℃，因此通过调节蒸汽压力，可以适应系统负荷波动及原料气温度的变化。

③ 出口甲醇含量高。由于催化剂床层温度得以有效控制，合成气通过合成塔的单程转化率高，这样循环气量减少，使循环压缩机能耗降低。

④ 热能利用好。利用反应热产生的中压蒸汽（4.5～5MPa），可带动透平压缩机（即甲醇合成气压缩机及循环压缩机）；压缩机使用过的低压蒸汽又送至甲醇精制部分使用，所以整个系统的热能利用很好。

⑤ 设备紧凑,开工方便,开车时可用壳程蒸汽加热,而无须另用电加热器开工。

⑥ 阻力小,催化剂床层中的压差为 0.3~0.4MPa。

Lurgi 合成塔的结构设计要求高,设备制造困难,且对材料也有很高的要求,这是它的不足之处。

目前 Lurgi 甲醇合成塔单塔最大生产能力为日产甲醇 900~1500t。为了适应单系列大型化生产要求,可以采用双塔并联的流程。双塔流程中,原料气预热及汽包可以合用。

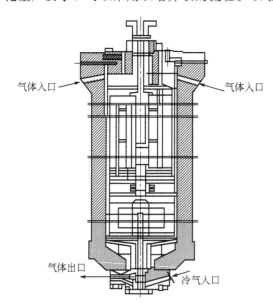

图 4-14　三套管甲醇合成塔结构

(2)三套管并流式合成塔

三套管并流甲醇合成塔是传统高压工艺常采用的合成塔,从换热方式来讲属于间接换热(自热式)合成塔,该合成塔主要由高压外筒和内件两部分组成,内件由催化剂筐、热交换器和电加热器组成,其塔结构图如图 4-14 所示,塔内催化剂筐及其冷管的分布结构可参见表 4-5。

① 高压外筒。高压外筒是直接锻造或由多层钢板卷焊而成的圆筒高压容器,最高操作压力 32MPa,筒体内径 $\phi 800 \sim 1000$mm,高达 12~14m。容器上部的顶盖用螺栓与筒体连接,采用自压密封或外力密封,在顶盖上设有电加热器安装孔和温度计套管插入孔。筒体下部设有反应气体出口及副线气体进口。筒体采用碳钢或合金钢,上下部件为合金钢材料。

② 内件。合成塔的内件由不锈钢制成。内件的上部为催化剂筐,中间为分气盒,下部为热交换器。催化剂筐由合金钢板焊接而成,外面包有玻璃纤维(或石棉)保温层,以防止催化剂筐大量散热。由于大量散热,不仅靠近外壁的催化剂温度容易下降,给操作带来困难,更主要的是使外筒内壁受热的辐射而温度升高,加剧了氢气对外筒内壁的腐蚀,更重要的是使外筒内壁的温度差升高,进而使外筒承受了巨大的热应力,这是很不安全的。因此,为了安全起见,外筒的外部也包有保温层,以减少外筒内外壁的温差,从而降低热应力。催化剂筐上部有催化剂筐盖,下部有筛孔板,在筛孔板上放有不锈钢网,避免放置在上面的催化剂漏下。

在催化剂筐里装有数十根冷管,冷管是由内冷管、中冷管及外冷管三个管子叠套在一起,所以称为三套管,其中内冷管与中冷管一端的环缝用满焊焊死,另一端敞开,使内冷管与中冷管间形成一层很薄的不流动的滞气层。由于滞气层的隔热作用,进塔气体自下向上通过内冷管时,冷气的温升很小,这样冷气只是经中冷管与外冷管的环隙,才起热交换作用,而内冷管仅起输送气体的作用,有效的传热面是外冷管。中外冷管间环隙上端气体的温度略高于合成塔下部热交换器出口气体的温度,环隙下端气体的温度略低于进入催化剂床层气体的温度,而与冷套管顶部催化剂床层的温度差很大,从而提高了冷却效果,使冷管的传热量与反应过程的放热量相适应,及时移出催化剂床层中的反应热,保证甲醇合成反应在较理想的催化剂活性温度范围内进行,从而达到较高的甲醇合成率。此外,在催化剂筐内还装有两根温度计套管和一个用来安装电加热器的中心管。

热交换器与催化剂筐下部相连接。热交换器的外壁也需要保温。热交换器的中央有一根冷气管，从副线来的气体经过此管，不经热交换器直接进入分气盒，进而被分配到各冷管中，用来调节催化剂床层的温度。

催化剂筐中心管中的电加热器由镍铬合金制成的电热丝和瓷绝缘子等组成。电加热器的电源可以是单相的，也可以是三相的。当开车升温、催化剂还原和操作不正常时，可以用电加热器来调节进催化剂床层气体的温度。此外，在塔外设有电压调节器，可根据操作情况来调节电加热器的电压，从而改变电加热器的加热能力。

三套管合成塔内气体流程如下：温度为 20～40℃ 的主线循环气从塔顶进塔，沿外筒与内件的环隙顺流而下，这样流动可以避免外筒内壁温度升高，从而减弱了对外筒内壁的脱碳作用，也防止塔壁承受巨大的热应力，然后气体由塔下部进入热交换器管间，与管内反应后的高温气体进行换热。这样进塔的主线气体得到了预热，副线气体不经过热交换器预热，由冷气管直接进入与预热了的主线气体一起进入分气盒的下室，然后被分配到各个三套管的内冷管及内冷管与中冷管之间的环隙，由于环隙气体为滞气层，起到隔热的作用，所以气体在内管中的温度升高极小，气体在内管上升至顶端再折向外冷管下降，通过外冷管与催化剂床层中的反应气体进行并流换热，冷却了催化剂床层，同时，使气体本身被加热到催化剂的活性温度以上。然后气体经分气盒的上室进入中心管（正常生产时中心管内的电加热器停用），从中心管出来的气体进入催化剂床层，在一定的压力、温度下进行甲醇合成反应。首先通过绝热层进行反应。反应热并不移出，用以迅速提高上层催化剂的温度，然后进入冷管区进行反应，为避免催化剂过热，由冷管内气体不断地移出反应热。反应后的气体出催化剂筐，进入热交换器的管内。将热量传给刚进塔的气体，自身温度降至 150℃ 以下，从塔底引出。

三套并流式合成塔的优点：三套并流式合成塔的催化剂床层温度较接近理想温度曲线，能充分发挥催化剂的作用，提高催化剂的生产强度；适应性强，操作稳定可靠；催化剂装卸容易，较适应甲醇生产中催化剂更换频繁的点。其缺点也不容忽视：三套管占有空间较多，减少了催化剂的装填量；因三套管的传热能力强，在催化剂还原时，催化剂床层下部的温度不易提高，从而影响下层催化剂的还原程度；结构复杂，气体流动阻力大，且耗用材料较多，因此内件造价较高。

（3）ICI 冷激式合成塔

多段冷激合成塔内的重要部件是冷激分布器，冷激分布器设计好坏直接影响到气流均匀分布及催化层同平面温差。当冷激分布器设计不当，导致催化剂同平面温差高达 20～30℃，从而影响冷激塔优势的发挥，达不到预期的目的。

常见的冷激分布器分为两类。一类是催化剂不分层，催化剂层内直接埋设冷激分布器，如 ICI 冷激合成塔。这一类催化剂床层中的整个催化剂是连续的，高压空间利用充分，装卸催化剂较方便，但气体分布均匀性差一些。另一类是催化剂分层，在层间设冷激分布器日本三菱瓦斯冷激合成塔。这一类催化剂床层是间断的，气体容易分布均匀，但结构较上一类复杂，装卸催化剂较麻烦，且占据了一定的高压空间，减少了催化剂的装填量。无论哪种形式的气体分布器，为了使气体分布均匀混合，设计都应当考虑以下两个方面的问题：首先是冷激气通过冷激管上的小孔时，使冷气分布均匀；其次应有足够的空间和重分布装置，使冷激气体得到良好的混合，然后进入下一层催化剂。

ICI 轴向冷激式合成塔由英国 ICI 公司于 1966 年首次应用于低压合成甲醇，合成压力为

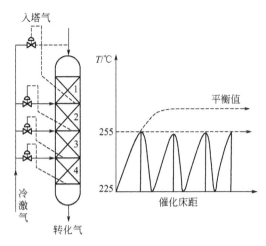

图 4-15　ICI 多段冷激塔的结构示意图及
催化剂床层温度分布

5MPa，是甲醇合成工艺史上的一次重大变革。后来该法又被用于合成氨生产，期间历经多次改进和完善，图 4-15 为目前最常用的四段冷激式甲醇合成塔。与原有高压法间接换热的冷管甲醇合成塔相比，具有以下特点：塔内不要催化剂管内件，结构简单；不设置电加热器和换热器，可充分利用高压空间；环内压降小，塔内催化剂装卸既方便又迅速。ICI 冷激型合成塔分为四层，且层间无空隙，该塔由塔体、气体喷头、菱形分布器和催化剂床层等组成。

① 塔体。该合成塔塔体为单层全焊结构，不分内件、外件，故筒体为热壁容器，要求材料抗氢能力强、抗张强度高、焊接性好。所用材料为含铅 0.44%～0.65% 的低合金铜。

② 气体喷头。气体喷头由四层不锈钢的圆锥体组焊面成，固定于塔顶气体入口处，使气体均匀分布于塔内，这样可防止气流冲击催化床损坏催化剂。

③ 菱形分布器。菱形分布器埋于催化床中，并在催化床的不同高度平面上各安装一组，全塔共装三组。菱形分布器可以使冷激气和反应气体均匀混合，以调节催化床层的温度，因而是塔内最关键的部件，材质采用含钼 0.44%～0.65% 的低合金钢。

菱形分布器由导气管和气体分布管两部分组成。导气管为双重套管，与塔外的冷激气总管相连，导气管的内管套上，每隔一定距离，朝下设有法兰接头，与气体分布管垂直连接。气体分布管由内外两部分组成，外部是菱形截面的气体分布混合管，它由四根长的扁钢和许多短的扁钢斜横着焊于长扁钢上构成骨架，并且在外面包上双层金属丝网，内层是粗网，外层是细网，网孔应小于催化剂的颗粒，以防催化剂颗粒漏进混合管内。内部是一根双套管，内套管朝下钻有一排 ϕ10mm 的小孔，外套管朝上倾斜 45° 钻有两排 ϕ5mm 的小孔，内、外套管小孔间距均为 80mm。

冷激气经导气管进入气体分布管内部后，由内套管的小孔流出，再经外套管小孔喷出去，在混合管内和流过的反应热气体相混合，从而降低气体温度，并向下流动在床层中继续反应。菱形分布器应具有适当的宽度，以保证冷激气和反应气体混合均匀。混合管与塔体内壁间应留有足够的距离，以便催化剂在装填过程中自由流动。合成塔内，由于采用了特殊结构的菱形分布器，床层的同平面温差仅为 2℃ 左右。同平面基本上能维持在等温下操作，对延长催化剂寿命有利。床层温度分布如图 4-15 所示。

ICI 冷激合成塔具有如下特点：

① 结构简单，制造容易，安装方便。

② 塔内不设置电加热器和换热器，可充分利用塔内高压空间。

③ 塔内阻力小，催化剂层压降低，有利于提高生产能力。

④ 催化剂装卸方便。例如冷激合成塔 3h 就可将 30t 的催化剂从塔底卸出，而冷管式 Lurgi 塔卸出催化剂的操作则需 10h 才能完成。

（4）三菱瓦斯四段冷激式合成塔

日本三菱瓦斯株式会社（英文简写 MGC）的四段冷激型甲醇合成塔是层间有空隙的合成塔，如图 4-16 所示，该塔在塔外设开工加热炉和热交换器。塔体内径 2000mm，内装 30t 催化剂。该塔不分内件、外件，所以筒体为热壁容器，允许最高温度为 350℃。原料气经塔外换热器升温后从塔顶进入，依次经过四段催化剂床层，层间都与冷激气混合。每层催化剂都有六个温度控制点，根据这些温度调节冷激气量的大小，就可以实现催化剂床层温度使反应在较适宜的温度下进行。冷激管直接在高压筒体上开孔（用法兰连接），置于两段床层之间的空间，冷激气经喷嘴喷出，以便与反应气体均匀混合，并分布均匀。

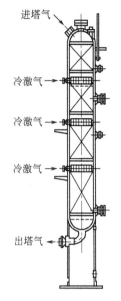

图 4-16　日本三菱瓦斯四段冷激合成塔结构图

该塔的催化剂床层是间断的，气体分布容易均匀。但不足之处是结构较复杂，装卸催化剂较麻烦，且高压空间利用不充分，减少了催化剂的装填量。

其他类型的合成塔还有很多，如双套管并流合成塔、单管并流合成塔、U 形管合成塔、多段径向合成塔、轴径向合成塔等，还有管壳外冷-绝热复合型甲醇合成塔，在此不一一赘述。值得一提的是每一种塔都有它独特的优点，才能够发展起来，但同时也有其不可克服的缺点，不能一概而论好与不好。并且每一种类型的塔也都处在不断的发展和改进之中，相信会越来越完善，或者被淘汰。

3. 其他辅助设备

除了合成塔，甲醇合成工段的其他辅助设备还有水冷凝器和甲醇分离器。

（1）水冷凝器

水冷凝器（图 4-17）的原理是用水迅速冷却合成塔出口的高温气体，使气体中甲醇和水蒸气冷凝成液体，同时未反应的不凝气温度也得到降低。冷凝量的多少，与气体冷却后的压力和温度有关。在低压法合成甲醇中，冷却后气体中的甲醇含量为 0.6% 左右，高压法时可小于 0.1%。

合成水冷后的气体温度会影响气体中甲醇和水蒸气的冷凝效果。随着合成水冷后气体温度的升高，合成气中未被冷凝分离的甲醇含量相应增加，这部分甲醇不仅增加了循环压缩机的动力消耗，而且在合成塔内会抑制甲醇合成，向生成物方向进行。反之，随着合成水冷后气体温度的降低，甲醇

图 4-17　甲醇合成水冷凝器外观

的冷凝效果会相应提高，但是当气体温度降至 20℃ 以下时，甲醇的冷凝效果提高并不明显，而且还要增加冷却水的消耗量。生产中一般控制合成水冷后的气体温度在 20～40℃。

常见的水冷凝器一般有三种形式：喷淋式、套管式和列管式。

① 喷淋式水冷凝器。这种换热器（图 4-18）是将换热管成排地固定在钢架上，换热管的排数根据所需要的传热面积大小而定。气体在管内流动，自最下管进入，由最上管流出。冷却水从上方喷淋装置均匀喷淋在各排换热管上，并沿管外表面淋下，冷却水在各管表面上

流过时，与管内气体进行热交换使管内气体得到冷却。这种冷凝器的特点是结构简单，检修和清洗比较方便，对水质要求不高，缺点是换热效率不及套管和列管。

② 列管式水冷凝器。列管式水冷凝器（图4-19）主要是由壳体、管束和封头等部件构成的。管束安装在壳体内，两端固定在管板上，管板分别连接外壳的两端，并在其上连接有封头。封头和壳体上装有流体进、出口接管。为了提高壳程流体的速度，往往在壳体内安装若干与管束相垂直的折流挡板。这样既可以提高流体速度，同时使壳程流体按规定的路径多次错流通过管束，使湍动程度增加，以利于管外对流传热系数的提高。在甲醇生产中，水冷凝器的壳体承受低压，列管为小直径的高压管，两端为高压封头。气体由列管内通过，冷却水在管间与气体是交错逆向流动的。这种换热器的优点是结构紧凑，占用场地小，换热面积大，传热效率高；缺点是结构复杂，清洗不便，在生产中需要经常酸洗除垢。

图 4-18　喷淋式水冷凝器实物图

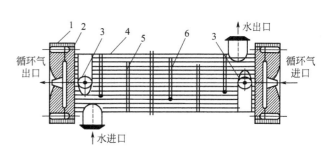

图 4-19　列管式水冷凝器结构图
1—顶盖；2—管板；3—视口；4—外壳；5—列管；6—挡板

③ 套管式水冷凝器。套管式水冷凝器（图4-20）是用两种尺寸不同的标准管连接而成的同心圆套管。甲醇合成的内管为高压管，外管为低压管。高温气体从上部进入高压管内，从下部出来去甲醇分离器；水自下而上在内外管的环隙与高温气体成逆向流动。采用这种换热器优点是：a.结构简单，传热面积增减自如。因为它由标准构件组合而成，安装时无须另外加工。b.传热效率高。它是一种纯逆流型换热器，同时还可以选取合适的截面尺寸，以提高流体速度，增大两侧流体的传热系数，因此传热效果好。套管式水冷凝器的缺点是：占地面积大；单位传热面积金属耗量多，约为管壳式换热器的5倍；管接头多，焊接难度大，易泄漏；检修、清洗和拆卸都较麻烦，在可拆连接处容易造成泄漏。由于套管式水冷凝器大多是内管中不允许有焊接的，因为焊接会造成受热膨胀开裂，而套管式水冷凝器大多数为了节省空间选择，弯或盘制成蛇管形态，故有较多特殊的耐腐蚀材料无法制成套管。

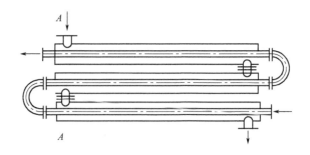

图 4-20　套管式水冷凝器的结构图

（2）甲醇分离器

在甲醇合成工段，甲醇分离器的位置是在甲醇合成塔和水冷凝器之后，其作用是分离经过水冷凝器后循环气中冷凝下来的液体甲醇，主要由外筒和内件两大部分组成，还有附属液位计等。

图 4-21 为一种常用的甲醇分离器的结构图，筒体为内径 600mm、高 4500mm 的高压钢筒，外筒上有一高压上盖，与筒体用螺栓连接，在高压筒体内焊有一个套筒。内件由四层圆筒组成，圆筒壁开有许多长方形孔，各层孔的位置相错开，使气体流动时改变方向；圆筒固定在上面的圆板上，圆板置于焊接在筒内壁的圆环上，以螺栓相连接，圆板的中心有一个气体出口。带有微小甲醇液滴的循环气，由筒体上部侧面进入，沿筒体及套筒的环隙向下流动。当气体出环隙到达筒体中部时，流速降低很多，气体中较大甲醇液滴因重力作用而下降。气体即从内件最外层圆筒上的长方孔进入，顺次曲折流经第二、三、四层。由于气体不断改变方向，及与圆筒壁和长孔的撞击，有更多的液滴被分离，较小的液滴也会凝聚长大，都沿着圆筒流下。最后气体从中心圆筒上部出去，在筒体上部侧面流出。分离下来的液体甲醇积存在下部，由底部排出口排出。

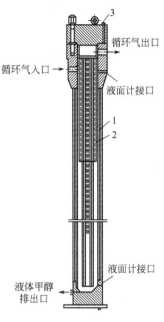

图 4-21　甲醇分离器
1—筒体；2—内件；3—上盖

  任务实施

强化 Lurgi 法/ICI 法甲醇合成工艺仿真实训项目冷态开车项目，重点关注合成塔床层温度控制，保证冷态开车的顺利进行。

思考与讨论

1. 甲醇合成塔设计需要关注的重点有哪些？
2. 甲醇合成塔的主要型式有哪几种？其各自的优缺点有哪些？

任务六　甲醇合成岗位操作

任务描述

合成工段是将转化工段送来的工艺气体，经合成气压缩机加压，在一定压力、温度、铜基催化剂作用下合成粗甲醇。并利用其预热副产中压蒸汽，然后减压送入蒸汽管网，同时将弛放气体送往燃料气柜和转化装置燃烧。

  知识链接

甲醇合成塔的操作是甲醇合成工段的中心，不仅关系到甲醇的产量、质量、消耗，而且影响催化剂和设备的使用寿命，乃至全厂的经济效益。在甲醇合成塔的所有影响因素和操作条件中，有一些参数是预先设计好的不能轻易改变的，如合成塔结构；而有一些是可以调节的，如循环气量。所以正常生产工况下的调节，是利用一切可以调节的量，维护甲醇合成塔的正常生产条件，其主要操作控制要点如下。

1. 温度控制

以外冷式甲醇合成塔为例，这种等温合成塔内催化剂层一般不设温度测量装置，催化剂层温度由合成塔出口气体温度进行判断。影响合成塔出口气体温度的因素主要有：汽包压力、入塔气量、入塔气体成分、系统负荷等。所以主要调节手段如下。

① 调节外送蒸汽量。即开大外送蒸汽阀门，送出蒸汽量增大，汽包压力降低，合成塔内水的沸腾温度降低，移出热量增加，催化剂层温度下降，使合成塔出口气温度下降。反之，可使合成塔出口气温度上升。此方法适用于正常生产情况，对温度的调节幅度小。

② 调节循环量。在新鲜气量一定的情况下，增大循环气量，则入塔气量随之增加，气体带出的热量增加，催化剂层温度下降，使合成塔出口气体温度下降。反之，合成塔出口气温度上升。此方法适用于对温度的较大幅度调节。

③ 调节入塔气体中 CO、CO_2、惰性气体的含量。适当提高入塔气中 CO 含量或 CO_2 含量和惰性气体含量，将加剧合成反应，增加反应放出的热量，提高催化剂层温度，使合成塔出口气体温度上升。反之，合成塔出口气体温度下降。一般只有在调节汽包压力和循环气量的方法用尽之后，方可采用这种手段调节。

某甲醇合成塔的温度控制指标见表 4-7。

表 4-7　某甲醇合成塔的温度控制指标

项目　　控制点	温度/℃		
	最低	正常	最大
合成塔入口	110	120	150
合成塔反应	210	250	270
合成塔出口	230	250	270
粗甲醇分离	25	30	40
套管加热器出口	45	50	55

2. 压力控制

合成系统的压力取决于合成反应的好坏及新鲜气量的大小。反应正常进行，新鲜气量适量时，系统压力稳定。当反应进行好，新鲜气量少时，则压力降低；反之，则压力升高。压力调节控制要点如下。

① 严禁系统超压，保证生产安全。当系统压力超标时，应立即减少新鲜气量，必要时加大吹扫气量或打开放空阀，卸掉部分压力。

② 正常操作条件下，应根据循环气中惰性气体的含量来控制系统的压力，但不宜控制过高，以便留有压力波动的余地。

③ 压力调节应缓慢进行，以避免系统内的设备和管道因压力突变而损坏，调节速度一般应小于 0.1MPa/min。

表 4-8 为某甲醇合成塔的压力控制指标。

表 4-8 某甲醇合成塔的压力控制指标

项目 \ 控制点	压力/MPa		
	最低	正常	最大
入合成塔工序		7.8	8.0
合成塔反应		7.7	7.9
分离后循环气		7.3	7.5
闪蒸气	0.2	0.4	0.6
入加热器蒸汽	0.4	0.5	0.6
弛放气	7.2	7.4	7.5
废锅副产蒸汽	0.4	0.5	0.6

3. 入塔气体成分控制

一般来讲入塔气体的组成和温度等参数是由上一个工段决定的，小幅度的波动是可以调节的，大幅度的波动应当联系上一个工段进行调整和改进。主要关注的参数有以下几个。

（1）氢碳比

入塔气中氢碳比主要取决于新鲜气中的氢碳比。新鲜气中正常氢碳比应为 2.05～2.15，当氢碳比过高（大于 2.15）或过低（小于 2.05）时，都不利于甲醇合成反应进行，应与变换岗位联系，要求尽快调整，同时应调整汽包压力或循环气量，以防止合成塔出口气体温度波动。

（2）惰性气体含量

入塔气中惰性气体的含量取决于弛放气量，在催化剂活性好、合成反应正常、系统压力稳定时，可适当减少弛放气量，维持较高的惰性气体含量，以减少原料气的消耗。反之，应增加弛放气量，降低惰性气体含量，维持系统压力不超标。

（3）硫化物含量

催化剂对硫敏感。在发现硫含量大幅度超过指标时，应立即减少或切断新鲜气，以免催化剂中毒，并通知脱硫工序采取措施，提高脱硫效率，降低原料气硫含量。

4. 甲醇分离器的控制

反应混合气体在甲醇分离器中的分离效果，取决于气体经水冷凝器冷却后的温度及气体流量。温度越低，气态甲醇冷凝越完全，分离后的气体中甲醇残留量越少。当水冷凝器出口温度超过指标时，应及时增加循环冷却水量或联系生产调度，要求循环水岗位增开风机，降低循环冷却水温度。同时应降低醇分离器液位，以增大分离空间。必要时可适当减少循环气量，防止循环气中带醇的现象。气流量小，有利于气态甲醇的冷凝和分离。

5. 合成岗位关键参数偏离的后果及纠正措施（表 4-9）

表 4-9 关键参数偏离的后果及纠正措施

工艺步骤	参数	安全运行极限		标准操作条件			超出操作限值后果		纠正或避免偏离的措施	
		最小值	最大值	最小值	设定值	最大值	最小	最大	最小	最大
合成塔入口	温度/℃	110	150	115	120	140	①温度过低使合成塔床层达不到反应温度，从而引起偏温、垮温等。②温度过低，副产物石蜡大量生成	①入口温度过高引起床层超温，对催化剂、设备不利。②反应副产物增多，降低产品质量	调整好入塔换热器的气量，控制好合成塔反应温度	调整好入塔换热器的气量，控制好合成塔反应温度。调整好循环量以及新鲜气量

续表

工艺步骤	参数	安全运行极限		标准操作条件			超出操作限值后果		纠正或避免偏离的措施	
		最小值	最大值	最小值	设定值	最大值	最小	最大	最小	最大
粗甲醇分离	温度/℃	20	50	30	40	50	增加能耗	分离效果差,入塔气中醇含量超标,对反应不利	调整好循环水流量与温度	调整好循环水流量与温度
合成塔	压力/MPa	5.0	8.0	6.5	7.8	8.0	压力过低对合成反应不利	设备管道超压,造成事故	控制好新鲜气量与循环量,调节好放空量	控制好新鲜气量与循环量,调节好放空量
废热锅炉副产蒸汽	压力/MPa	0.3	0.6	0.35	0.4	0.45	①出废热锅炉蒸汽量少,引起低压蒸汽管网波动。②合成塔进口温度低,影响合成反应	①设备超压,引发事故。②出废热锅炉蒸汽量大,引起低压蒸汽管网波动。③合成塔进口温度高,影响合成反应	压力监控。调节出口自调阀开度	①压力监控;②调节自调阀开度;③调整低压蒸汽管网压力;④压力报警
入膜弛放气	温度/℃	35	60	45	50	55	入膜温度过低,使气体中夹带甲醇液,损坏膜	入膜温度过高,影响膜的分离效果	调整入加热器蒸汽量;温度监控、报警	调整入加热器蒸汽量;温度监控、报警、联锁

6. 合成岗位常见事故原因及处理措施（表 4-10）

表 4-10　甲醇合成岗位常见事故原因及处理措施一览表

序号	常见事故	原因	处理方法
1	合成塔床层温度过高	A. 冷激气流量小 B. 入合成塔新鲜气量偏大 C. 合成塔入口温度高 D. 弛放气量偏大 E. 循环量偏低	A. 加大冷激气量 B. 减少入合成塔新鲜气量 C. 降低合成塔入口温度 D. 减小弛放气量 E. 适当加大循环量
2	废热锅炉压力高	A. 出废热锅炉蒸汽自调阀开度小 B. 低压蒸汽管网压力高 C. 合成塔出口温度高 D. 废热锅炉上水量小,液位低 E. 废热锅炉开工蒸汽阀未关严	A. 调整自调阀开度 B. 联系调度降低压蒸汽管网压力 C. 调整入废热锅炉换热气体流量 D. 加大上水量,将废热锅炉液位补至正常 E. 检查阀门,并关闭
3	合成系统压力高	A. 入合成新鲜气量过大 B. 合成塔催化剂活性降低,反应不好 C. 合成循环量偏低 D. 放空量偏小 E. 气体成分不超出正常范围	A. 适当减小新鲜气量 B. 调整工况,控制好入合成塔硫含量 C. 适当提高循环量 D. 适当加大弛放气放空 E. 联系前工段,控制好气体成分
4	合成塔出口温度高	A. 合成塔入口温度高 B. 废锅压力高 C. 合成塔入口管道喷淋水未开	A. 调整入塔气预热器管程副线开度 B. 适当降低废锅压力 C. 投用喷淋水
5	合成塔阻力大	A. 催化剂粉化 B. 催化剂装填不规范 C. 开停车频繁 D. 合成塔内管堵塞 E. 操作压力不稳定 F. 升温还原操作不当,活性差 G. 水冷凝器管程结蜡 H. 水冷凝器冷却效果不好	A. 稳定操作,严重时停车处理 B. 稳定操作,严重时停车处理 C. 稳定操作 D. 停车处理 E. 稳定系统压力 F. 稳定操作,严重时停车处理 G. 停车除蜡 H. 调整冷却水温度和流量

续表

序号	常见事故	原因	处理方法
6	闪蒸槽压力高	A.外送闪蒸汽阀门故障 B.甲醇分离器液位过低 C.去粗醇槽管线堵塞或阀门故障	A. 停车检修 B. 调整甲醇分离器液位至正常 C. 停车处理
7	出套管加热器气体温度高	A. 蒸汽加入量大 B. 弛放气量变小	A. 调整蒸汽加入量 B. 调整弛放气量
8	出套管加热器液态甲醇含量高	A. 气液分离器分离效果不好 B. 套管加热器温度不够	A. 停车处理分离器 B. 调整进导管加热器蒸汽

 任务实施

完成 Lurgi 法/ICI 法甲醇合成工艺仿真实训项目冷态开车，熟悉甲醇合成主要工艺参数的正常取值范围，能够处理常见事故。

思考与练习

1. 明确甲醇合成岗位重点关注的参数有哪些？其取值分别是多少？如何进行控制？

2. 合成塔催化床层温度过高如何控制？

项目五
粗甲醇精制

知识目标

1. 了解不同来源的粗甲醇，其组成和性能不同，精制方法也各有不同。
2. 掌握粗甲醇精馏的基本原理，熟悉工艺参数。
3. 掌握常见双塔和三塔精馏的工艺流程。

技能目标

1. 能够根据粗甲醇的来源和质量，选择合适的甲醇精制方法进行甲醇精制。
2. 能够完成粗甲醇双塔和三塔精馏的仿真实训软件的开停车操作。
3. 熟悉粗甲醇精制的工艺条件，能够进行正常生产中工艺参数的控制。
4. 熟悉精馏塔常见事故的指征，能够识别和处理常见事故。

任务一　粗甲醇的组成

任务描述

　　甲醇合成产物的组成和性质，与合成反应原料和反应条件密切相关。虽甲醇合成反应的有效成分是 CO、CO_2、H_2 三种，主反应是 CO 和 CO_2 加氢合成甲醇的反应，即 F-T 合成。由于以 CO、CO_2、H_2 为原料的 F-T 合成反应的产物众多，所以甲醇合成反应受合成条件，如温度、压力、空间速度、催化剂、合成气的组成及催化剂中微量杂质等的影响，在发生甲醇合成反应的同时还伴随着很多副反应，生成了很多的副产物，使得粗甲醇中含有较多杂质，需要采取合适的方法将杂质除去才能得到合格的精甲醇产品。

　　粗甲醇中的杂质有很多，粗甲醇的分离主要是依据甲醇中各种杂质的性质分类进行脱除。其中脱除的主要组分是水和二甲醚。

 知识链接

1. 粗甲醇的组成

甲醇合成的过程中，由于受到催化剂、压力、温度、合成气组成等因素的影响，在甲醇

项目五　粗甲醇精制　　111

合成反应条件下，除了甲醇合成反应，还伴随着一系列的副反应，使得合成产物中有很多副产物。从甲醇合成塔出来，经过甲醇分离器分离之后，含有甲醇、水及许多种微量有机杂质（醇、醚、醛、酮、酸、酯、烷烃等）的混合溶液称为粗甲醇。以杂质的含量的多少作为粗甲醇的质量标准。

　　甲醇的质量与许多因素有关，如催化剂类型、催化剂使用时间、合成气质量（氢碳比、二氧化碳含量、氨及硫化氢等）、生产操作条件（温度、压力）、设备材质等。其中催化剂类型直接影响粗甲醇的质量。粗甲醇中的水主要来自二氧化碳的逆变换反应、二氧化碳加氢反应、甲烷化反应、微量氧与氢的反应及一氧化碳加氢生成高级醇的反应；二甲醚主要来自甲醇的脱水反应；高沸点醇主要是由一氧化碳、二氧化碳在催化剂上直接加氢合成，此外原料气中的微量乙烯、乙炔也可能加氢、聚合生成醇类物质；一氧化碳和氢也可直接聚合生成酸，酸又可被氢还原成醛和酮；原料气中若含有微量氨，粗甲醇中就会有甲胺类物质；原料中若含有微量硫化氢，粗甲醇中就可能有有机硫化物。以焦炉煤气和水煤气为原料合成的粗甲醇，其主要产物组成和杂质含量见表5-1和表5-2。

表 5-1　焦炉煤气为原料合成粗甲醇的组成

组分	CH_3OH	H_2O	CH_3OCH_3	高沸点醇	CO_2	其他
含量/%	81.1	17.9	0.1	0.33	0.54	0.03

表 5-2　水煤气为原料合成粗甲醇的组成

组分	CH_3OH	H_2O	CH_3OCH_3	轻组分	重组分	其他
含量/%	86.3	8.4	3.5	0.6	1.1	0.1

　　甲醇作为常见的有机化工的基础原料，可以用来转化合成多种有机化工产品。有些产品生产需要高纯度的甲醇原料，如生产甲醛是目前甲醇消耗较多的方向，生产甲醛原料甲醇中如果含有烷烃，在甲醇氧化、脱氢反应时由于没有过量的空气，便会生成炭黑覆盖于银催化剂的表面，影响其催化作用；甲醇中的高级醇可使甲醛产品中酸值过高；即便性质稳定的杂质——水，由于甲醇蒸发汽化时水不易挥发，在发生器中浓缩积累，使甲醇浓度降低，引起原料配比失调而发生爆炸。再如用甲醇和一氧化碳合成乙酸，原料甲醇中如果含有乙醇，则乙醇能与一氧化碳生成丙酸而影响乙酸的质量。此外甲醇还被用作生产塑料、涂料、香料、农药、医药、人造纤维等甲基化的原料，这些少量杂质的存在都可能影响产品的纯度和性能。因此甲醇合成反应得到的粗甲醇必须进行精制，目的是减少甲醇中的杂质，制备得到符合国标要求的精甲醇产品（表5-3）。

表 5-3　精甲醇产品质量标准（GB 338—2011）

项目	质量指标		
	优等品	一等品	合格品
外观	无色透明,无特殊异臭		无色透明
色度(铂-钴色号)/Hazen 单位　≤	5		10
密度(20℃)/(g/cm³)	0.791～0.792	0.791～0.793	
沸程①(0℃,101325Pa)/℃　≤	0.8	1.0	1.5
高锰酸钾试验/min　≥	50	30	20
水溶性试验	通过试验(1+3)	通过试验(1+9)	—

续表

项目	质量指标		
	优等品	一等品	合格品
水分含量/%	0.10	0.15	0.20
酸度(以 HCOOH 计)/%　≤	0.0015	0.0030	0.0050
或			
碱度(以 NH₃ 计)/%　≤	0.0002	0.0008	0.0015
羰基化合物含量(以 CH₂O 计)/%　≤	0.002	0.005	0.010
蒸发残渣含量/%　≤	0.001	0.003	0.005
硫酸洗涤试验(铂-钴色号)/Hazen	50		—
乙醇含量/%	供需双方协商	—	

① 包括 (64.6±0.1)℃。

2. 粗甲醇中杂质的分类

粗甲醇中所含杂质的种类很多，可以根据其性质进行分类，以便有针对性地进行处理。

（1）有机杂质

有机杂质包含了醇、醛、酮、醚、酸、烷烃等有机物，根据其沸点不同可将其分为轻组分和重组分，所以最有效的分离方法当然是精馏。精馏的关键就是怎样将甲醇与这些杂质有效地进行分离，使精甲醇中有机杂质的含量尽量少。当然随着分离要求的提高，分离难度也会增加，工艺复杂程度也会增加，两者是矛盾的。好在随着分析技术的发展，对这些杂质的种类和含量认识得越来越清楚，在一定程度上减少了分离有机杂质的盲目性。

（2）水

粗甲醇中的水是一种特殊的杂质，粗甲醇中水的含量较高，为 15%～20%，仅次于主产品甲醇。水与甲醇的分离相对是比较容易的，普通精馏就可以实现。但水可以与粗甲醇中的许多有机杂质混溶，或形成水-甲醇-有机物的多元恒沸物，使彻底分离水分变得困难。难免与有机杂质甚至甲醇一起被排除，而造成甲醇的流失。所以只经过简单精馏分离的精甲醇中常常会携带有微量的水，如要制取无水甲醇则需要特殊的精制方法。

（3）还原性物质

还原性物质中由于 C=C 和 C=O 的存在很容易被氧化，如带入精甲醇中则影响甲醇产品的稳定性，从而降低精甲醇的品质和使用价值。还原性物质常用高锰酸钾变色实验进行鉴别，其方法是将一定浓度和一定量的高锰酸钾溶液注入一定量的精甲醇中，在一定温度下测定其变色时间。时间越长，表示稳定性越好，精甲醇中的还原性物质越少，同时也可判定其他杂质清除得较干净；反之，时间越短，则稳定性越差。精甲醇的稳定性是衡量精甲醇质量的一项重要指标。粗甲醇中可能存在的主要还原性物质及其性质如下。

① 异丁醛。即 2-甲基丙醛，其分子式为 $CH_3CH(CH_3)CHO$，沸点 64.5℃，与甲醇的沸点接近。异丁醛的化学性质很活泼，由于 C=O 的存在，异丁醛很容易被氧化，即使很弱的氧化剂，也能将其氧化，氧化反应如下：

$$R-\overset{\overset{\displaystyle O}{\|}}{C}-H \xrightarrow{[O]} R-\overset{\overset{\displaystyle O}{\|}}{C}-OH$$

若该氧化反应在醇溶液中进行则可以生成酯。因此当精甲醇中含有异丁醛时，其稳定性降低。当精甲醇的高锰酸钾值不合格时，常常在精甲醇的色谱上发现异丁醛的杂质峰异常明显。

② 丙烯醛。分子式 CH_2CHCHO，沸点 52.5℃，易溶于水和乙醇。丙烯醛是 α,β-不饱和醛，其分子中的 C＝C 因邻近羰基 C＝O 的关系变得非常活泼。丙烯醛具有烯和醛的性质，还原性很强，对甲醇稳定性影响很大。

③ 二异丙基甲酮。分子式为 $(CH_3)_2CHCOCH(CH_3)_2$，沸点 123.7℃，是含 α-叔氢的酮类，化学性质很活泼，在碱性溶液中容易向烯醇式互变异构体转化：

$$\underset{CH_3}{\overset{CH_3}{CH_3-CH-\underset{\overset{\|}{O}}{C}-CH-CH_3}} \overset{OH^-}{\rightleftharpoons} \underset{CH_3}{\overset{CH_3\ \ \ OH\ \ \ CH_3}{CH_3-CH-CH-CH-CH_3}}$$

烯醇式又很容易被氧化，所以二异丙基甲酮的还原性较强，对精甲醇的稳定性影响较大。

④ 甲酸。俗称蚁酸，分子式 HCOOH，是无色有刺激性气味的液体，沸点 100.5℃，能与水、乙醇、乙醚混溶。甲酸的结构较特殊，是一个羰基 C＝O 和一个氢原子 H 直接相连，可以把它看作在分子中既含有羰基又具有醛基，所以甲酸既具有羰基的一般性质，也有醛的某些性质。如甲酸具有较强的酸性，又具有还原性，甲酸可被一般氧化剂氧化生成二氧化碳和水。因此，甲酸既影响甲醇的酸值，又影响甲醇的稳定性。

粗甲醇中含有大量影响甲醇稳定性的物质，除以上四种外，还有丙烯、甲酸甲酯、甲胺、丙醛等还原性物质，其被氧化的程度，以烯类最甚，仲醇、胺、醛类次之。通常锌铬催化剂制得的粗甲醇还原性杂质含量较多，而铜系催化剂制得的粗甲醇还原性杂质含量则少得多。

（4）增加电导率的杂质

粗甲醇中的胺、酸、金属等导电介质以及不溶物残渣的存在，会增加甲醇产品的电导率。

（5）无机杂质

粗甲醇中除含有合成反应生成的杂质以外，还有从生产系统中夹带的机械杂质及微量其他杂质。如由粉末压制而成的铜基催化剂，在生产过程中因气流冲刷、受压而破碎，从而被带入到粗甲醇中；由于钢制设备、管道、容器受到硫化物、有机酸等的腐蚀，粗甲醇中会有微量含铁杂质。这类杂质虽然量很小，但影响很大，如微量铁在反应中生成的羰基铁 $[Fe(CO)_5]$ 混在粗甲醇中与甲醇共沸，很难处理掉，影响精甲醇的质量。

粗甲醇的质量主要与甲醇合成反应所选择的催化剂有关。铜系催化剂的选择性较好，反应压力低，温度也较低，副反应少。所以制得的粗甲醇杂质较少，特别是二甲醚的生成量大幅度下降（表 5-4）。因此，近年来新发展的甲醇厂多为中、低压法，采用的是铜系催化剂。

表 5-4 30MPa 压力下不同催化剂合成粗甲醇的组成对比

催化剂品种	二甲醚/%	甲醇/%	乙醇/%	异丁醇/%	醛酮/%	酸值/(mgKOH/gCH₃OH)	溴值/(10mgBr/gCH₃OH)	KMnO₄值
锌铬系	3.55	68.59	1.32×10^{-1}	4.4×10^{-1}	3.9×10^{-2}	0.11	14.67	30s
铜系	3.6×10^{-2}	73.36	9.0×10^{-3}	7.5×10^{-3}	5.7×10^{-3}	0.068	1.6	10min

注：原料气组成为 CO_2 14%、CO 13%、H_2 69%、CH_4 4%。

思考与讨论

1. 分析甲醇合成生产工艺选择与粗甲醇组成之间的关系。

2. 粗甲醇中的杂质主要有哪几类？分别可以采用什么样的方法进行分离？

3. 什么是萃取精馏？什么时候需要采用萃取精馏的手段进行甲醇精制？

任务二　粗甲醇精制的方法

ⓘ 任务描述

粗甲醇精制的目的就是脱除粗甲醇中的杂质，制备符合质量标准要求的精甲醇。根据粗甲醇中杂质的种类和性质的不同，粗甲醇的精制有很多方法，其中最主要的、不可或缺的方法是精馏。了解甲醇精制的原理，对生产合格的甲醇产品至关重要。

粗甲醇精制的方式依据粗甲醇来源不同有所不同，依据精甲醇产品的要求不同而不同，主要有：碱中和、高锰酸钾氧化、精馏等。依据分离要求的不同精馏又分为：双塔精馏、单塔精馏、三塔精馏等。精馏塔的操作是粗甲醇精制的核心。

 知识链接

1. 粗甲醇精制的方法

根据粗甲醇中杂质的种类和性质，以及对产品精甲醇的质量要求，工业上粗甲醇精制的方法主要可以分为以下两类。

（1）物理方法——精馏

精馏是利用粗甲醇中各组分的挥发度（或沸点）不同，通过精馏的方法，将粗甲醇中的有机杂质和水与甲醇进行分离，这是精制粗甲醇的主要方法。用精馏方法将混合液提纯为纯组分时，根据组分的多少需要一系列串联的精馏塔。如对 n 元系统必须 $(n-1)$ 个精馏塔，才能把 n 元的混合液分离为 n 个纯组分。粗甲醇中杂质种类众多，为一多元组分的混合液，但其有机杂质含量一般不超过 $0.5\%\sim0.6\%$，其中关键组分是甲醇和水，其他杂质根据沸点不同可分为轻组分和重组分。而甲醇精制的目的并不是将每一组分都分离出来，而是将甲醇与水有效地分离，并在精馏塔相应的塔顶和塔釜将轻组分和重组分分离即可，这样就大大简化了精馏过程。

由于粗甲醇中有些组分间的物理、化学性质相近，不易分离，就必须采用特殊蒸馏——萃取蒸馏。粗甲醇中的某些组分（如异丁醛）与甲醇的沸点接近，很难分离，可以加水进行萃取蒸馏，甲醇与水可以混溶，而异丁醛与水不相溶，这样挥发性较低的水可以改变关键组分在液相中的活度系数使异丁醛容易除去。

（2）化学方法

当采用蒸馏方法仍不能将其杂质降低至精甲醇的质量要求时，则需采用化学方法破坏掉这些杂质。如粗甲醇中的还原性杂质，虽利用萃取蒸馏的方法分离，但残留在甲醇中的部分还原性杂质仍影响其高锰酸钾值，若继续采用蒸馏的方法，势必造成精馏设备的复杂性并增加甲醇损失及能量消耗。为了保证精甲醇的稳定性，一般要求其中还原性杂质小于 $40\mathrm{mg/kg}$。所以，当粗甲醇中还原性杂质较多时，还需采用化学氧化方法处理。氧化方法一般是采用高锰酸钾进行氧化，将还原性杂质氧化成二氧化碳逸出，或生成酯并结合成钾盐与高锰酸钾泥渣一同除去。由于甲醇也可能被氧化，因此工业上为减少甲醇与高锰酸钾的接触机会，常常在粗甲醇进行初次蒸馏使还原性物质显著减少以后，才进行高锰酸钾氧化处理。

为了减少精制过程中粗甲醇对设备的腐蚀，粗甲醇在进入精制设备前，要加入氢氧化钠中和其中的有机酸，这也是化学净化方法。有时，为有效清除粗甲醇中的某些杂质，或降低其电导率，也可采用加入其他化学物质或离子交换的方法进行化学处理。

上述两种精制粗甲醇的方法，以蒸馏方法为主，除去粗甲醇中绝大部分的有机物和水。而化学净化方法的应用主要取决于粗甲醇的质量是否需要。工业生产上，一般考虑粗甲醇精制方法的原则是：第一，无论采用何种催化剂、原料气和合成条件制得的粗甲醇，都含有一定量的有机杂质和水，要通过精馏的方法使其与甲醇分离是必不可少的；第二，粗甲醇一般呈酸性，需要加碱进行中和；第三，是否需用化学方法进行处理，在于粗甲醇中还原性杂质的含量。一般用锌铬催化剂以水煤气为原料合成的粗甲醇，还原性杂质含量较高，需要用高锰酸钾进行氧化才能获得稳定性较好的精甲醇；而用铜系催化剂合成的粗甲醇，还原性杂质含量较低，不进行化学方法净化也能获得高稳定性的精甲醇，从而简化精制工艺过程。

传统的在 30MPa 压力下使用锌铬催化剂制取的粗甲醇，通常按以下顺序进行精制。

① 加碱中和（化学方法）；

② 脱除二甲醚（物理方法）；

③ 预精馏（加水萃取蒸馏），脱除轻组分（物理方法）；

④ 高锰酸钾氧化（化学方法）；

⑤ 主精馏，脱除重组分和水，得到精甲醇（物理方法）。

以上精制过程是以精馏为主、化学净化为辅的物理、化学精制粗甲醇的方法。

随着催化剂及合成条件的改进，粗甲醇的质量得到改善，现代工业上粗甲醇的精制过程已取消了高锰酸钾的化学净化方法，而主要采用精馏过程。在精馏之前，用氢氧化钠中和粗甲醇中的有机酸，使其呈弱碱性 pH＝8～9，可以防止工艺管路和设备的腐蚀，并促进胺类与羰基化合物的分解，通过精馏可以脱除轻组分、重组分和水。

2. 粗甲醇精馏典型工艺流程

工业上粗甲醇精馏的工艺流程，因粗甲醇合成方法不同而有所差异，其精制过程的复杂程度也有着一定差别，但基本原理是一致的。首先，利用精馏的方法在精馏塔的顶部脱除比甲醇沸点低的轻组分。同时，也可能有部分高沸点的杂质与甲醇形成共沸物，随轻组分一起从塔顶除去，用精馏的方法在精馏塔的底部或底侧除去水和重组分，从而得到纯净甲醇组分。其次，根据精甲醇对稳定性或其他特殊指标的要求，采取必要的辅助方法。

目前，随着催化剂、粗甲醇合成条件以及制取原料气的改进，粗甲醇的精馏过程相应有较大的改变。加上新型精馏设备的应用，对工艺流程也产生一定影响。在确定精甲醇精馏的工艺流程时，应对这些条件进行综合考虑，并结合精馏过程中能源消耗的降低、自动化程度的提高、对精甲醇质量特殊要求等，合理选择适当的精馏工艺流程。

在制定粗甲醇精馏的工艺流程时，应考虑如下问题。

第一，根据粗甲醇的质量制定精馏工艺流程的复杂程度。

早期甲醇工艺采用锌铬催化剂合成粗甲醇的高压法，获得的粗甲醇质量较差。所以精制采用精馏和化学净化相结合的方法，比较复杂。目前，世界上新建的甲醇工厂都采用了铜系催化剂中、低压合成甲醇，国内也相继采用了铜系催化剂，改善了粗甲醇的质量。试验证明，粗甲醇的杂质含量主要取决于催化剂本身的选择性，而反应温度、反应压力对其影响并不显著。铜系催化剂合成的粗甲醇杂质含量一般小于1％，仅为锌铬催化剂的 1/10 左右，不必再用化学净化方法进行处理，而且也降低了精馏塔的负荷，并可缩小精馏塔的尺寸和减少蒸馏过程的热负荷。目前，工业生产上一般采用双塔流程，就能获得优级工业甲醇产品。

第二，在简化工艺流程时，还应考虑甲醇产品质量的特殊要求及蒸馏过程中甲醇的收率。

当精甲醇的质量对难以分离又不能用化学方法处理的乙醇杂质含量有严格要求时（小于10mg/kg），或要求水分脱除干净，以及有其他苛求的质量指标时，即使改善了粗甲醇的质量，也需要较复杂的精馏方法，工业生产上有专门的工艺流程。为了降低这些杂质的含量，常常容易造成产品甲醇的损失，从而降低了甲醇的收率。为了减少甲醇的损失，又要确保甲醇产品的质量，则相应地增加了工艺流程的复杂程度。

第三，降低蒸馏过程的热负荷。精馏过程的能耗很大，且热能利用率很低，在能源极其匮乏的今天，粗甲醇的精馏也应向着节能方向发展。除改善粗甲醇质量降低其分离难度达到减少热负荷以外，在工艺流程中应采取回收废热的措施；采用加压多效蒸馏；在选用新型精馏设备时，要充分考虑其有效分离高度，以减少回流比等。

第四，重视副产品的回收。粗甲醇中的很多杂质都是有用的有机原料，在甲醇工艺流程中应考虑副产品的回收。

第五，环境保护。粗甲醇中的许多有机杂质是有毒的，无论是排入大气还是流入污水，都会造成环境污染，因此，在工艺流程中，应重视排污的处理，从而保护环境。

（1）传统粗甲醇精制工艺流程

用锌铬催化剂在30MPa压力下合成的粗甲醇，由于在高温高压下合成，所含杂质较多，含量也较高，尤其是还原性物质明显增加。因此在粗甲醇精制时需特别注意处理其中的还原性物质。图5-1为传统的粗甲醇精馏工艺流程。

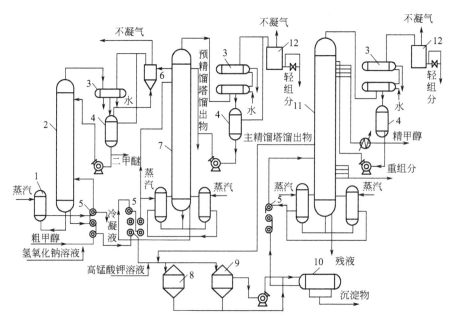

图5-1　传统粗甲醇精馏工艺流程

1—再沸器；2—脱醚塔；3—冷凝器；4—回流槽；5—换热器；6—分离器；7—预精馏塔；
8—反应器；9—沉淀槽；10—压滤器；11—主精馏塔；12—液封

传统粗甲醇精馏流程主要步骤如下：中和、脱醚、预精馏（脱轻组分）、氧化、主精馏（脱重组分），最终得到精甲醇产品。

① 中和。从甲醇合成塔经甲醇分离器之后得到的粗甲醇，先用 7%～8% 的 NaOH 溶液中和粗甲醇中的有机酸，使其呈弱碱性（pH＝8～9）。这样既可防止工艺管路和设备的腐蚀，也能促进胺类及羰基化合物的分解。

② 脱醚。中和后的粗甲醇进入换热器，被脱醚塔塔釜热的粗甲醇和出再沸器的冷凝水加热后，再送往脱醚塔的中部。脱醚塔塔釜再沸器以蒸汽间接加热，供应塔内的热量。二甲醚、部分被溶解的气体和含氮化合物、羰基铁等杂质，同时夹带了少量甲醇由塔顶出来，经冷凝器冷凝后流入回流罐。一部分冷凝液体回流，由塔顶喷淋，其余（主要是二甲醚）采出用作燃料或回收制取其他产品。不凝性气体经旋风分离器分离后排入大气或作燃料。脱醚塔是在 1.0～1.2MPa 压力下操作，塔釜的温度可达 125～135℃。脱醚塔在加压操作时，组分间的相对挥发减少，可以减少塔顶有效物的损失。一般经脱醚塔后，粗甲醇中的二甲醚可脱除 90% 左右。

③ 预精馏（脱轻组分）。由脱醚塔塔釜出来的脱醚甲醇经换热器被预精馏塔釜液体和再沸器的冷凝水加热，由预精馏塔的上部进入。在预精馏塔顶加入冷凝水或软水进行萃取精馏，主要是分离不易除去的杂质（如异丁醛）。由于水的挥发性较低，改变了关键组分在液相中的活度系数。加水量根据粗甲醇中的杂质含量和精甲醇产品的质量要求共同决定，一般为粗甲醇量的 10%～12%。

预精馏塔一般有 40 块以上的塔板，经精馏以后，轻组分和未脱除干净的二甲醚、残余不凝性气体从塔顶出来，同时甲醇蒸气、部分组分如 C_6～C_{10} 的烷烃与水形成共沸物也随同带出。从塔顶出来的气体经冷凝器冷凝，其中大部分的甲醇、水汽和挥发性较低的组分被冷凝为液体，冷凝液入回流罐，一部分作为回流由泵送入塔顶喷淋，其余作为废液排出系统。不凝性气体经过水封后排入大气或回收作燃料。

经过预精馏塔精馏以后，二甲醚可脱至 10mg/kg 以下，轻组分杂质大部分可分离出来，要求塔釜含水甲醇的高锰酸钾值达到一定程度（视产品质量等级要求而定），如达不到要求，可采出部分回流液，以降低釜液中轻组分的含量。如果放空气中及排放回流液中损失甲醇过多，也可将精馏塔顶冷凝改为二次冷凝，这样不仅降低釜底含水甲醇的轻组分杂质；同时在二次冷凝液中含挥发性较低的、对甲醇稳定性敏感的轻组分杂质的浓度较大，可大大减少排液的损失。如果二甲醚再回收利用，还需要进一步冷凝纯化。预精馏塔塔顶温度 62～64℃时，塔釜温度视甲醇的含水量而定，一般为 74～80℃。

④ 氧化。预精馏塔处理后的含水甲醇从塔釜出来经换热器换热后，进 $KMnO_4$ 反应器，还原性物质把 $KMnO_4$ 还原成 MnO_2，进入 MnO_2 沉淀槽，使甲醇与 MnO_2 立即分离，沉淀物经压滤器分离出去。高锰酸钾能氧化甲醇中的许多杂质，粗甲醇也能被氧化，一般控制反应器的温度在 30℃ 左右，以避免甲醇被氧化损失。甲醇的停留时间一般为 0.5h。在含水甲醇中投入固体高锰酸钾进行处理时，相应要增加它与被净化甲醇的接触时间。

⑤ 主精馏（脱重组分）。经 $KMnO_4$ 净化后的含水甲醇，经过加热器进入主精馏塔的中下部。主精馏塔一般为常压操作，塔釜以蒸汽间接加热。进入主精馏塔的含水甲醇一般包括甲醇-水-重组分（以异丁醇为主）和残存的少量轻组分，所以主精馏塔的作用不仅是甲醇-水系统的分离，仍然有脱除其他有机杂质的作用，是保证精甲醇质量的关键一步，因此主精馏的塔板较多，通常有 78～85 块塔板。由塔顶出来的蒸气中，基本为甲醇组分及残余的轻组分，经冷凝器冷凝下来，全部返回塔内回流，残余轻组分经塔顶水封至污甲醇液中或排入大气。如精甲醇的稳定性达不到要求，可采出少量回流液，在高锰酸钾净化前重返回系统。精

甲醇的采出口在主精馏塔顶侧，可根据塔的负荷及质量状况调节其高度。一般采出口上端塔板保留 8 块左右，以确保降低精甲醇中的轻组分。精甲醇液相采出，经冷却至常温送至精甲醇储槽。主精馏塔釜温度为 104～110℃，排出的残液中主要为水，其中含 0.4%～1% 有机化合物，以甲醇为主，要求残液相对密度不小于 0.996。残液中虽含醇量很低，但也应与系统中其他含醇的废液排入工厂的污水系统，经净化处理后方可排放。

主精馏塔除了在塔顶塔釜有采出，在塔侧还有副产品采出。在塔下部第 6～10 块板处，于 85～92℃ 采出异丁基油馏分，其采出量为精甲醇采出量的 2% 左右。异丁基油含甲醇 20%～40%，水 25%～40%，丙醇以上的各类醇 30%～50%（其中异丁醇一般占 50% 以上）。异丁基油经专门回收流程处理之后，得到副产品异丁醇及残液高级醇，同时回收甲醇。从塔中下部第 30 块板左右处，于 68～72℃ 采出重组分，其中含甲醇 96%，水 1.5%～3.0%，高级醇类 2%～4%，这里的乙醇浓度比较高，因为采出可明显降低精甲醇中的乙醇含量。以上采出的组分中，还可能含有少量的其他轻组分杂质，如不采出，有可能逐渐上移，影响精甲醇的高锰酸钾值。

传统的粗甲醇精馏工艺流程主要针对锌铬催化剂高压法生产得到的粗甲醇，由于粗甲醇质量较差，精制工艺也较为复杂，现在已经较少采用了，但是它全面地展现了不同来源、不同种类催化剂、不同生产工艺、不同操作条件得到的不同质量的粗甲醇和不同要求的精甲醇产品的精制处理的主要步骤和主要方法。现在随着催化剂性能的进一步改进和工艺条件的进一步优化，粗甲醇精制已经没有这么复杂了。但是，后来的双塔流程、单塔流程和三塔双效流程，都是在传统甲醇精馏工艺的基础上发展和演变而来的，基本过程都类似。所以以下只简述这些流程的不同和改进之处，相似的工艺过程不再赘述。

（2）双塔流程

由于高压法锌铬催化剂催化性能的改进，特别是 20 世纪 60 年代后期中低压铜系催化剂开始用于甲醇的合成，大大改善了粗甲醇的质量，精馏的设备和工艺也得到了简化。目前工业上普遍采用双塔流程进行粗甲醇的精制。双塔流程取消了脱醚塔和高锰酸钾的化学净化，只剩下预精馏塔和主精馏塔，工艺流程如图 5-2 所示。

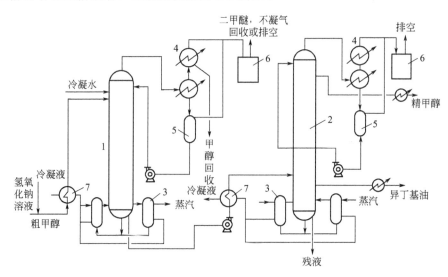

图 5-2　双塔粗甲醇精馏工艺流程

1—预精馏塔；2—主精馏塔；3—再沸器；4—冷凝器；5—回流槽；6—液封；7—换热器

①　中和。在粗甲醇储槽的出口管（泵前）上，加入含量为 $8\%\sim10\%$ NaOH 溶液，使粗甲醇呈弱碱性（pH＝8～9），其目的是为了促进胺类及羰基化合物的分解，防止粗甲醇中有机酸对设备的腐蚀。

②　预精馏。加碱后的粗甲醇，经过换热器用热水（为各处汇集之冷凝水，约100℃）加热至 60～70℃后进入预精馏塔，为了便于脱除粗甲醇中杂质，根据萃取原理在预精馏塔上部（或进塔回流管上）加入萃取剂。目前，采用较多的是以蒸汽冷凝水作为萃取剂，其加入量为入料量的 20%。预精馏塔塔釜侧有再沸器以蒸汽间接加热，供应塔内的热量。塔顶出来的蒸气（66～72℃）含有甲醇、水及多种以轻组分为主的少量有机杂质。经过冷凝器被冷却水冷却，绝大部分甲醇、水和少量有机杂质冷凝下来，送至塔内回流，以轻组分为主的大部分有机杂质经塔顶液封槽后放空或回收作燃料。塔釜为预处理后的粗甲醇，温度为 75～85℃。预精馏塔塔数大多采用 50～60 层，如采用金属丝网波纹填料，其填料总高度应达 6～6.5m。

③　主精馏。预处理后的粗甲醇，从预精馏塔釜部引出，由主精馏塔入料泵从主精馏塔中下部送入主精馏塔，可根据粗甲醇组分、温度以及塔板情况调节进料板。塔釜设有再沸器，以蒸汽加热供给热源。塔顶部蒸气出来经过冷凝器冷却，冷凝液流入回流罐，再经回流泵加压送至塔顶进行全回流。极少量的轻组分与少量甲醇经塔顶液封槽溢流后，不凝性气体放空。在预精馏塔和主精馏塔顶液封槽内溢流的初馏物入事故槽。精甲醇从塔顶往下数第 5～8 块板上采出，可根据精甲醇质量情况调节采出口。采出的精甲醇经冷却器冷却到30℃以下利用位能送至成品槽。塔下部 8～14 块板处，采出杂醇油。杂醇油和初馏物均可在事故槽内加水分层，回收其中甲醇，其油状烷另作处理。塔中部设有中沸点采出口（使用锌铬催化剂时，称为异庚酮采出口），少量采出有助于产品质量提高。

塔釜残液主要为水及少量高碳烷烃。控制塔釜温度大于110℃，相对密度大于0.993，甲醇含量小于1%。为了保护环境，甲醇残液需经过生化处理后方可排放。主精馏塔板在 75～85 层，目前采用较多的为浮阀塔，而新型的导向浮阀塔和金属丝网填料塔在使用中都各自显示了其优良的性能。

可以看出，与传统精馏工艺相比，双塔精馏的主要改进点是：

①　双塔精馏取消了脱醚塔，将脱醚和预精馏合并到一个预精馏塔中完城，实践证明由于二甲醚的沸点很低，合并到预精馏塔内与脱除轻组分同时进行，从而取消脱醚塔是合理的。

②　为了提高预精馏后甲醇的稳定性及精制二甲醚，可在预精馏塔塔顶采用两级或多级冷凝。第一级冷凝温度较高，减少返回塔内的轻组分，以提高预精馏后甲醇的稳定性；第二级为常温，尽可能回收甲醇；第三级要以冷冻剂冷至更低的温度，以净化二甲醚，同时又进一步回收甲醇。

③　关于取消 $KMnO_4$ 净化要视情况而定，主要取决于粗甲醇中还原性杂质的多少。如果经过萃取精馏后，精甲醇的 $KMnO_4$ 值可达 1min 以上，就可以满足工业精甲醇的质量要求，可以不用氧化净化过程。如果不能满足或产品精甲醇质量要求高，氧化过程就不能省略。如以天然气为原料制得的精甲醇，可以免用 $KMnO_4$ 净化；但是以水煤气或焦炉煤气为原料制得的精甲醇，化学净化可能仍然是必要的。以铜基催化剂合成的粗甲醇，由于还原性杂质大大减少，经过双塔精馏就可以获得优质的甲醇，不需要氧化净化。

（3）单塔流程

ICI公司在开发铜系催化剂低压合成甲醇工艺中采用了单塔流程精制粗甲醇，如图5-3所示。

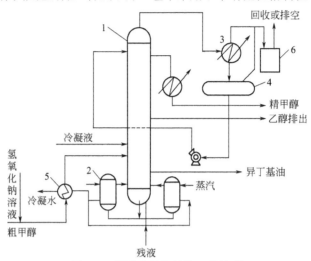

图 5-3　粗甲醇单塔精馏工艺流程

1—精馏塔；2—再沸器；3—冷凝器；4—回流槽；5—换热器；6—液封

　　由于使用了铜系催化剂，甲醇合成中副反应明显减少，粗甲醇中不仅还原性杂质量大大减少，而且二甲醚的含量大幅降低，因此在取消化学净化的同时，采用一台精馏塔就能获得一般工业上所需要的精甲醇。显然，单塔精馏对节约投资和减少热能损耗都是有利的。

　　单塔流程更适用于合成甲基燃料的分离，很容易获得燃料级甲醇。但是如果精甲醇的关键质量——KMnO₄值有要求时，只采用单塔精馏是不容易达到的。所以目前工业上采用双塔精馏的较多。

　　（4）三塔双效精馏流程

　　双塔精馏流程所获得的精甲醇产品，要求甲醇中乙醇和有机杂质含量控制在一定范围内即可。特别是乙醇的分离程度较差，由于它的挥发度和甲醇比较接近，分离较为困难。在一般双塔流程中，根据粗甲醇质量不同，精甲醇中乙醇含量为 $100\sim600mg/kg$。随着甲醇衍生产品的开拓，对甲醇质量提出了新的要求。为进一步降低乙醇含量（$10mg/kg$ 以下），则需适当改变工艺流程。

　　改进工艺流程的目的如下：

　　① 生产高纯度无水甲醇。

　　② 同时不增加甲醇的损失量，甲醇回收率可达95%以上。

　　③ 从甲醇产品中分离出有机杂质，特别是乙醇，而不增加甲醇的损失量。

　　④ 热能的综合利用。

　　图5-4为粗甲醇三塔双效精馏工艺流程。此流程采用了有效的精馏方法，从粗甲醇中分离出水、乙醇和其他有机杂质，以得到高纯度的甲醇，使甲醇含量达到99.95%。

　　粗甲醇在闪蒸罐中，释放出气体（甲烷、氢气等）以及二甲醚和少量甲醇等，闪蒸气在洗涤塔中用循环水洗涤，回收甲醇、二甲醚和不溶解气体在顶部放空。此处的甲醇溶液一般含甲醇2%～10%。从闪蒸罐出来的粗甲醇，加入烧碱中和有机酸后进入第一精馏塔（操作压力 $0\sim0.35MPa$），粗甲醇中大部分的低沸物和一部分高沸物被脱除掉，塔釜液一般含甲醇15%～35%，温度70～90℃。第二精馏塔（操作压力 $0\sim0.35MPa$）分离出大部分水，

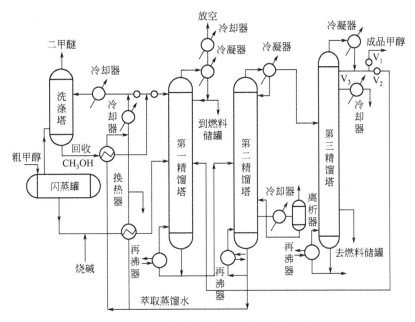

图 5-4 粗甲醇三塔双效精馏工艺流程

塔釜液温度一般为 90～110℃，含有甲醇 0～15％、水 85％～100％，以及少量高级醇类和有机杂质。第三精馏塔（操作压力 0～0.35MPa），塔釜液温度为 75～90℃，含 30％～90％甲醇、高级醇 1％～20％（包括乙醇）、其他有机物 0.5％和低于 50％的水；塔顶馏出物中甲醇含量最少为 99.95％，温度为 55～80℃。

粗甲醇经过上述方法精馏，所获得的精甲醇纯度可达 99.95％以上，甲醇回收率至少为 90％，可高达 95％～99％，精甲醇中乙醇含量小于 10mg/kg。所以三塔精馏主要用来制备高纯度甲醇。

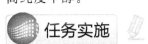 **任务实施**

观察三塔双效精馏仿真实训软件的正常生产过程，分清物料走向，熟悉各精馏塔的工艺条件，理解工艺过程各环节之间的联系。

任务三 粗甲醇精馏主要设备

任务描述

粗甲醇精馏的主要设备是精馏塔，根据工艺的不同可能会采用常压塔或加压塔。精馏塔是典型的化工单元装置。

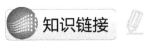 **知识链接**

精馏工序的主要设备当然是精馏塔（图 5-5），为了完成精馏功能还需要一些附属设备，主要有冷凝器、换热器、再沸器、冷却器、输液泵、收集槽及储槽等。这些设备实际上就是常用的典型化工单元操作设备精馏塔、换热器和泵，具体的结构和设计可参见有关书籍，在此不再赘述，主要就其粗甲醇精馏中的应用特质做简要说明。

图 5-5   粗甲醇精馏塔实景

（1）精馏塔

精馏塔是精馏过程得以实现和顺利进行的重要条件。性能良好的精馏设备为精馏过程的进行创造了良好的条件，它直接影响到生产装置的产品质量、生产能力、产品的收率、消耗定额、三废处理及环境保护等方面。精馏塔的种类繁多，但其共同的要求是相仿的，主要有以下几点。

① 具有适宜的流体力学条件，使气液两相接触良好；

② 要求有较高的分离效率和较大的处理量，同时要求在宽广的气液负荷范围内塔板效率高而且稳定；

③ 蒸汽通过塔的阻力要小；

④ 塔的操作稳定可靠、反应灵敏、调节方便；

⑤ 结构简单、制造成本低、安装检修方便，在使用过程中耐吹冲，局部的损坏影响范围小。

当然，对某一确定用途的精馏塔，以上各点要求很难同时满足，有时仅仅表现为某方面的优点比较突出。所以结合每种精馏塔具体的特点和生产上的要求，选择比较合适的精馏塔。

目前，工业生产上使用的精馏塔塔型很多，而且随着生产的发展还将不断创造出各种新型塔结构。根据塔内气液接触部件的结构形式可分为两大类：一类是逐级接触式的板式塔，塔内装有若干块塔板，气液两相在塔板上接触进行传热与传质；另一类是连续接触式的填料塔，塔内装有填料，气液两相传热和传质在润湿的填料表面上进行。对传质过程而言，逆流条件下传质平均推动力最大，因此这两类塔总体上都是逆流操作。操作时，液体靠重力作用由塔顶流向塔釜排出，气体则在压力差推动下，由塔釜流向塔顶排出。

工业生产上普遍采用的双塔流程中有两台精馏塔，预精馏塔（也称脱醚塔）和主精馏塔。目前，粗甲醇精馏普遍采用板式塔，一般浮阀塔的操作性能完全可以满足粗甲醇精馏的操作要求。近年来，随着新型填料的出现，填料塔也被应用到粗甲醇精馏中。

① 预精馏塔。预精馏塔的主要作用是：第一，脱除粗甲醇中的二甲醚；第二，加水萃取，脱除与甲醇沸点相近的轻馏分；第三，除去其他轻组分和有机杂质。通过预精馏后，二甲醚和大部分轻组分基本脱除干净。

工业生产中粗甲醇的预精馏塔多数采用板式塔，初期为泡罩塔，近年来改用筛板塔、浮阀塔、浮舌塔等新型塔板。由于粗甲醇中含杂质较多种类很杂，难以定量分析，而且这些量也常随着合成塔的操作条件而改变，这就给预精馏塔的设计计算带来困难。根据工业生产的实际经验，为达到预精馏目的以确保精甲醇的质量，预精馏塔至少需 50 块塔板。预精馏塔塔径则由负荷决定，一般为 1～2m，板间距为 300～500mm。按塔的直径大小、板间距不等，预精馏塔的总高度也不等，在 20～30m。预精馏塔的进料口一般有 2～4 个，可以根据进料情况调整进料口的高度，进料口一般在塔的上部。萃取用水一般在预精馏塔顶部或由上而下的第 2～4 块板上加入。

目前，新型高效填料如丝网波纹填料已应用到甲醇预精馏塔中，此种塔与浮阀塔相比，压降低，塔总高也低。

② 主精馏塔。主精馏塔的作用是：第一，将甲醇组分和水及重组分分离，得到产品精甲醇；第二，将水分离出来，并尽量降低其他有机杂质的含量；第三，分离出重组分——杂醇油；第四，采出乙醇，制取低乙醇含量的精甲醇。

主精馏塔一般采用板式塔，初期也为泡罩塔，目前多采用浮阀塔，也有筛板塔、浮舌塔及斜孔塔等，较少用填料塔。根据生产实际经验，主精馏塔需要 75～85 层塔板才能保证精甲醇苛刻的质量指标，同时达到减小回流比、降低热负荷的节能目的。一般塔径为 1.6～3m，板间距为 300～600mm，塔的总高度为 35～45m。主精馏塔的入料口有 3～5 个，设在塔的中下部，可根据物料的状况调节入料高度；轻组分采出口有 4 个，一般在塔顶向下数 5～8 层，为侧线采出，这样可以保持顶部几层塔板进行全回流，可防止残留的轻组分混入成品中；重组分采出口在塔的下部第 4～14 层塔板处，设 4～5 个采出口，应选择重组分浓集的地方进行采出；乙醇的采出口一般在入料口附近。

（2）再沸器

粗甲醇精馏塔的再沸器通常采用固定管板式换热器，置于精馏塔釜部，用管道与塔釜液相连，液体依靠静压在再沸器中维持一定高度的液位。管间通以蒸汽或其他热源，使甲醇汽化，气体从再沸器顶部进入精馏塔内。液体在再沸器内处于沸腾状态，存在冲刷与气蚀，所以要选择耐腐蚀的材料来制造再沸器。

（3）冷凝器

精馏塔顶蒸出的甲醇蒸气在冷凝器中被冷凝成液体，作为回流液或成品精甲醇采出。在甲醇精馏中，预塔和主塔冷凝器的结构基本相同，有两种形式，一种是用水冷却，一种是用空气冷却。

① 固定管板式水冷凝器。以水冷却的固定管板式冷凝器，是化工生产中常用的换热器。甲醇蒸气在管间冷凝，冷却水走管内。为提高传热效率，冷却水一般分为四程，甲醇蒸气由下部进入，冷凝器的壳程装有挡板，使被冷凝气体折流通过。为了保证甲醇质量、防止冷却水漏入甲醇，因此冷凝器列管与管板间的密封十分严格，冷凝器的长度一般不得超过 3m，否则要采取温度补偿措施。

② 翅片式空气冷凝器。在甲醇精馏过程中，要求冷凝液体温度保持在沸点上下，减少低沸点杂质的液化和提高精馏过程中的热效率，常常选用空气冷凝器。列管可以水平安装或略带倾斜，用于甲醇冷凝时，通常进气端稍高，与水平约成 7.5°角。鼓风机一般采用大风量低风压的轴流风机，可以置于列管下部或放在侧面。

为了强化传热，列管上都装有散热翅片，翅片有缠绕式和镶嵌式两种。缠绕式的翅片缠绕在管壁上，为了增加翅片与管壁的接触面积，通常将翅片根部做成 L 形。镶嵌式是在圆心管上切四槽，将翅片埋在槽内，翅片与圆管的接触较好，但加工费用较高，而且造价也较高。

空气冷凝器的冷凝温度通常要比空气温度高 15～20℃，对于沸点较高的甲醇冷凝比较适用。空气冷凝器的优点是清理方便，不足之处是一次投资大，且振动与噪声也大。

 任务实施

完成粗甲醇三塔双效精馏工艺仿真实训软件的冷态开车实训任务，重点关注精馏塔开车的主要操作程序。

任务四　粗甲醇精馏工艺参数调节

 任务描述

粗甲醇精馏的主要设备是精馏塔，精馏操作也是典型的化工单元操作。需要密切关注粗甲醇精馏的具体工艺参数，保证精馏塔的物料平衡、热量平衡和气液平衡，以维持稳定生产，生产合格甲醇。

 知识链接

精馏塔的正常操作主要是掌握三个平衡：物料平衡、热量平衡和气液平衡，三者互相影响。一般都是根据塔的热负荷，给塔釜一定的供热量，建立热量平衡；随之达到一定的气液平衡，然后用物料平衡作为常用的手段，控制热量平衡和气液平衡的稳定。操作中往往是物料平衡（如负荷、组成）首先改变，通过调节热量平衡（如回流量、回流比）达到气液平衡（包括精甲醇的质量、残液中含醇量、重组分的浓缩程度等）的目的。物料平衡掌握得好，气液接触得好，传质效率高。塔的温度和压力是控制热量平衡的基础，因此一切调节都必须缓慢地逐步地进行。在进行下一步调节前，必须待上一步调节显现效果后才能进行，否则会使工况紊乱，调节达不到预期效果。同时要知道，即使是在正常的工况下，精馏塔内的三个平衡也不可能是绝对的平衡，每层塔板上的组成（温度）都处在不断的变化之中。塔的设计允许它们在一定的范围内波动，只要不超过允许的范围就是正常的。只有超过规定的数值，才需要采取相应的措施，将参数调回到正常范围，保证正常生产，保证成品甲醇的质量。

1. 温度的调节和控制

为了控制三个平衡，进行调节的参数较多，诸如压力、温度、组成、负荷、回流量、回流比、采出流量等。而经常用于判断精馏塔三个平衡的依据和调节平衡的主要参数都是温度。因为气液平衡所表现在每一块塔板上的组成变化，首先由温度敏感地反映出来，因此温度就成为观察和控制三个平衡、衡量精馏塔工作状态的重要参数。

（1）塔顶温度

塔顶温度是决定甲醇产品质量的重要参数，常压精馏塔一般控制塔顶温度为 66～67℃。如在塔压稳定的前提下，塔顶温度升高，则说明塔顶重组分增加，使甲醇的蒸馏量和高锰酸钾值达不到要求。这时必须判明原因进行调节，如减少蒸汽量、调节回流量，必要时可减少或暂停采出精甲醇，待塔顶温度恢复正常再进行采出。

（2）精馏段灵敏塔板温度

从塔顶直至塔的中部一般温差很小，顶温变化幅度也很小。只有在物料很不平衡的状况下才能反映出来，往往容易操作调节滞后，引起精馏塔操作状况波动。而塔中部的温度与浓度改变较大，当物料平衡一旦破坏，此处塔温反应最灵敏。只要将此温度控制在一定范围内，就可保证塔顶温度和甲醇质量。因此，往往在这部分选取一灵敏塔板（自塔底向上数第26～30块板），控制此塔板的温度为70～76℃，可以通过预先调节，以保证塔顶甚至于全塔温度的稳定。在正常生产条件下，这个温度的维持，是全塔物料平衡的关键。

（3）塔釜温度

如果塔内分离效果很好，釜液接近水的单一组分，其沸点为106～110℃。维持正常的塔釜温度，可以避免轻组分的流失，提高甲醇的回收率，也可减小残液的污染程度。如果塔釜温度降低，往往是由于轻组分被带至残液中，或是热负荷骤减，也有可能是塔下部重组分（恒沸物，沸点比水低）过多所造成。这时须判明情况进行调节，如调节回流（增加热负荷）、增加甲醇采出（要参考精馏段灵敏塔板温度）、增加重组分采出等，必要时须减少入料量。

（4）提馏段灵敏塔板温度

塔底温度和塔顶温度一样，虽然决定着塔釜采出物料的质量，但是以此参数控制滞后较大，容易造成较大波动。可在提馏段选取一灵敏塔板（由塔底向上数第6～8块板）进行控制，温度为86～92℃。可以进行预先调节，不使重组分流入塔釜，这个温度也正是采出重组分的适宜温度，可由重组分（异丁基油）的采出量进行控制。

对预精馏塔的操作，其塔温分布同样标志着塔内组分的变化情况。一般塔顶温度为甲醇的沸点温度，温度过高，甲醇流失大，温度过低，轻组分脱除不净，会影响甲醇的质量。塔釜温度所显示的甲醇浓度，可判断萃取水量是否适中。

2. 回流比的调节和控制

回流比对精馏塔的操作影响很大，直接关系着塔内各层塔板上的物料浓度的改变和温度的分布，最终反映在塔的分离效率上，是重要的操作参数之一。

甲醇主精馏塔的回流比一般为2.0～2.5，其调节的依据是塔的负荷和精甲醇的质量。当塔的负荷较小时塔板比较富裕，可以选取较低的回流比，这样比较经济，为了保证精甲醇的质量，精馏段灵敏板的温度可以控制得略低；反之，塔负荷较大，则需要增大回流比，在保证精甲醇质量的同时，为保持塔釜温度，灵敏板温度可控制得略高。对粗甲醇精馏，回流比过大或过小，都会影响精馏操作的经济性和精甲醇的质量，一般在负荷变动及正常生产条件受到破坏或产品不合格时，才调节回流比，调节后尽可能保持塔釜的加热量稳定，使回流比稳定。在调节回流比时，应注意板式塔的操作特点，防止液泛和严重漏液。

为了降低回流比，减少热负荷，达到经济运行，除了采用较新型的塔板外，适当增加塔的板数也是适宜的。在双塔流程中，主精馏塔常常采用85层塔板。

当回流比改变时，必将引起操作线的变动，最终引起塔内每层塔板上组成和温度的改变，影响精甲醇质量和甲醇的收率，必须通过调节，控制塔内适宜的温度，达到新的平衡。

由分析可知，对粗甲醇精馏塔的操作可以概括为如下几点。

① 在稳定塔压下，采用较高的蒸汽速度操作，既可以提高传质效果又最为经济；

② 选择适宜回流比，降低能量消耗；

③ 一般在进料稳定和变化缓慢的情况下，通过经常性微量调节精甲醇和重组分的采出量，以保持塔温的合理分布和稳定，维持好塔内物料、气液及热量三个平衡，使产品精甲醇达到质量指标。

3. 其他参数的控制和调节

(1) 进料状态

主精馏塔的进料状态有五种情况：冷液进料（$q>1$）；泡点进料（$q=1$）；气液混合物进料（$0<q<1$）；饱和蒸汽进料（$q=0$）；过热蒸汽进料（$q<0$）。当进料状态发生变化（回流比，塔顶馏出物的组成为定值）时，q 值也将发生变化，这直接影响到提馏段回流量的改变，从而使提馏段操作线方程发生改变，进料板的位置也随之改变。

对于一般精馏多用泡点进料，此时，精馏、提馏两段上升蒸气的流量相等，便于精馏塔的设计。甲醇精馏塔也用泡点进料。当塔板有故障时，也可根据精馏段和提馏段的能力，在调节进料高度同时，改变进料状态，以达到精甲醇要求的质量标准。进料状态改变时，由于引起精、提两段重新分配，必然将引起塔内气液平衡和温度的变化，要通过调节达到新的平衡。

(2) 进料量和进料组成

甲醇精馏塔进料量和组成改变时，都会破坏塔内物料平衡和气液平衡，引起塔温的波动，如不及时调节，将会导致精甲醇的质量不合格或者增加甲醇的损失。一般进料量在塔的操作条件和附属设备能力允许范围内波动时，只要调节及时得当，对塔顶温度和塔釜温度不会有显著的影响，只是影响塔内蒸气速度的变化。

进料量的调节原则如下。

① 每次调节流量变化幅度小于 $1m^3/h$。

② 当粗甲醇槽液位下降较快时，要迅速查找原因，若因合成来料不足可减量生产。

③ 当进料含水多时，塔釜温度也较高，要用回流量和回流液温度等手段来保证加压塔、常压塔塔顶温度正常。

④ 加减进料量的同时要向塔釜加减蒸汽量，应遵循以下原则：预塔加进料量时应先加蒸汽量后加进料量，减量时应先减进料量后减蒸汽量以保证轻组分脱除干净；加压塔、常压塔应先加进料量再加回流量后加蒸汽量，减量时应先减蒸汽量再减进料量后减回流量。这样才能保证两塔的塔顶产品质量。

⑤ 加减进料量时，碱液量也随之调整，保证塔釜的 pH＝7～9。

⑥ 随时注意合成工况及粗甲醇槽的库存，有预见性地进行工况调节，控制好入料量是稳定精馏操作的基础。

(3) 压力调节

压力对系统的影响非常大。对预精馏塔来讲压力增大，一方面，对安全不利；另一方面，压力升高使不凝气不能顺利排放，带入下面几个塔，影响精甲醇的酸度和水溶性试验。预精馏塔塔顶温度控制在 62～65℃，塔釜温度为 76～79℃，压力为 150kPa，回流比为25～30。预精馏塔压力控制可通过塔顶阀门开度、冷凝器的冷却水量及再沸器蒸汽加入量调节。

对加压塔来讲，压力若不足，塔顶甲醇蒸气量下降，影响常压塔再沸器下降，废水含量超标。故加压塔塔顶温度控制在 112～115℃，压力为 550kPa，塔釜温度为 127～130℃，压力为 820kPa。压力调节是通过加压塔塔釜蒸汽加入量及回流量的大小及温度来调节塔压。

对常压塔来讲，压力不足有可能引起负压，使设备受到损害。压力过高，使甲醇在塔釜的分压增高，造成塔釜废水含量超标。常压塔塔顶温度保持在 63～65℃，压力为常压。塔釜温度为 112～115℃，压力为 170kPa。常压塔的压力调节是通过冷凝器冷却水量、回流量、回流温度共同作用实现的。一般常压塔回流比控制在 2～3。

（4）液位调节

① 精馏塔塔釜液位是精馏塔工作状况稳定的不可或缺的因素之一。塔釜液位给定太低，造成釜液蒸发过大，釜温升高，釜液停留时间较短，影响换热效果；塔釜液位给定太高，液位高至再沸器回流口，液相压力增大，不仅会影响甲醇气液的热循环，还容易造成液泛，导致传质、传热效果差。各塔液位应保持在 60%～90%。

② 回流槽液位。开车初期，为了使生产出的不合格甲醇回流液尽快置换，回流槽液位可给定 20%，分析产品分格后，液位再给定 30%。正常生产时，回流槽应有足够的合格甲醇以供回流及调节工况，回流槽给定 30%，投自动调节。当液位自动调节阀故障失灵时，应关闭前后切断阀，用旁路阀控制，现场液位应尽量稳定，同时通知仪表工段处理。

4. 某粗甲醇三塔精馏的主要操作参数

（1）温度

预精馏塔塔顶温度 75℃；

预精馏塔塔釜温度 85℃；

加压塔塔顶温度 122℃；

加压塔塔釜温度 134℃；

常压塔塔顶温度 63～65℃；

加压塔塔顶温度 105℃。

（2）压力

预精馏塔塔顶压力 0.05MPa；

预精馏塔塔釜压力 0.08MPa；

加压塔塔顶压力 0.56MPa；

加压塔塔釜压力 0.65MPa；

常压塔塔顶压力 0.03MPa；

加压塔塔顶温度 0.08MPa。

（3）液位

回流槽液位、塔釜液位、缓冲槽液位。

5. 精甲醇质量控制

粗甲醇的精馏过程中，对产品质量的控制，除要求两个关键组分甲醇、水分离彻底外，还要求降低精甲醇中有机杂质的含量，而且后者是精馏操作中控制甲醇质量的关键问题。

（1）提高精甲醇的稳定性

稳定性是衡量精甲醇中还原性杂质的多少（高锰酸钾值），也是衡量精甲醇质量的重要指标。因为高锰酸钾值高，不仅说明精甲醇中还原性杂质含量很低，而且也说明其他绝大部分有机杂质含量也很低，所以稳定性是精馏操作中要经常检查的质量指标，所以在某种意义上显得比精甲醇蒸馏量（浓度）的检验更为重要。在双塔精馏操作中，为了提高精甲醇的高锰酸钾值，一般从以下两方面着手。

① 预精馏塔操作。在预精馏塔操作中，除了维持适当的负荷、适宜的回流比和合理的塔内温度分布与稳定以外，最关键的是进行好萃取精馏操作。对一般萃取精馏来说，萃取剂的温度、浓度及用量对精馏操作都有影响，因粗甲醇预精馏塔的萃取剂是水，且用量有限，所以萃取剂对预精馏塔操作的影响主要是塔顶的加水量。当精甲醇的高锰酸钾值达不到质量

指标时，应加大萃取水量，降低预精馏后含水甲醇的溴值，以提高精甲醇的稳定性。加水量一般不超过粗甲醇进料量的 20%，再增加水量，肯定有益于有机杂质的清除，但会降低预精馏塔的生产能力，同时增加热能和动力消耗，对塔的其他工艺条件的控制也带来一定难度，所以在生产中应视粗甲醇的质量适当调节萃取水的加入量。

若改善操作条件和加大萃取水量以后，仍不能达到降低预精馏后甲醇的溴值，往往是由于粗甲醇的质量不好。则可在有机杂质浓集的部位（如回流液）采出一些初馏分，能有效地降低塔内的轻组分，进而提高产品甲醇的稳定性。另外，适当提高塔顶冷凝器的冷凝温度，也有利于杂质的有效脱除。当然，塔顶冷凝温度的控制，在提高产品质量的同时，也应防备减少甲醇的损失。通过上述操作调节，最终目的达到预精馏后的含水甲醇要具有一定的高锰酸钾值，具体指标视精甲醇的质量等级而定。

② 主精馏塔。若主精馏塔操作不当也可能影响精甲醇的稳定性。主精馏塔除维持正常的操作参数、提高塔的分离效果以外，还可以从以下几方面精心操作来提高精甲醇的稳定性。

重组分升至塔顶，是影响精甲醇稳定性的一个重要原因。在精馏操作中，除维持好塔内的三个平衡，控制好塔温，防止重组分上升外，连续有效地采出重组分是非常重要的。短时间内对重组分不采出，似乎对精甲醇的稳定性并不产生影响，但随着重组分在塔内的积累，它会逐渐上移（特别是当塔温波动时），从而降低精甲醇的稳定性。重组分的采出量应根据分析结果进行调节。此外，重组分的采出，对降低精甲醇中的乙醇含量也是有利的。

轻组分下移有时也可能影响精甲醇的稳定性，即精甲醇采出口以上的塔板数已不足以清除残余的轻组分。所以过分地加大回流比对提高精甲醇的质量有时却适得其反。在精馏操作中，必须控制好适宜的回流比和塔温。

当预精馏塔的萃取精馏效果良好，主精馏塔的操作参数和采出量都正常时，精甲醇的稳定性仍不合格，可以从回流液中采出少量初馏分，能有效地提高精甲醇的稳定性。

（2）防止精甲醇加水浑浊

水溶性（亦称浑浊度）是指精甲醇产品加水后出现浑浊现象。精甲醇的质量指标要求与水任意混合不显浑浊。当精甲醇中含有不溶或难溶于水的有机杂质，加水后，这些杂质呈胶状微粒形式析出，从而出现浑浊现象。影响甲醇加水浑浊的杂质有两类，第一类杂质在精馏塔顶部的初馏物中，当在初馏物中加水后，溶液分为两层，对上层油状物进行分析，大致组成如表 5-5 所示。

表 5-5   预蒸馏塔初馏物中油状物组成

名称	戊烷	己烷	庚烷	C$_8$异构烷烃	辛烷	C$_9$异构烷烃	壬烷	C$_{10}$异构烷烃	癸烷	已知组分	未知组分
含量（质量分数）/%	0.26	1.16	3.18	1.10	5.75	2.55	12	3.74	42.1	71.8	28.2
沸点/℃	36.1	68.7	98.4		125.6		150.7		174		

这类杂质的沸点绝大部分比甲醇高，它们被带至预精馏塔的顶部，主要是由于与甲醇形成共沸物，共沸物的沸点比甲醇沸点低，如表 5-6 所示。实验表明，将上层油状物配制到试剂甲醇中，当含量为 0.006% 时，加水不浑浊；含量为 0.008% 时，加水后微浑。说明甲醇中这些杂质的含量只差 20mg/kg，即由加水不浑降为加水浑浊。显然这类杂质对产品水溶性的影响是显著的。

表 5-6 甲醇-烷烃形成恒沸物的沸点和组成

共沸体系	烃类沸点/℃	实验值			文献值		
		共沸温度/℃	共沸组成(质量分数)/%		共沸温度/℃	共沸组成(质量分数)/%	
			甲醇	烃类		甲醇	烃类
甲醇-异戊烷	31	24.2	4.4	95.6	24.5	4.2	95.8
甲醇-戊烷	36.1	30.1	6.3	93.7	31	6.2	93.8
甲醇-己烷	68.7	49.3	28.4	71.6	50.6	28.9	71.1
甲醇-庚烷	98.4	58.8	49.4	50.6	60.5	61.0	39.0
甲醇-异辛烷	109.8	58.3	51.0	49.0			
甲醇-壬烷	150.7	63.9	88.1	11.9			
甲醇-癸烷	174	64.3	98.8	1.2			

清除第一类杂质的手段主要是加强预精馏塔的操作，其方法与提高精甲醇稳定性的操作方法是相似的。首先，加水萃取精馏。由于这类杂质与甲醇形成共沸物的沸点与甲醇接近，很难分离，必须加水进行萃取精馏。实践证明，当精甲醇加水浑浊时，预精馏塔内萃取水量增加，加水浑浊现象会明显好转直至不再浑浊。所以，预精馏塔加水提高精甲醇稳定性的同时，也是防止精甲醇加水浑浊的操作过程。加水量仍以 15%～20% 为宜。其次，当加水萃取仍不能解决浑浊现象时，也可从回流液中采出少量初馏物。另外，预精馏塔塔顶冷凝温度的控制，对产品水溶性有较大影响，因此，要根据合成粗甲醇反应条件的变化作相应的调整，把塔顶温度控制在一定范围内，若塔顶温度降低，就可能有此类杂质存在，就予以排除。

第二类杂质是在预精馏塔的釜液——含水甲醇中，常常可以明显地看到预精馏后的含水甲醇呈浑浊现象，以后这些影响甲醇浑浊的杂质浓集在主精馏塔的提馏段内，常漂浮在异丁基油馏分及塔釜残液之上，其组成如表 5-7 所示。化学方法鉴定结果表明，其主要组成是 C_{11}～C_{17} 烷烃、C_7～C_{10} 高级醇，同时含少量的烯烃、醛、酮及有机酸。

表 5-7 主精馏塔提馏段油状物的特性和组成

外观	相对密度 d_4^{10}	沸程/℃	C_{11}～C_{17}烷烃/%	C_7～C_{10}醇类及其他/%
色油状	0.783	160～310	84	16

清除第二类杂质，主要是控制好主精馏塔的操作，与提高精甲醇的稳定性也颇为相似。首先，要严格控制塔内的各操作条件，特别是精馏段内的灵敏板温度，可以避免重组分上升至塔顶，重组分上升，就可能将第二类杂质带至精甲醇中。其次，在提馏段内应坚持采出重组分——异丁基馏分，同时可将第二类杂质一并排出。此外，在塔釜残液中，也可带出一部分第二类杂质。

一般来说，在精馏过程中通过操作提高精甲醇稳定性的同时，也清除了导致精甲醇加水浑浊的有机杂质。

（3）防止精甲醇水分超标

精甲醇质量标准 GB 338—2011 要求水分含量＜0.1%。但针对不同的用户，各生产厂家对精甲醇产品也制定了内控的不同要求，有控制水分＜0.08%，也有控制水分＜0.05% 的。

从工艺方面分析，回流比小，重组分上移，则会造成水分超标。此种情况下，应加大回流比，并控制好精馏段灵敏板温度。

从设备方面分析，主精馏塔的回流冷凝器泄漏或精甲醇采出冷却器泄漏均会使精甲醇水分超标，这就需要判断是冷凝器泄漏还是冷却器泄漏所造成的。查冷凝器是否泄漏的方法之一是测回流液中的水分和密度。证实泄漏的设备应予以停车堵漏。主精馏塔内件损坏，分离效率降低也会使精甲醇中水分含量增加，此时加大主精馏塔回流比是临时补救措施。

 任务实施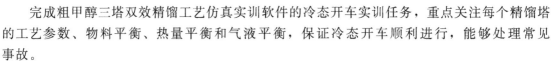

完成粗甲醇三塔双效精馏工艺仿真实训软件的冷态开车实训任务，重点关注每个精馏塔的工艺参数、物料平衡、热量平衡和气液平衡，保证冷态开车顺利进行，能够处理常见事故。

项目六
二甲醚合成

任务一　认识二甲醚

任务描述

二甲醚是甲醇的重要下游产品。以甲醇为原料生产二甲醚也是二甲醚的主要生产方法，更是新型煤化工延伸产业链、提高经济价值、实现绿色化工的重要途径。传统产业方面二甲醚主要用作溶剂、代替氟氯烷（如氟利昂）作为气雾剂和制冷剂，目前二甲醚之所以引起人们的重视主要由于它在替代燃料领域的发展和应用。

知识链接

二甲醚（dimethyl ether，DME），又称甲醚、木醚，是一种结构简单的脂肪醚，其分子式为 $CH_3—O—CH_3$。在常温常压下，二甲醚是一种无色、有轻微醚香味的气体，易被液化，常温下加压到 0.54MPa 即可液化，易于储存与运输。二甲醚在空气中十分稳定，长期暴露不会形成过氧化物，无腐蚀性，毒性很弱，无致癌性，具有优良的混溶性，能与大多数极性和非极性溶剂混溶，同时二甲醚也具有优良的溶解性能，可以作为溶剂使用。

二甲醚分子含氧量为 34.78%，燃烧比较完全，排放污染小，是一种新型的车用替代燃料。二甲醚的主要原料和用途见图 6-1。

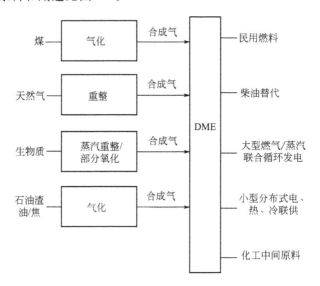

图 6-1   DME 的主要原料和用途

二甲醚工业生产的兴起同氟氯烷的限制和禁止使用紧密相连。20 世纪 70 年代初国际上气雾剂制品得到迅速发展。气雾剂中，气雾抛射剂主要采用氟氯烷，氟氯烷对地球大气臭氧层有严重的破坏作用，要限制和禁止使用，二甲醚的饱和蒸气压等物理性质与二氟二氯甲烷（氟利昂-12）相近，具有优良的环保性能，成为氟氯烷的理想替代品。目前，气雾剂制品已成为二甲醚的重要应用市场之一。但是我国气雾剂的年产量仅有 5 亿~6 亿罐，即使全部用二甲醚作推进剂，每年用量也仅 5 万吨左右，并不能成为二甲醚的主要使用和发展方向。

替代氯氟烃的另一个重要用途是作为制冷剂。由于二甲醚具有沸点低、汽化热大、汽化效果好的特点，在冷凝和蒸发特性方面也有着接近氟氯烷的特性，目前国内外正在积极开发 DME 替代氟利昂在冰箱、空调、食品保鲜等方面的应用，以减少对环境的污染。同时，二甲醚还可作为发泡剂，使泡沫塑料等产品的孔洞大小均匀，柔韧性、耐压性增强。

燃料是二甲醚产业最重要和最有前途的发展方向。二甲醚具有与石油液化气（LPG）相似的蒸气压，且其十六烷值高，燃烧比较完全，排放污染小。因此作为燃料，二甲醚目前主要用于替代 LPG 作为民用燃料，替代柴油作为车用燃料、汽轮机燃料以及发电。但现阶段二甲醚燃料使用技术尚不完善，且二甲醚燃料使用的国家标准也未出台，二甲醚作为燃料方面的应用尚未普及推广。

除了替代氟氯烷和燃料，二甲醚还是一种重要的化工原料，可用来合成许多种化工产品或参与许多种化工产品的合成。二甲醚在催化剂存在下可与苯胺发生烷基化反应生成 N,N-二甲基苯胺；与 CO 反应生成乙酸甲酯；同系化生成乙酸乙酯、乙酐（也称醋酐）；与 CO_2 反应生成甲氧基乙酸；与发烟硫酸或三氧化硫反应生成硫酸二甲酯；与氰化氢反应生成乙腈。因此，二甲醚的应用前景十分广泛。

🕹 **思考与讨论**

查阅资料，了解二甲醚的主要用途，分析未来的发展方向。

任务二 二甲醚的性质

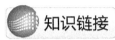 **任务描述**

　　二甲醚是最简单的醚，具有醚的基本物理性质和化学性质，通常作为有机溶剂、气雾剂和制冷剂使用。近年来人们发现二甲醚在燃烧性能方面优于液化石油气和柴油，在替代燃料领域的应用引人关注。内因决定外因，性质决定应用，无论是作为替代燃料、还是化工原料和化工产品，二甲醚的性质往往起到至关重要的作用。所以首先需要了解二甲醚的物理性质、化学性质和燃料性质，才能帮助了解其性质与用途间的必然联系。

知识链接

　　二甲醚是一种比较惰性、非腐蚀性的有机物，在常温常压下是无色气体，密度比空气大，常温下液化压力为 0.15MPa 左右，液体无色透明。其常温下蒸气压为 0.6MPa，具有与液化石油气相似的物性，运输及存储时可采用与 LPG 相同的方式。DME 具有优良的混溶性，易溶于汽油、四氯化碳、丙酮、氯苯和乙酸甲酯等多种有机溶剂，加入少量助剂后可与水以任何比例互溶。二甲醚毒性很低，无致癌性，DME 的半衰期较短，极易在对流层降解为 CO_2 和 H_2O，且在光化学反应中，不会产生甲醛，对大气臭氧层无损害、无温室效应。低浓度的 DME 气体几乎是无味的，当体积分数大于 10% 时，对人的健康仍无威胁，人吸入 $154.24g/m^3 \times 30min$ 有轻度麻醉感。DME 不含 C—C 键，其含氧量为 34.8%（质量分数），使得 DME 燃烧十分充分，几乎是无烟燃烧。DME 十六烷值高，压燃性能好，该性质使得二甲醚可以代替柴油作为车用燃料。

　　以下对 DME 从物理性质、化学性质、燃料特性以及毒性几个方面进行详细介绍。

1. 基本物理性质

　　二甲醚分子式为 C_2H_6O，结构式是 $CH_3—O—CH_3$，分子量为 46.07，在常温下是一种无色气体，具有轻微的醚香味。二甲醚无腐蚀性、毒性甚微，具有麻醉作用，在空气中长期暴露不会形成过氧化物，燃烧时火焰略带光亮，其主要性能参数见表 6-1。

表 6-1 二甲醚的主要性能参数

项目	数据	项目	数据
沸点(101.3kPa)/℃	−24.9	蒸气压 20℃/MPa	0.53
熔点/℃	−141.5	燃烧热(气态)/(kJ/mol)	1455
闪点(开杯法)/℃	−41.4	生成热(气态)/(kJ/mol)	−185.5
密度(20℃)/(g/mL)	0.661	熔融热/(kJ/kg)	107.3
临界压力/MPa	5.32	−24.8℃蒸发热/(kJ/mol)	467.4
临界温度/℃	128.8	生成自由能/(kJ/mol)	−114.3
临界密度/(g/mL)	0.2174	25℃熵/[J/(mol·K)]	266.8
自燃温度/℃	350	蒸气密度(298.16K,101.3kPa)/(kg/m³)	1.91836 约 1.91753
空气中爆炸极限(体积分数)/%	3.45~26.7	25℃介电常数/(F/m)	5.02

　　二甲醚分子中，氧是第Ⅵ族元素，在其最外层的 4 个轨道上的 4 对电子中，2 对是和碳共享的电子对，另外 2 对是孤电子对，如图 6-2 所示。DME 的分子结构中 2 个 C—O 键的

夹角为112°，而 3 个 C—H 键相互间的夹角为108°。DME 的分子结构是以氧为中心的对称结构，不是单头极性的，且极性很弱，可谓是非极性分子。

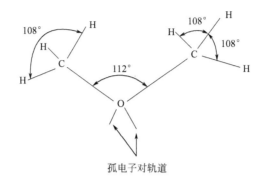

图 6-2　二甲醚的分子结构

　　二甲醚是低沸点化合物，常温常压下为无色略带醚味的易燃气体，不刺激皮肤。二甲醚与其他醚类相比，在水中溶解度较高，当含有 5% 的乙醇时，二甲醚与水几乎能以任意比例混溶。常温常压条件下，二甲醚的溶解度见表6-2。

表 6-2　二甲醚的溶解度 （25℃）

溶剂	溶解度(质量分数)/%	溶剂	溶解度(质量分数)/%
水(24℃)	35.3	四氯化碳	16.33
汽油		丙酮	11.83
−40℃	64	苯	15.29
0℃	19	氯苯(106kPa)	18.55
25℃	7	乙酸甲酯(93.86kPa)	11.17

　　此外，二甲醚由于其特有的结构特征，还能与许多极性或非极性溶剂相溶，如易溶于汽油、四氯化碳、甲醇、乙醇、丙酮、氯苯等，是一种性能优良的溶剂。在不同压力下，二甲醚在几种典型有机溶剂中的溶解度见表6-3。

表 6-3　不同压力下二甲醚在有机溶剂中的溶解度 （25℃）

四氯化碳		丙酮		苯		氯苯		乙酸甲酯	
压力/mmHg	二甲醚(摩尔分数)/%	压力/mmHg	二甲醚(摩尔分数)/%	压力/mmHg	二甲醚(摩尔分数)/%	压力/mmHg	二甲醚(摩尔分数)/%	压力/mmHg	二甲醚(摩尔分数)/%
11.24	0.00	229.2	0.00	93.7	0.0	11.6	0.0	213.4	0.0
237.6	3.00	311.7	1.79	196.9	2.30	120.4	6.21	293.2	1.75
360.1	5.96	403.1	3.78	372.6	6.32	310.5	7.20	440.6	5.08
464.8	8.52	548.2	7.01	503.0	9.32	423.3	9.74	576.0	8.17
612.8	12.17	650.8	9.33	634.8	12.29	550.8	12.78	704.4	11.17
782.4	16.33	762.3	11.83	761.4	15.29	795.3	18.55	812.3	13.65
932.7	19.93	939.1	15.77	913	18.84	957.9	22.14	923.5	16.27
1072.9	23.30	1075.0	18.93	1006.7	21.00	1072.1	24.71	1039.7	19.50

　　二甲醚在小于 101.3kPa 下，蒸气压和温度的关系见表6-4。保持二甲醚为液态的温度和压力曲线见图6-3。

表 6-4 二甲醚的蒸气压和温度的关系

温度/K	蒸气压/kPa	温度/K	蒸气压/kPa
171.63	0.66	218.01	21.91
177.71	1.13	223.25	29.56
178.21	1.18	228.05	38.33
183.41	1.84	233.13	49.81
194.93	4.68	238.05	63.40
202.49	8.12	241.97	76.21
207.90	11.71	245.48	89.36
213.12	16.31	248.24	100.85

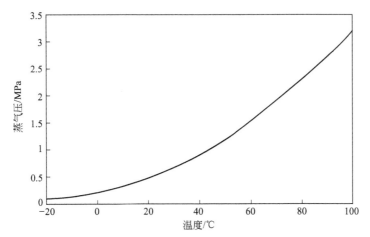

图 6-3 保持二甲醚为液态的温度和压力曲线

2. 化学性质

通常二甲醚用作溶剂、气雾抛射剂、冷冻剂以及替代燃料，其化学应用不太受重视。事实上，二甲醚含有甲基和甲氧基基团，在一定的条件下，可以发生许多化学反应，生成一系列高附加值的产品。

（1）甲基化反应

① 35～45℃反应条件下，二甲醚与发烟硫酸或 SO_3 进行气相反应，可以得到 98% 的硫酸二甲酯：

$$CH_3OCH_3 + H_2SO_4 \longrightarrow (CH_3)_2SO_4 + H_2O$$

② 在 $\gamma\text{-}Al_2O_3$ 催化剂作用下，二甲醚和盐酸在 80～240℃ 条件下反应生成一氯甲烷：

$$CH_3OCH_3 + HCl \longrightarrow CH_3Cl + CH_3OH$$

③ 二甲醚和氨在 325℃ 条件下催化生成甲胺混合物：

$$6CH_3OCH_3 + 3NH_3 \longrightarrow CH_3NH_2 + (CH_3)_2NH + (CH_3)_3N + 6CH_3OH$$

④ 二甲醚和 H_2S 或 CS_2 在 $\gamma\text{-}Al_2O_3$ 的催化作用下，可生成二甲基硫醚：

$$CH_3OCH_3 + H_2S \longrightarrow CH_3SCH_3 + H_2O$$

⑤ 二甲醚和 CO_2 在碱性催化剂的作用下可以生成碳酸二甲酯：

$$CH_3OCH_3 + CO_2 \longrightarrow (CH_3O)_2CO$$

该反应在热力学上十分有利，$\Delta G = -189kJ/mol$。另外它还属原子经济反应，且利用了温室气体 CO_2，是一个十分有前途的化学反应。

⑥ 二甲醚和苯胺反应可以合成 N,N-二甲基苯胺：

$$CH_3OCH_3+C_6H_5NH_2 \longrightarrow C_6H_5N(CH_3)_2+H_2O$$

（2）羰基化反应

① 二甲醚与 CO 通过羰基合成反应生成乙酸甲酯、乙酐，水解后生成乙酸。其反应式如下：

$$CH_3OCH_3+CO \longrightarrow CH_3COOCH_3$$
$$CH_3COOCH_3+H_2O \longrightarrow CH_3COOH+CH_3OH$$
$$CH_3OCH_3+2CO \longrightarrow (CH_3CO)_2O$$

在上述反应中，多采用羰基铑-碘化物为催化剂。尽管铑催化剂活性高，但由于其价格昂贵，使其发展受到一定的限制。

② 二甲醚与合成气在 Pd/C、CH_3I 催化下，在 2,6-二甲基吡啶溶剂中，于 175℃、10MPa 反应条件下生成乙酸乙烯，其反应式如下：

$$2CH_3OCH_3+4CO+H_2 \longrightarrow CH_3COOCH=CH_2+2CH_3COOH$$

（3）氧化偶联反应

由于醚类的独特结构，二甲醚也易于发生氧化偶联反应：

$$4CH_3OCH_3+O_2 \longrightarrow 2CH_3OCH_2CH_2OCH_3+2H_2O$$
$$CH_3OCH_3+MTBE+1/2O_2 \longrightarrow CH_3OCH_2CH_2OC(CH_3)_3+H_2O$$

二甲醚无论是自我偶联还是交错偶联，都会相应地生成对称醚和非对称醚。其中交错偶联可以容易地生成混合醚产品。

（4）脱水反应

沸石为催化剂，二甲醚在 450℃ 下发生脱水反应可以生成乙烯和丙烯，收率分别为 60% 和 25%，二甲醚的转化率为 87%：

$$4CH_3OCH_3 \longrightarrow CH_2=CH_2+2CH_3CH=CH_2+4H_2O$$

（5）氧化反应

二甲醚在氧气的存在下，发生燃烧氧化反应，放出大量的热。这是二甲醚作为燃料使用时的完全氧化反应：

$$CH_3OCH_3+3O_2 \longrightarrow 2CO_2+3H_2O$$

若以 $WO_3/\alpha\text{-}Al_2O_3$ 为催化剂，在 460～530℃ 反应条件下，二甲醚发生不完全氧化生成甲醛，反应转化率达 80%，收率为 63%。

$$CH_3OCH_3+O_2 \longrightarrow 2CH_2O+H_2O$$

在 MoO_3/WO_3 作用下，在 500℃ 反应条件下，二甲醚和 NH_3 可被氧部分氧化为氢氰酸：

$$CH_3OCH_3+2NH_3+2O_2 \longrightarrow 2HCN+5H_2O$$

此外，二甲醚可与硅在高温下生成有机硅化合物；与环氧乙烷反应可生成乙二醇二甲醚、二乙二醇二甲醚、三乙二醇二甲醚、四乙二醇二甲醚的混合物；在固体催化剂 SnO_2/MgO 作用下，可氧化二聚生成二甲氧基乙烷；与氨在改性酸性分子筛上反应生成二甲胺；与 P_2O_5 反应生成多磷酸烷基酯等。

3. 毒性及安全性

二甲醚在常温常压下为气体，具有轻微的醚香味，有轻微的麻醉作用，主要通过呼吸道侵入人体，吸入高浓度的二甲醚气体，可引起麻醉、窒息感。二甲醚的毒性低于甲醇，但与液化石油气（LPG）相当。它基本无味，对环境无污染，对人体无致癌作用，对金属无腐蚀，性能稳定，即使长期暴露于空气中也不会像二乙基醚那样生成过氧化物。

二甲醚的半衰期较短，极易在对流层降解为 CO_2 和 H_2O，在光化学反应中，不会产生甲醛，对大气臭氧层无破坏作用和无温室效应。二甲醚易溶于水，雨、雪可将大气中的二甲醚吸收。在自然状态下，二甲醚可在 $1\sim2$ 天内降解，不会对环境造成危害。

二甲醚燃料成分简单，且含有氧原子，空气混合要求低，燃烧完全，洁净无烟，作为车用燃料，其排放废气可达到或超过美国加州有关中型载重汽车及客车的尾气超低排放标准的要求。

二甲醚作为化学品与液化石油气、天然气一样，都属于危险化学品。根据火灾危险性特征描述，二甲醚、液化石油气、天然气等火灾危险性分类见表 6-5。由表可以得出，作为爆炸危险性介于液化石油气和天然气之间的燃料，二甲醚与液化石油气的属性基本相近。

表 6-5　储存物火灾危险性分类

物质名称	闪点/℃	空气中的爆炸极限/%		自燃温度/℃	火灾危险性类别
		下限	上限		
二甲醚	−41	3.4	27.0	235	甲类
天然气	−190	5.0	15.0	540	甲类
丙烷	−104	2.1	9.5	460	甲类
丁烷	−60	1.5	8.5	365	甲类

作为民用燃料，二甲醚燃烧性能良好，燃烧废气无毒，完全符合卫生标准。陕西新型燃料燃具公司与中科院山西煤化所将所得的二甲醚用于液化气灶，进行燃烧环境卫生、卫生防疫检测等的结果表明，二甲醚在着火性能、燃烧工况、热负荷、热效率、烟气成分等方面符合煤气灶 CJ 4.83 的技术指标。二甲醚及其配套燃具在正常使用情况下，不会对人体造成伤害，对空气不构成污染。该燃料在使用配套的燃具燃烧后，室内空气中甲醇、甲醛及一氧化碳残留均符合国家居住区卫生标准及居室空气质量标准。

作为民用燃料，二甲醚要比液化石油气安全：

① 二甲醚在空气中的爆炸下限比液化石油气的高，因此在使用过程中由于泄漏方面而引起的爆炸燃烧事故等也比液化石油气少，也就比液化石油气安全；

② 在相同的温度下，二甲醚的饱和蒸气压低于液化石油气的饱和蒸气压，即二甲醚在 38.7℃ 时，其蒸气压低于 1380kPa，符合液化石油气要求（GB 11174—2011），在 60℃（液化石油气储罐的设计储存最高温度）时，二甲醚的饱和蒸气压为 1.47MPa，低于液化石油气的 92MPa。因此，二甲醚的储存、运输等都比液化石油气安全。

另外，二甲醚与液化石油气在腐蚀性方面具有差异，二甲醚对耐液化石油气的丁腈橡胶具有严重腐蚀作用，二甲醚会腐蚀气瓶胶圈，导致有害气体泄漏危及人身安全。因此，需要专门设计 LPG 和二甲醚掺混储存钢瓶，而不能在民用 LPG 中掺入二甲醚后直接充入 LPG 钢瓶。

作为车用燃料，二甲醚基本可以达到零排放，安全性也较高，唯一要注意的是当发动机停机时，要防止 DME 泄漏到大气中。泄漏主要来自两个地方，一个是燃料喷射器，另一个是带压力的共轨油路系统。在长时间停车时，可用两个办法来控制泄漏，一个是利用带压力的燃料将 DME 冲扫并送回燃料缸，另一个是利用类似于汽油机用的活性炭过滤器来收集 DME。

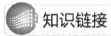**思考与讨论**

分析二甲醚的物理性质和化学性质在替代液化石油气和柴油两个方面的优缺点。

任务三　二甲醚生产工艺

任务描述

传统的二甲醚生产采用浓硫酸作用下甲醇液相脱水实现。但由于浓硫酸腐蚀设备、环境污染严重，现已经淘汰。目前二甲醚的生产工艺主要以固体催化剂催化甲醇气相脱水和合成气一步直接合成两种工艺。

知识链接

20世纪70年代，石油危机爆发使得欧美等发达国家积极开展由合成气经二甲醚合成汽油，以及粗醚作民用燃料等，并形成了许多合成气制取二甲醚的催化剂专利，但CO转化率低（小于50%），二甲醚选择性差。

20世纪80年代中期开始，随着国际上对氟氯烷破坏大气臭氧层的关注，寻找氟氯烷替代品的技术迅速发展起来。二甲醚以其易雾化、易储存等优越性能得到认可，成为新一代气雾剂产品。在化妆品工业较发达的国家和地区，二甲醚作气溶胶的用量近4万吨。甲醇气相脱水生产二甲醚的两步法工艺以其产品纯度高、易操作等特点，很快成为生产二甲醚的主要方法，如美国Mobil公司开发的两步法技术，甲醇化率80%，二甲醚选择性大于98%。

20世纪90年代初，用合成气（CO+H$_2$）直接合成二甲醚的技术逐渐成熟。1991年美国ACC公司开发了合成气浆态床一步合成二甲醚技术并建成10t/a中试装置；1995年丹麦Topsoe公司开发出以天然气为原料经合成气制二甲醚的技术，并建成50kg/d的中试装置。一步法以煤、天然气为起始原料，产品成本可能低于两步法合成工艺，具有很强的竞争能力。

早期的二甲醚工业生产采用甲醇经硫酸脱水制成，由于腐蚀严重，环境污染大而被逐渐淘汰，目前二甲醚工业化生产主要采用甲醇气相催化脱水工艺，该工艺虽腐蚀小，无污染，但必须先获得甲醇，而后才能制得二甲醚，导致二甲醚生产投资大、能耗高、成本高，产品价格直接受甲醇市场影响，抗风险能力差。合成气一步法制二甲醚工艺是由气体直接通过催化剂床层合成，是CO与H$_2$通过双功能化剂催化反应而制得，具有工艺过程简短、合成气转化率高等优点。一步法与两步法相比，虽具有明显的经济效益，但催化剂寿命短，设备复杂，反应产物分离难度大，能耗高，还不够成熟，而且反应中会发生类似于合成氨厂的变换反应，产生CO$_2$，不仅需要增加脱碳设备的投资，而且增加了原料消耗，成本较高，国内外尚无规模较大的生产装置。表6-6为生产二甲醚的三种方法的技术经济比较。

1. 甲醇脱水制二甲醚

该方法先由合成气制得甲醇，然后甲醇在固体催化剂作用下脱水制得二甲醚，但由于受热力学的限制，转化率低，生产成本较高。根据不同反应器，甲醇脱水又分为气相脱水和液相脱水两种工艺方法。

表 6-6 二甲醚三种生产方法的技术经济比较

方法	硫酸法	气相转化法	一步合成法
催化剂	硫酸	固体酸催化剂	多功能催化剂
反应温度/℃	130~160	200~400	250~300
反应压力/MPa	常压	0.1~1.5	3.5~6.0
转化率/%	约 90	75~85	90
二甲醚选择性/%	>99	>99	>65
1000t/a 投资/万元	280~320	400~500	700~800
车间成本/(元/t)	4500~4800	4600~4800	3400~3600
二甲醚纯度/%	≤99.6	≤99.9	约 99

（1）反应热力学

甲醇脱水生成二甲醚的反应式为：

$$2CH_3OH \rightleftharpoons (CH_3)_2O + H_2O - 23.4kJ/mol$$

不同温度下该反应的反应热、平衡常数和平衡转化率见表 6-7。

表 6-7 不同温度下的反应热、平衡常数和平衡转化率

温度/℃	ΔH_R/(kcal/mol)	K_p	x	温度/℃	ΔH_R/(kcal/mol)	K_p	x
220	−5.122	21.224	0.9021	320	−4.910	8.948	0.8568
240	−5.077	17.327	0.8928	340	−4.873	7.815	0.8483
260	−5.033	14.386	0.8835	360	−4.838	6.890	0.8400
280	−4.991	12.24	0.8744	380	−4.803	6.128	0.8320
300	−4.950	10.354	0.8655				

（2）甲醇液相脱水法

两分子的甲醇在浓硫酸脱水剂的作用下脱去一分子的水生成一分子的二甲醚：

$$CH_3OH + H_2SO_4 \longrightarrow CH_3HSO_4 + H_2O$$
$$CH_3HSO_4 + CH_3OH \longrightarrow CH_3OCH_3 + H_2SO_4$$

甲醇液相法脱水制二甲醚工艺流程如图 6-4 所示。该工艺过程反应温度低、转化率高（>80%）和选择性好（>98%），可间歇生产也可连续生产，投资较少，操作简单。但由于浓硫酸严重腐蚀设备，对甲醇的炭化作用严重，催化剂的使用周期短，同时脱除反应会产生大量的残酸和废水，对环境污染严重；中间体硫酸氢甲酯毒性较大，危害人体健康，从而限制了传统工艺的发展，生产规模都相对较小，在工业上并不常用，已逐渐被淘汰，目前我国只有武汉硫酸厂采用此工艺，而且也在探索研究一些新的催化体系。

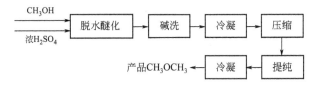

图 6-4 甲醇液相法脱水制二甲醚工艺流程

山东久泰化工有限公司对传统液相法二甲醚工艺所使用的催化剂进行了改造，开发出独具特色的复合酸催化脱水液相生产二甲醚的新工艺，采用硫酸/磷酸液体复合酸作为脱水催化剂，在 120~200℃、压力 0~0.05MPa 下和甲醇进行醚化脱水，液-液接触进行反应，防止了水和催化剂共沸的现象，使水分能够稳定均衡地蒸发出来，达到连续生产二甲醚的目的。2001 年 9 月，率先建成了当时国内最大的 5000t/a 的二甲醚生产装置。目前该公司已形

成了 3 万吨/年燃料二甲醚的生产能力。

四川达科特化工科技有限公司选用阳离子型液体催化剂和"液-液-气"工艺路线,开发出阳离子型液体催化反应法二甲醚技术,由于液相催化剂与液相甲醇接触充分,因此甲醇的转化率高达 98%,二甲醚的选择性达到 99.5%,二甲醚也极易分离提纯。其工艺流程图见图 6-5。

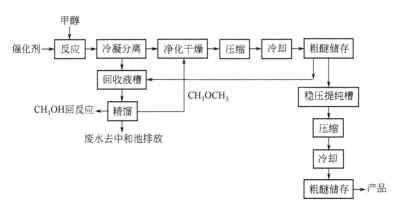

图 6-5 阳离子型液体催化甲醇脱水制二甲醚工艺流程

山东科技大学开发出反应精馏法、分步反应液相法制二甲醚工艺,采用"液-液-气"混相循环反应精馏工艺路线,见图 6-6。原料甲醇由进料泵增压到 0.6~1.0MPa,经过换热器和污水换热器加热后,部分甲醇通过液相原料入口进入二甲醚反应精馏塔,绝大部分甲醇进入甲醇汽化回收塔的精馏段进行汽化;汽化后的甲醇通过加热器加热到 130℃进入二甲醚反

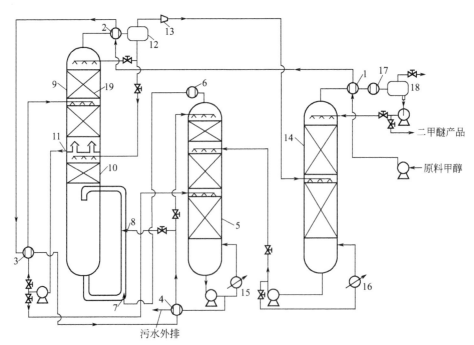

图 6-6 反应精馏法、分步反应液相法制二甲醚工艺流程

1~3—换热器;4—污水换热器;5—甲醇汽化回收塔;6—加热器;7—气相原料入口;8—液相原料入口;
9—二甲醚反应精馏塔;10—洗涤段;11—水抽出口;12—分液罐;13—压缩机;14—二甲醚精馏塔;
15,16—再沸器;17—水冷器;18—二甲醚分液罐;19—精馏段

应精馏塔反应器的气相入口，和液相催化剂在 130～200℃、0.05～1.0MPa 下快速反应；反应产物二甲醚、水蒸气和未反应的甲醇上行通过洗涤段与回流甲醇接触洗涤脱重相，然后进入精馏段脱水和甲醇；水从二甲醚反应精馏塔的水抽出口抽出，部分水经换热器换热后回流，部分水送往甲醇汽化回收塔的提馏段通过再沸器循环脱甲醇，甲醇汽化回收塔塔底排出污水，经污水换热器换热后送污水车间处理；精馏脱水和甲醇后的二甲醚经换热器冷却到常温，保持或用压缩机加压到 0.6MPa 以上，进入二甲醚精馏塔；通过精馏后的二甲醚经换热器、水冷器和二甲醚回流罐后即可得到高纯度二甲醚产品。反应精馏塔的反应器可以是鼓泡式，也可以是环管式。

该工艺在 120～180℃下液相和气相甲醇分子与催化剂分子充分接触反应，配套设备 NS 倾斜立体长条复合塔板和新型高点效率塔板，反应热合理利用，转化率高、能耗低；反应闪蒸段由于洗涤段脱重相的作用，消除了废水污染和上部设备的腐蚀问题；生成的二甲醚气体极易脱离液相，投资仅相当于同类技术的 40％～50％；工艺简便易行，无须增加再生工序和装备。

2007 年 9 月，山东青州市龙宇化工科技有限公司应用该技术建成二甲醚生产装置且一次开车成功，装置的运行结果表明，甲醇单程转化率≥90％、二甲醚选择性≥99％，装置在 0.1～1.0MPa 内可灵活调节，生产 1t 二甲醚需消耗甲醇 1.4t，反应精馏塔出口二甲醚含量超过 95％，已具备单套装置达到百万吨级生产能力。

（3）甲醇气相脱水法

甲醇气相脱水法是从传统的浓硫酸甲醇脱水法的基础上发展起来的。将甲醇蒸气通过固体催化剂，发生非均相反应，甲醇脱水生成二甲醚。以精甲醇为原料，脱水反应副产物少，产品二甲醚纯度达到 9.99％，工艺比较成熟，操作简便、污染少，可连续生产。甲醇气相脱水法制二甲醚生产工艺流程见图 6-7。

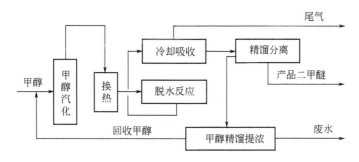

图 6-7　甲醇气相脱水法制二甲醚工艺流程

① 催化剂。甲醇脱水催化剂主要有沸石、氧化铝、二氧化硅/氧化铝、阳离子交换树脂等，催化剂的基本特性是呈酸性、对主反应选择性高、副反应少，且可避免二甲醚深度脱水生成烯烃或析炭。

1965 年，美国 Mobil 公司与意大利 Esso 公司都曾利用结晶硅酸盐催化剂进行气相脱水制备 DME。其中 Mobil 公司使用了硅酸铝比较高的 ZSM-5 型分子筛，而 Esso 公司则使用了 0.5～1.5nm 的含金属的硅酸铝催化剂，其甲醇转化率为 70％，DME 选择性＞90％。

1981 年，Mobil 公司利用 HZSM-5 使甲醇脱水制备二甲醚，反应条件比较温和，常压、200℃左右即可获得 80％甲醇转化率和＞98％DME 的选择性。

1991 年，日本三井东亚化学公司开发了一种新的甲醇脱水制 DME 催化剂。据称该催化剂是一种具有特殊表面积和孔体积的 $\gamma\text{-Al}_2\text{O}_3$，可长期保持活性，使用寿命达半年之久，转化率可达 74.2%，选择性约 99%。

西南化工研究院开发的 CM-3-1 改性分子筛催化剂，在 250～380℃范围内，选择性接近 100%，已用于广东中山精细化工厂 300t/a 的二甲醚生产装置上，生产情况良好。进一步研究的 CNM-3 甲醇脱水催化剂，具有生产成本低、工艺过程较易控制、产品质量稳定的特点，居国内外先进水平。截至 2008 年 5 月，该催化剂已成功应用于国内 40 余套二甲醚工业生产装置，年生产规模近 150 万吨。使用该产品可生产纯度为 99.99% 的二甲醚产品，甲醇单程转化率≥80%，二甲醚选择性≥99%，催化剂寿命可达 3 年，其他各项运行经济指标均达国际先进水平。

在 CNM-3 型二甲醚催化剂生产工艺的基础上，西南化工研究院对该催化剂进行改性研究。改性后催化剂活性和热稳定性好，甲醇转化率≥80%，二甲醚选择性≥99.5%，甲醇单耗 1.402t/t（折纯）；蒸汽消耗 1.08t/t，可满足目前国内最大规模二甲醚装置生产要求。目前改性后的催化剂已成功应用于年产 20 万吨二甲醚生产装置，为目前国内单套产能最大规模装置之一。

催化剂的催化性能是甲醇脱水合成二甲醚的关键所在，国内外学者一直不断地研究新的催化剂和改进旧催化剂以提高活性和选择性。

a. $\gamma\text{-Al}_2\text{O}_3$ 系列。研究表明：表面积为 220m²/g 左右的 $\gamma\text{-Al}_2\text{O}_3$，在反应温度为 330℃、反应压力为 1MPa、空速为 3000h⁻¹ 的条件下，甲醇转化率只有 75%～80%，随着时间的推移（1～2 个月之后），其活性便大大降低，甲醇转化率降为 65%～70%，为保持较高的甲醇转化率，不得不提高反应温度，其升温速率大约是每个月提高 10℃，主要原因是随着催化剂的长期使用，催化剂表面及细孔内产生焦化现象，另外在较高的反应温度下，甲烷、乙烯、丙烯等烃类化合物和 CO、CO_2 等副产物增加，降低二甲醚的选择性和甲醇的利用率，并增加产物分离精制的难度。实验表明，以 Al_2O_3 为载体，添加助剂，能明显提高甲醇转化率。

b. 沸石分子筛系列。在反应压力 1.0MPa 下，β 型沸石、Y 型沸石、ZSM-5 型沸石对甲醇脱水生成二甲醚反应的催化活性均优于 $\gamma\text{-Al}_2\text{O}_3$，其活性大小顺序为 ZSM-5 型沸石＞β 型沸石＞Y 型沸石＞$\gamma\text{-Al}_2\text{O}_3$，见表 6-8。

表 6-8 沸石类型对试验结果的影响

催化剂	甲醇转化率/%							二甲醚选择性/%
	170℃	190℃	210℃	230℃	240℃	250℃	270℃	
ZSM-5	42.3	87.8	87.2	86.3	—	85.1	83.5	100
β	12.9	50.3	86.4	86.6	86.1	—	—	100
Y	2.9	10.7	27.7	61.7	72.8	74.7	75.1	100
$\gamma\text{-Al}_2\text{O}_3$	0.6	3.1	10.6	23.6	—	47.1	69.6	100

注：甲醇进料速度 3mL/h，氢气流速 60mL/min，压力 1.0MPa。

沸石表面的强酸中心是活性中心，其微孔结构对甲醇脱水生成二甲醚影响不大。沸石的酸性可通过 SiO_2/Al_2O_3 摩尔比、改性及焙烧温度来调变，从而改变其活性，Na^+ 易造成酸性中心的中毒，显著影响沸石催化剂的催化活性。沸石晶粒越小，越有利于甲醇脱水生成二甲醚反应的进行。

c. 杂多酸系列采用 Al_2O_3 浸渍钨硅酸（$H_4SiW_{12}O_{40}\cdot nH_2O$）制备的负载型杂多酸催

化剂具有中孔结构，表面上有 L 酸和 B 酸两种类型酸中心，对甲醇脱水制二甲醚反应是一种活性高、选择性好的新型催化剂。其最佳反应条件为：反应压力 0.75～0.85MPa，反应温度 280～320℃，质量空速为 1.5～2.5h^{-1}，二甲醚的选择性在 99% 以上。反应温度对甲醇的转化率影响较大，随温度升高转化率升高。当反应温度为 320℃时，甲醇转化率几乎达到了平衡转化率，见表 6-9。

表 6-9 不同温度下的甲醇转化率

反应温度/℃	260	280	300	320
甲醇转化率/%	58	78	79	85

注：实验条件为反应压力 0.80MPa，质量空速 1.50h^{-1}。

d. 其他催化剂。Xu 等的研究表明：ZrO_2 具有稍弱的酸性中心和稍强的碱性中心，其酸性比 $\gamma\text{-}Al_2O_3$ 弱。ZrO_2 对甲醇脱水的催化活性不如 $\gamma\text{-}Al_2O_3$，在 325℃下甲醇转化率只有 41%，二甲醚选择性大于 99%，存在微量 CO 和甲烷副产物，纯 TiO_2 的活性比 ZrO_2 还要低，但 TiO_2/ZrO_2 催化剂活性比单一组分 ZrO_2 强，这是由于 TiO_2 的加入增加了表面活性酸度，从而提高甲醇的转化率。

② 合成工艺。气相甲醇脱水法制备二甲醚的基本原理是将甲醇蒸气通过固体酸催化剂，发生非均相催化反应脱去水分生成二甲醚，是一种可连续生产的工艺方法，具有规模大、操作控制容易、无腐蚀、无污染物和废弃物排放等特点。甲醇转化率高，二甲醚的选择性好，产品中二甲醚的含量可达到 99.9%，是目前世界上二甲醚的主要生产方法之一。

目前，国际上以德国鲁奇公司的技术具有代表性，目前单套装置规模已达到 100 万吨/年以上。其他的还有美国杜邦公司、德国联合莱茵褐煤燃料公司、德国汉堡 DMA 公司、荷兰阿克苏公司等。

近年来，国内许多单位已相继成功开发出气相甲醇脱水法制备二甲醚的装置，掌握气相法技术的单位主要有西南化工研究院、清华大学、中科院大连化物所等单位。西南化工研究院在该领域的研究开发起步较早，在国内技术推广过程中占有的市场份额最大。虽然我国已掌握二甲醚生产技术，并建成多套生产装置，但当前在我国建立以二甲醚为中心的能源系统，所面临的最大挑战仍是开发高效、低耗、环保的二甲醚生产技术。

西南化工研究院的甲醇气相脱水制二甲醚工艺流程见图 6-8。原料甲醇首先进入汽化分离塔，除去高沸点物及杂质，汽化分离塔的操作温度是 74～190℃，最好是 125～150℃，压力是 0.1～1.5MPa，最好是 0.5～1.0MPa。除去高沸点物及杂质的甲醇蒸气分段进入多段冷激式反应器，进行催化脱水反应。该反应器一般为 2～6 段，各段不等分，即反应器内各段的空间大小不等，反应器操作温度是 150～450℃，最好是 190～380℃，压力为 0.1～1.5MPa，空速为 0.5～6.0h^{-1}。由于甲醇蒸气是分段进入多段冷激式反应器的，且从塔顶进入的甲醇蒸气温度高于从中段进入的甲醇蒸气，所以上一段脱水反应后温度较高的气体，可以被下一段温度较低的甲醇蒸气冷却，即以甲醇蒸气作为冷激气体，避免温度升高，有利于提高转化率。

该工艺的主要特点是：

a. 反应器采用多段激冷式固定床，既避免绝热式固定床反应器温升太高造成副反应增加、甲醇单程转化率偏低的缺点，又克服了换热式固定床和等温管式固定床反应器尺寸大、催化剂装填容量小的不足；

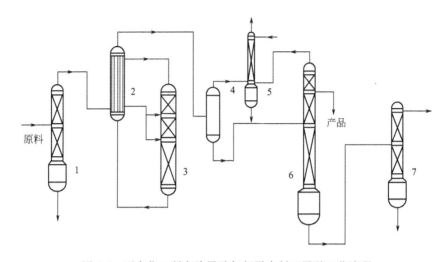

图 6-8　西南化工研究院甲醇气相脱水制二甲醚工艺流程

1,2—汽化分离塔；3—三段冷激式反应器；4—气液分离；5—吸收塔；6—精馏塔；7—回收塔

b. 新型的汽化塔和分离工艺，不设置用于回收未反应甲醇的提浓塔，简化了流程、减少了投资，每吨二甲醚产品蒸汽消耗比国外同类技术可减少 0.5t 以上；

c. 以二甲醚精馏塔釜送出的甲醇水溶液作反应尾气洗涤塔的吸收剂，减少了外排尾气中的甲醇含量，降低了甲醇消耗。

采用加压精馏的方法可除去二甲醚产品中轻重组分杂质，同时获得纯度不小于 99.99% 的二甲醚产品。工艺流程如图 6-9 所示。

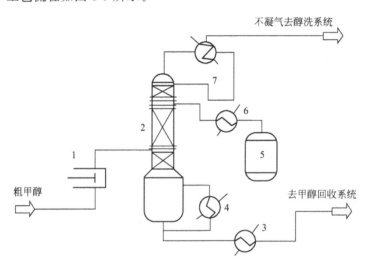

图 6-9　DME 精馏主要工艺流程

1—计量泵；2—精馏塔；3—釜液冷却器；4—再沸器；5—产品罐；6—产品冷却罐；7—塔顶冷却器

原料不须预热直接由泵送入精馏塔，再沸器由低压蒸汽供热，轻组分杂质不凝性气体（H_2、N_2、CH_4、CO、CO_2、C_2H_4 等）在塔顶富集到一定浓度后可排放去醇洗，重组分杂质——甲醇、水由塔釜排到甲醇回收；纯度 $\geqslant$99.99% 的 DME 产品在塔上部适当位置输出，经产品冷却器进入产品储罐。

精馏工序主要设备为精馏塔，塔径 400mm，塔高 20m，内装 4.5～50 型不锈钢压延孔板波纹填料，全塔理论塔板数为 50 块，其中提馏段 15 块，精馏段 30 块，富集不凝性气体段 5 块。产品自侧线输出，输出口设在精馏段与富集段之间，并在塔顶设回流分布器。精馏高纯二甲醚适宜的操作条件为：压力 $0.6\sim0.8$MPa，塔釜温度 $130\sim140℃$，塔釜与提馏段温差 $70℃$ 左右，输出口与塔顶温差小于 $1.5℃$，回流比 $R=3\sim4$。在此条件下，能长期稳定地获得 99.99% 的高纯二甲醚。

与传统的甲醇脱水技术相比，催化蒸馏技术有如下优点。

a. 该技术反应温度易于控制，消除了传统气相法技术存在的易超温的缺陷。

b. 转化率选择性高。该技术打破了甲醇脱水反应的化学平衡限制，甲醇接近全部转化，抑制了副反应的发生，提高了目的产物的选择性，减少了二甲醚的蒸馏损失，甲醇单耗低。

c. 节省投资和生产成本。该技术工艺流程简单，减少了设备台数，节省了投资；热量利用充分，反应热直接用作蒸发所需要的热量，催化蒸馏技术装置的投资为气相法技术的 60%～70%，能耗仅为气相法技术的 40%，二甲醚生产成本大大降低。

d. 催化剂寿命较长。催化蒸馏工艺中，反应生成的二甲醚及可能生成的微量烯烃副产物迅速离开反应区，富集到塔顶。它们在反应区液相的浓度很低，二甲醚生产烯烃的反应速率和烯烃生成积炭的反应速率都会受到很大的抑制。另外，在催化蒸馏工艺的反应条件下，主要含有醇的饱和液相物料扩散到催化剂颗粒中进行反应，反应后物料组分的变化使饱和蒸气压降低。这样将有部分物料汽化，而汽化所吸收的热量远大于反应放出的热量，使颗粒内部温度低于表面温度。这些因素都有利于延长催化剂的寿命。在催化蒸馏工艺中催化剂的寿命可达到 2 年。

催化蒸馏技术克服了现有技术存在的流程长、能耗高、投资大等问题，是二甲醚生产技术的重大进展，目前已经完成中试，并具备了实现工业化的条件。

2. 合成气一步直接制二甲醚

（1）热力学分析

一步法合成二甲醚是以合成气为原料直接合成二甲醚，反应过程实际上是甲醇合成、甲醇脱水和水气变换的耦合，主要反应式如下。

甲醇合成反应：　　　　　　　$CO+2H_2 \xrightarrow{Ag} CH_3OH$　　　　　　　　　　（1）

甲醇脱水生成二甲醚反应：　$2CH_3OH \longrightarrow CH_3OCH_3+H_2O$　　　　　（2）

水气变换反应：　　　　　　$CO+H_2O \longrightarrow CO_2+H_2$　　　　　　　　（3）

总反应为：　　　　　　　　$2CO+4H_2 \longrightarrow CH_3OCH_3+H_2O$　　　　　（4）

或　　　　　　　　　　　　$3CO+3H_2 \longrightarrow CH_3OCH_3+CO_2$　　　　　（5）

采用一步法时，反应式（1）生成的 CH_3OH 可以由反应式（2）立即转化为二甲醚，反应式（2）中生成的 H_2O 又可以被反应式（3）消耗，反应式（3）中生成的 H_2 又可作为原料参与到反应式（1）中。三个反应相互促进，从而提高了 CO 的转化率。

反应式（4）是不发生水气变换反应时的二甲醚合成，反应式（5）是发生水气变换反应时二甲醚的合成。一般来说，甲醇合成催化剂同时也催化水气变换反应，所以总的二甲醚反应将介于反应式（4）和式（5）之间。

以上 5 个反应均为强放热反应，从热力学平衡角度讲，降低反应温度有利于反应向正方向进行。从反应式（4）和式（5）又可以看出，反应总体上是一个体积缩小的反应，因此反应压力升高有利于原料转化和二甲醚生成。

Fujimoto 等计算了 $H_2/CO=1$ 时，不同反应温度及压力下反应式(4) 和式(5) 的 CO 平衡转化率，发现反应式(5) 的 CO 转化率远高于甲醇合成反应的 CO 转化率。反应温度及压力对 CO 的平衡转化率的影响见图 6-10。

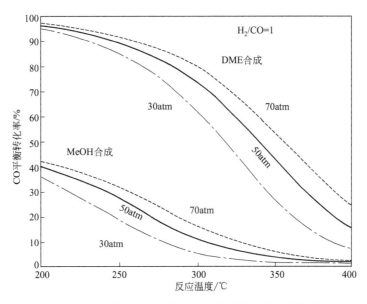

图 6-10　反应温度及压力与 CO 的平衡转化率的关系

由图 6-10 可以看出，CO 的平衡转化率随着温度的升高而减小，随着压力的升高而增大。对于甲醇合成来说，反应温度越低，压力对反应平衡转化率的影响越显著；而对于二甲醚合成来说，反应温度越高，压力对反应平衡转化率的影响越显著。同时可以看出，即使在较低的压力条件下，二甲醚合成时一氧化碳的平衡转化率远高于甲醇合成时的平衡转化率。由此可看出，合成二甲醚过程在热力学上优于合成甲醇过程。

图 6-11 给出了不同 H_2/CO 值对合成气一步法合成二甲醚平衡转化率的影响，可以看出，对于不同压力下反应来说，$H_2/CO=2$ 时，反应式(4) 的 $CO+H_2$ 的平衡转化率达到最大，而当 $H_2/CO<2$ 时，反应式(5) 的 $CO+H_2$ 的平衡转化率远高于反应式(4) 的 $CO+H_2$ 的平衡转化率。说明水气变换反应非常重要，能及时将反应式(2) 中生成的水消耗，从而促进反应式(1) 和式(2) 向右进行。

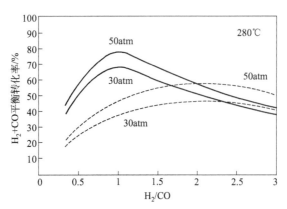

图 6-11　不同 H_2/CO 比下的平衡转化率

注：虚线是反应式(4)，实线是式(5)

（2）催化剂

一步法二甲醚合成催化剂主要是由合成甲醇的催化剂组分和具有酸性的脱水催化剂组分组合而成，要求催化剂的甲醇合成和脱水两种活性组分在一定温度范围内能很好地匹配，以充分发挥协同作用。由于铜基催化剂具有优异的甲醇合成性能，而成为一步法二甲醚合成催化剂最常用的甲醇合成催化剂组分；脱水催化剂组分主要有 γ-Al_2O_3、硅铝分子筛、复合氧化物、杂多酸、磷酸铝等，其中以 γ-Al_2O_3 和 HZSM-5 最为常用。两种组分组合的方法可以采用机械混合法、共沉淀浸渍法、共沉淀沉积法、胶体沉积法、溶胶-凝胶法等。

为了得到更高的 CO 转化率，以充分发挥一步法合成二甲醚在热力学上的优势，许多研究者对双功能催化剂的制备方法、两活性组分的匹配以及加入助剂进行了大量的研究。研究表明，无论采用哪种方法制备催化性能优异的双功能催化剂，应满足以下条件：

a. 催化剂中两种活性中心应紧密接触，并发挥协同增效作用；

b. 催化剂中两种活性组分不能相互掩盖；

c. 催化剂中各组分不应相互反应，以避免产生非活性的新物种；

d. 催化剂中两活性组分的比例要适当，以发挥协同作用。

（3）合成工艺

通过合成气一步法生产二甲醚技术进展很快，一步法将合成甲醇和甲醇脱水两个反应组合在一个反应器内完成，与甲醇脱水法相比，具有流程短、能耗低等优点，而且可得到较高的单程转化率。开发合成气一步法工艺典型的公司有丹麦托普索（Topsoe）公司、美国空气化工产品（Air Products and Chemical）公司及日本钢管（NKK，现 JFE）公司。合成气一步法生产二甲醚目前虽处于中试阶段，但不久也有望建设工业化装置。

合成气一步法制二甲醚可分为两相法和三相法。两相法即气相法，采用气固相反应器，合成气在固体催化剂表面进行反应，也称固定床法；三相法即液相法，引入惰性溶剂，将合成气扩散至悬浮于惰性溶剂中的催化剂表面进行反应，也称为浆态床法。

① 固定床合成工艺。固定床一步法合成二甲醚技术是指将固体催化剂颗粒（固相）装填于反应器中，反应物（气相）通过催化剂床层与其接触进行化学反应，是一个气固两相反应的过程。采用这种技术可以获得较高的 CO 转化率和二甲醚选择性。然而，由于合成甲醇和甲醇脱水均是强放热反应，固定床不便于热量传递，极易使得催化剂床层局部温度过高而导致双功能催化剂的热失活。为了避免转化率高时放热引起的二甲醚选择性的降低，只能在低转化率、高 H_2/CO 值（一般为 10）的条件下操作，这样未反应的合成气循环量大，增加了设备负荷。另外，固定床反应器装卸催化剂时需要停车，且装填要求严格。

国内浙江大学、清华大学、中国科学院大连化学物理研究所、中国科学院兰州化学物理研究所和中国科学院山西煤炭化学研究所等单位也先后开发了一步法合成二甲醚的催化剂技术，而且几乎都完成了单管扩大试验。

a. 丹麦托普索公司工艺。脱硫天然气加入水蒸气混合后进入自热式转化器。自热式转化器由加有耐火衬里的高压反应器（ATR）、燃烧室和催化剂床层三部分组成。来自 ATR 造气部分的合成气经冷却后进入二甲醚合成装置。合成部分用内置级间冷却的多级绝热反应器以获得高的甲醇和二甲醚转化率（见图 6-12）。托普索公司利用该技术已建成 50kg/d 中试装置，并完成 1200h 的操作，所用催化剂由水气变换催化剂和 Cu 基甲醇合成催化剂、甲醇脱水（氧化铝和硅酸铝）催化剂混合构成。当反应温度在 $240 \sim 290℃$、压力为 4.2MPa 时，CO 单程转化率达到 $60\% \sim 70\%$。

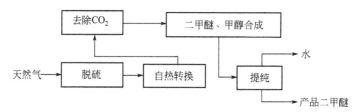

图 6-12　Topsoe 的合成气一步法制取二甲醚工艺流程

　　b. 大连化物所工艺。中科院大连化物所采用金属-沸石双功能催化剂体系，筛选出 SD219-Ⅲ 型催化剂，将合成气高选择性地转化为二甲醚。小试结果表明，CO 的转化率高达 90％以上，二甲醚在含氧有机物中的选择性在 95％左右。原兰化集团化肥厂与中科院兰州化物所共同开发的合成气一步法制取 DME 的小试研究已经过技术鉴定，其工艺流程如图 6-13所示。

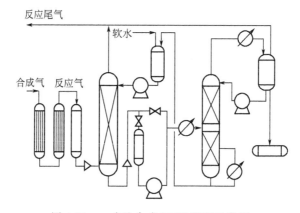

图 6-13　一步法合成 DME 流程示意图

　　② 浆态床合成工艺。浆态床一步法二甲醚合成技术，是将固体催化剂细粒悬浮在作为热量吸收剂的惰性溶剂中，反应气体穿过液相溶剂层到达悬浮于溶剂中的催化剂表面进行反应，是一个在气液固三相体系中进行反应的过程。在研究工作中选用的惰性溶剂主要为烷烃类溶剂，如液体石蜡、矿物油、角鲨烷等。

　　浆态床反应器属于气液固三相流化床反应器的一种，此外三相床还包括滴流床反应器、鼓泡塔反应器等。浆态床反应器的主要特点如下。

　　a. 床层的等温性。由于有热导率大、比热容大的惰性液相热载体和存在高度湍动的气液固三相，导致反应热迅速分散并传向冷却介质，使得床层接近等温操作，因而其温度分布和传热速率均优于固定床，不会出现床层温度不合理分布、局部过热及对催化剂和设备造成危害等情况。

　　b. 反应的高效性。由于浆态床中一般采用 200 目甚至更小的细颗粒催化剂，催化剂表面积大、内表面利用率高，催化剂的有效系数接近 100％，催化剂的利用效率远远高于气固相反应，较佳的温度又兼顾了化学平衡与反应速率的推动力，从而加快了反应速率并且可获得较大的原料气转化率和转化量。

　　c. 原料的适应性。由于有优良的传热性能使得浆态床合成二甲醚的原料气适应性强，反应物主要成分 CO 可在大范围内变化，而这对于固定床来说是不可能的。

　　d. 操作的可塑性。由于气液固三相有优良的传热性能，加之床层压降低，操作气速或质量空速可在较大范围内变化，反应器操作弹性大。

e. 节能的现实性。由于原料气转化率高、循环气量减少、热效率高，因而合成工序可节能 25%～30%。

f. 联产的可行性。原则上可用各种合成气制二甲醚，特别是可使煤的燃烧发电供汽和化工产品联产，大大提高煤的有效利用率，改善经济效益，并可较容易地做到对现有生产装置的技术改造与产品更换。

浆态床一步法合成二甲醚是目前最新开发的技术，此工艺的典型代表有美国空气化工产品公司（Air Products）、日本 NKK 公司及清华大学等，国内中科院山西煤化所、华东理工大学、中科院大连化物所和太原理工大学等科研单位和高校在浆态床二甲醚合成方面做了相关研究，取得了一定进展。

1998 年，清华大学开始与美国空气化学品公司合作进行浆态床一步法 DME 生产技术的研究。

2002 年 7 月，清华大学与重庆英力燃化股份公司合作开发 3000t/a 燃料用 DME 工业示范技术。2004 年 3 月 29 日采用浆态床一步法二甲醚合成技术，利用重庆地区丰富的天然气资源，以天然气、CO_2 和水蒸气重整所制得的合成气为原料生产燃料用二甲醚装置试车成功。这是我国首家实现浆态床一步法合成燃料二甲醚的大规模生产装置。其生产工艺流程如图 6-14 所示。

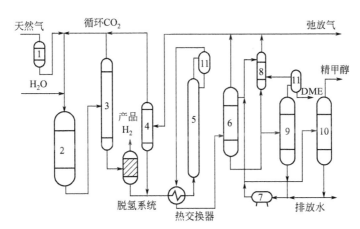

图 6-14　清华大学的浆态床二甲醚生产工艺流程

1—脱硫塔；2—转化炉；3—脱碳塔Ⅰ；4—脱碳塔Ⅱ；5—DME 合成塔；6—吸收塔；

7—储液罐；8—尾吸塔；9—DME 精馏；10—甲醇精馏塔；11—分离塔

其流程主要包括造气、脱碳、脱氢、DME 合成和产物提纯五部分。脱硫后的天然气与水蒸气、CO_2 重整制得合成气，经脱碳、脱氢等组分调节和压缩后，合成气经过换热器与出反应体系的产物进行热交换预热，由塔底进入循环浆态床反应器。在自行开发的催化剂的作用下反应生成二甲醚，副产少量的甲醇、H_2O、CO_2 等，同时放出大量热，反应热由特殊设计的换热构件移出。反应产物与未反应的 CO 和 H_2 一起经与原料气换热、冷却后进入吸收塔分离。气相组分大部分经脱除 CO_2 后，一部分，作为循环气返回到压缩机与原料气混合，脱除的 CO_2 作为造气过程中的原料气用于提高转化气中的碳氢比；另一部分作为弛放气调节反应体系中惰性气体的含量，弛放气作为燃料送至造气炉。液相组分经过精馏提纯制取二甲醚产品。

在中试过程中，反应工艺条件为反应温度 255℃、压力 4.15MPa、H_2/CO 摩尔比约 1∶1，反应结果为 CO 的单程转化率超过 60%，明显优于实验室所取得的结果。其中，有机产物主要为二甲醚和甲醇，二甲醚选择性达 95% 以上，产品中二甲醚含量达 93% 以上，达到了燃料级要求。在试车过程中催化剂未发现明显失活现象，平均单程转化率达 60%。长时间试验有待进一步考查。

  任务实施

完成甲醇脱水制二甲醚仿真实训项目的冷态开车任务，并能稳定生产、处理常见事故。

项目七
甲醇产品检验和质量控制

知识目标

熟悉甲醇产品的主要检测项目和检测方法。

技能目标

1. 会依据国家/部标准对甲醇产品的质量进行检测。
2. 能根据检测结果对甲醇的质量进行评价。
3. 会使用甲醇检测的常用检测仪器。

任务一　甲醇产品质量检验

任务描述

甲醇作为重要的有机化工产品，需符合国标 GB 338—2011 规定工业用甲醇产品的质量技术要求，才能进入市场销售。此外甲醇产品的品质也是甲醇生产监测必不可少的内容。甲醇产品的质量检测主要包括色度、密度、沸程、高锰酸钾值、水溶性、水分、酸度、碱度等。

知识链接

甲醇产品质量检验项目主要依据国家标准 GB 338—2011，适用于以煤、天然气、轻油、重油为原料合成的工业用甲醇。甲醇的分子结构式为 CH_3OH，分子量 32.042。所有检测项目需遵循以下规则。

（1）型式检验

工业用甲醇产品的质量技术要求中所列项目均为型式检验项目。在正常生产情况下每月至少进行一次型式检验。当遇到生产工艺更新、原料变化等情况或合同要求时，也应进行型式检验。工业用甲醇产品的质量技术要求中的色度、密度、沸程、高锰酸钾试验、水分和酸（或碱）度项目为出厂检验项目。

（2）采样

采样按 GB/T 6678 和 GB/T 6680 常温下为流动态液体的规定进行，所采样品总量不得少于 2L。将样品充分混匀后，分装于两个干燥清洁带有磨口塞的玻璃瓶中，一瓶作为分析检验用，另一瓶供备查验用。

（3）检验结果的判定

检验结果的判定按 GB/T 8170 中修约值比较法进行，检验结果如有一项不符合标准要求时，应重新自两倍数量的包装单元采样、检验，罐装产品应重新多点采样、检验，重新检验的结果即使只有一项指标不符合本标准要求，则整批产品为不合格。

工业用甲醇产品外观应符合无色透明液体、无异臭味、无可见杂质，其质量技术要求见表 7-1。

表 7-1 工业用甲醇产品的质量技术要求（GB 338—2011）

项　目		指　标		
		优等品	一等品	合格品
色度（铂-钴色号）/Hazen 单位	≤	5		10
密度（20℃）/（g/cm³）		0.791～0.792	0.791～0.793	
沸程（0℃，101.3kPa）/℃	≤	0.8	1.0	1.5
高锰酸钾试样/min	≥	50	30	20
水混溶性试验		通过试样（1+3）	通过试样（1+9）	—
水含量（质量分数）/%	≤	0.10	0.15	0.20
酸（以 HCOOH 计）/%	≤	0.0015	0.0030	0.0050
或碱（以 NH₃ 计）/%	≤	0.0002	0.0008	0.0015
羰基化合物（以 HCHO 计）/%	≤	0.002	0.005	0.010
蒸发残渣含量/%	≤	0.001	0.003	0.005
硫酸洗涤试验（铂-钴色号）/Hazen 单位	≤	50		—
乙醇/%	≤	供需双方协商	—	

1. 性状的测定

于具塞比色管中，加入试样，在日光灯或日光下感官检测。

2. 色度的测定（GB 3143—1982）

（1）方法提要

甲醇试样颜色于标准铂-钴比色液的颜色目测比较，并以 Hazen（铂-钴）颜色单位表示结果。Hazen（铂-钴）颜色单位即：每升溶液含 1mg 铂（以氯铂酸计）及 2mg 六水合氯化钴溶液的颜色。

（2）仪器和试剂

① 72 型分光光度计或类似的分光光度计。

② 纳氏比色管。50mL 或 100mL，在底部以上 100mm 处有刻度标记。

③ 比色管架。一般比色管架底部衬白色底板，底部也可安有反光镜，以提高观察颜色的效果。

④ 六水合氯化钴（CoCl₂·6H₂O）。分析纯。

⑤ 盐酸。分析纯，符合 GB 622《盐酸》要求。

⑥ 氯铂酸（H_2PtCl_6）。氯铂酸的制法：在玻璃皿或瓷皿中用沸水浴加热，将 1.00g 铂溶于足量的王水中，当铂溶解后，蒸发溶液至干，加 4mL 盐酸溶液再蒸发至干，重复此操作两次以上，这样可得 2.10g 氯铂酸。

⑦ 氯铂酸钾（K_2PtCl_6）。分析纯

（3）准备工作

① 标准比色母液的制备（500Hazen 单位）。在 1000mL 容量瓶中溶解 1.00g 六水合氯化钴（$CoCl_2 \cdot 6H_2O$）和相当于 1.05g 的氯铂酸或 1.245g 的氯铂酸钾于水中，加入 100mL 盐酸溶液，稀释到刻线，并混合均匀。

标准比色母液可以用分光光度计以 1cm 的比色皿按下列波长进行检查，其消光值范围如下：波长为 430nm 时，消光值为 0.110～0.120；为 455nm 时，消光值为 0.130～0.145；波长为 480nm 时，消光值为 0.105～0.120；波长为 510nm 时，消光值为 0.055～0.065。

② 标准铂-钴对比溶液的配制。在 10 个 500mL 及 14 个 250mL 的两组容量瓶中，分别加入如表 7-2 所示的标准比色母液的体积数，用蒸馏水稀释到刻线并混匀。

表 7-2　标准铂-钴对比溶液的配制

500mL 容量瓶		250mL 容量瓶	
标准比色母液的体积/mL	相应颜色 （铂-钴色号）/Hazen 单位	标准比色母液的体积 /mL	相应颜色 （铂-钴色号）/Hazen 单位
5	5	30	60
10	10	35	70
15	15	40	80
20	20	45	90
25	25	50	100
30	30	62.5	125
35	35	75	150
40	40	87.5	175
45	45	100	200
50	50	125	250
		175	350
		200	400
		225	450

③ 储存。标准比色母液和稀释溶液放入棕色带塞玻璃瓶中，置于暗处，标准比色母液可以保存 1 年，稀释溶液可以保存 1 个月，但最好应用新鲜配制的。

（4）测定步骤

① 向一支纳氏比色管中注入一定量的试样，使注满到刻线处，同样向另一支纳氏比色管中注入具有类似颜色的标准铂-钴对比溶液注满到刻线处。

② 比较试样与标准铂-钴对比溶液的颜色，比色时在日光或日光灯照射下，正对白色背景，从上往下观察，避免侧面观察，提出接近的颜色。

（5）结果报告

试样的颜色以最接近于试样的标准铂-钴对比溶液的 Hazen 铂-钴颜色单位表示。如果试样的颜色与任何标准铂-钴对比溶液不相符合。则根据可能估计一个接近的铂-钴色号。并描

述观察到的颜色。

（6）允许差

平行测定结果得差值不超过 2 个号数，取平均值为测定结果。

3. 密度的测定（GB/T 4472—2011）

（1）方法提要

在规定温度范围内（15～35℃）测定甲醇密度（单位体积内所含甲醇的质量，单位 kg/m³），由视密度换算为 20℃ 的密度。

（2）仪器

① 密度计。0.700～0.800g/cm³，分刻度 0.001g/cm³ 经过校正。

② 温度计。0～100℃ 水银温度计，分刻度为 0.1℃。

③ 量筒。容量 0～250mL。

（3）测定步骤

取适量的甲醇试样置于洁净、干燥的量筒内，调节试样温度在 15～35℃ 范围内，准确至 0.2℃，将干净的密度计慢慢地放入，使其下端距离量筒底部 20mm 以上。待其稳定后，记录试样温度，按甲醇试样液面水平线与密度计管径相交处读取视密度。读数时需注意密度计不应与量筒接触，视线与液面成水平线。

（4）分析结果的计算

20℃ 时的密度 ρ（g/cm³）按下式计算：

$$\rho = \rho_t + 0.00093(t - 20)$$

式中 ρ_t——甲醇试样在 t℃时的视密度，g/cm³；

   t——测定时甲醇试样的温度，℃；

  0.00093——密度的温度校正系数。

（5）允许差

两次平行测定结果的绝对差值不大于 0.0005g/cm³，取两次平行测定结果的算术平均值为测定结果。

4. 沸程的测定（GB/T 7534—2004）

（1）方法提要

在规定条件下，对 100mL 甲醇试样进行蒸馏。有规律地观察温度计读数和冷凝液体积，从温度计上读取初馏点和干点，观测数据经计算得到被测试样的沸程，结果校正到标准状况下。

初馏点为在标准条件下蒸馏，第一滴冷凝液从冷凝器末端滴下时观察到的瞬间温度（必要时进行校正）。

干点为在标准条件下蒸馏，蒸馏瓶底部最后一滴液体蒸发时观察到的瞬间温度，忽略不计蒸馏瓶壁和温度计上的任何液体（必要时进行校正）。

沸程为初馏点与干点之间的温度间隔。

（2）仪器

使用煤气灯的蒸馏装置见图 7-1。

① 蒸馏烧瓶。耐热玻璃制成，容量为 100mL 或 200mL。为防止在新烧瓶中的液体过热现象，可在烧瓶的底部放少量酒石酸，经加热分解生成炭沉积在烧瓶的底部，再将烧瓶用水冲洗，用丙酮淋洗、干燥备用。

② 温度计。主温度计为棒状水银温度计，50~70℃，分刻度0.1℃。储液泡与中间泡的距离不超过5mm，全浸式并经过校正，感温泡顶端距第一条刻度线至少100mm。并应采用辅助温度计对主温度计在蒸馏过程中露出塞上部分的水银柱进行校正。辅助温度计一般为棒状水银-玻璃型，温度范围为0~50℃，分度值为1℃。

温度计在使用之前应进行检定。

③ 通风罩和耐热隔板。使用煤气灯的通风罩，截面为矩形，上顶和下底均开口，用0.7mm或0.8mm厚的金属板制成，通风罩的两个正面各有两个直径为25mm的圆孔，其中心应低于罩顶端约215mm。通风罩的四个面上，每一面都有三个直径为12.5mm的圆孔，其中心应在通风罩底端以上25mm。通风罩两侧顶端向下开有竖直的槽，用于安装冷凝管。通风罩正面开门。

通风罩中水平支撑两块硬质的6mm厚的石棉耐热隔板，中间开有圆孔，上块孔径约为50mm，下块孔径约为110mm，两孔在同一圆心上。耐热隔板应与通风罩的四壁严密吻合，确保热源产生的热量不从四边散发出来。石棉耐热隔板也可用陶瓷架和陶瓷板代替。当使用电加热器时，可用一个厚度为3~6mm、中心孔直径为32mm或38mm、边长为150mm的隔板。

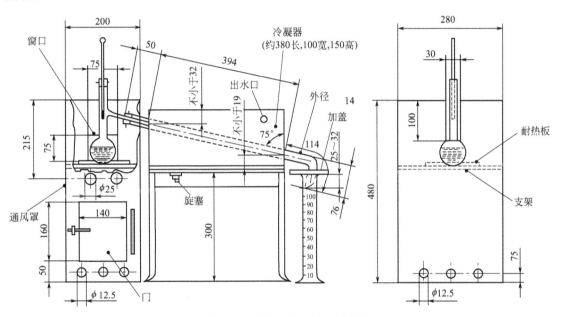

图7-1　使用煤气灯的蒸馏装置

④ 其他仪器

a. 冷凝器。硼硅酸盐玻璃制，冷凝器内管内径（14.0±1.0）mm；壁厚1.0~1.5mm；直管部分长（600±10）mm；尾部弯管长（55±5）mm；弯管角度（97±3）°，冷凝器水夹套长度（450±10）mm；水夹套外径（35±3）mm。

b. 接收器。容积100mL，量筒分刻度1mL。

c. 气压计。精度为0.1kPa。

d. 热源。可调节的煤气灯或电加热器。

e. 冷却水。在冷凝器内装入足够量的适当温度（不超过20℃）的冷却水，应能保证蒸馏开始时和蒸馏过程中的冷却水温度符合表7-3要求。

表 7-3　冷却水温度和试样温度

初馏点/℃	冷却水温度/℃	试样温度/℃
50 以下	0～3	0～3
50～70	0～10	10～20
70～150	25～30	20～30
150 以上	35～50	20～30

（3）测定步骤

① 用清洁干燥的 100mL 量筒量取 （100±0.5)mL 按表 7-3 调节好温度的试样，倒入蒸馏烧瓶中，将量筒沥干 15～20s，对于黏稠液体，应使量筒沥干更长时间，但不应超过 5min。避免试样流入蒸馏烧瓶支管。

② 将蒸馏烧瓶和冷凝器连接好，插好温度计，取样量筒不需要干燥直接放在冷凝管下端作为接收器。冷凝管末端进入量筒的长度不应少于 25mm，也不应低于 100mL 刻度线。量筒口应加适当材料的盖子，以减少液体的挥发或潮气进入，若样品的沸点在 70℃ 以下，将量筒放在透明水浴中，并保持温度。

③ 对于不同馏出温度的试样，需经判断选择最佳操作条件以得到可接受的精密度。一般情况下，初馏点低于 150℃ 的试样，可选用孔径为 32mm 的耐热板，从开始加热到馏出第一滴液体的时间为 5～10min。记录馏出第一滴蒸馏液体时的温度 （校正到标准状态） 为初馏点。移动量筒，使量筒内壁接触冷凝管末端，使馏出液沿着量筒壁流下。适当调节热源，使蒸馏速度约为 4～5mL/min。如有需要，记录不同温度下的馏出体积或不同馏出体积下的温度。记录蒸馏瓶底最后一滴液体汽化时的瞬间温度 （校正到标准状态） 为干点。立即停止加热。

如不能获得干点 （在达到干点前试样就发生分解，即有蒸气或浓烟雾逸出，或在温度计上已观察到最高温度而在烧瓶的底部尚有液体残留） 记录此现象。

当不能获得干点时，将所观察到温度计最高温度作为终点报告。在试样发生分解时，随着蒸气和浓烟雾的迅速逸出，蒸馏温度常会有缓慢的下降，记录温度并以分解点报告。如未发生降温，则达到馏出 95% （体积分数）点后 5min，记录观察到最高温度，并以终点（5min）报告，表明在给定的时间限度内不能达到真实的终点。终点不得超过到达馏出 95%（体积分数）点后 5min。

读取和记录大气压。精确到 0.1kPa，同时记录室温。

对不黏稠的沸程小于 10℃ 的液体，所获得的馏出液总回收率应不少于 97% （体积分数），而对黏稠性且沸程大于 10℃ 的液体，应达到馏出液 95% （体积分数）的收率，如果收率达不到以上要求，应重复试验。

如有任何残液存在，冷至室温。将残液倒入一个具有 0.1mL 分刻度的量筒中，量取体积作为残留记录。在冷凝管已沥干后，读取馏出液的总体积作为回收记录。100 减去残液及回收量所得的差作为蒸馏损耗。

（4）结果计算

① 按照一定的标准方法或经有关检定部门对温度计内径和水银球收缩进行校正。

② 按照下式对温度计读数进行气压偏离标准大气压校正，取温度计读数和校正值的代数和为测定结果。校正值 （δ_t） 的计算如下：

$$\delta_t = K(101.3 - P)$$

式中　K——沸点随压力的变化率，℃/kPa，甲醇沸点（101.3kPa）为64.6℃，沸点随压力的变化率为0.25；

　　　　P——校正到0℃的试验大气压，kPa。

③ 如果蒸馏范围不超过2℃，温度计和气压的综合校正，可按观察到的馏出50%（体积分数）的沸点和上表中给出的在101.3kPa的标准沸点之差进行校正。

④ 试样的沸程由初馏点和干点之间的温度间隔表示，单位为摄氏度（℃）。

（5）允许误差

平行测定结果的差值不超过0.2℃，取两次测定结果算术平均值为测定结果。

5. 高锰酸钾试验（GB/T 6324.3—2011）

（1）方法提要（目测比色法）

在规定条件下，将高锰酸钾溶液加入试样中，能与高锰酸钾反应的物质，将其还原成二氧化锰，并使试验溶液从粉红色变成橘黄色。观察并记录高锰酸钾粉红色褪色时间或试验溶液颜色与标准比色溶液颜色一致所用的时间，试验结果用高锰酸钾时间表示。

（2）试剂

① 高锰酸钾溶液（0.2g/L）。称取0.2g高锰酸钾，精确至0.001g，用预先处理过的水溶解，置于1000mL棕色容量瓶中，并稀释至刻度，摇匀。此溶液室温下避光可保存两周。

② 配制高锰酸钾溶液用水的制备。取一定量的水加入适量的高锰酸钾溶液（约0.2g/L）使呈淡粉红色，煮沸30min。如淡粉红色消失，补加高锰酸钾溶液再呈淡粉红色。冷却至室温，备用。

③ 氯化钴和铂-钴标准比色溶液。称取2.00g氯化钴（$CoCl_2 \cdot 6H_2O$），用少量水溶解后置于100mL容量瓶中，稀释至刻度，摇匀。取5mL此氯化钴溶液，加入7.5mL 500号铂-钴标准溶液（按照GB 3143的规定进行配制），移入50mL容量瓶中，用水稀释至刻度，充分混匀。该标准比色溶液的颜色表示的是试验溶液在高锰酸钾试验中褪色后的终点颜色。

氯化钴溶液与500号铂-钴标准溶液的配比，可根据产品标准的要求进行调整。

（3）仪器和设备

① 低温恒温水浴。温度可控制在（15±0.5）℃或（25±0.5）℃。

② 比色管。50mL或100mL（50mL处有刻度线），无色透明玻璃制品，配有玻璃磨口塞。

③ 移液管。2mL。

④ 滴定管。容量10mL，分刻度为0.1mL。

（4）分析步骤

将盛有试样的比色管置于温度控制在（15±0.5）℃或（25±0.5）℃的水浴中，15min后从水浴中取出比色管，加入规定体积的高锰酸钾溶液（从开始加入时记录时间），立即加塞，摇匀，再放回水浴中。经常将比色管从水浴中取出。以白色背景为衬底，轴向观察，并可与同体积的标准比色溶液进行比较，必要时离开背景一定距离50～150mm，接近测定结果时，每分钟比较一次，记录试验溶液粉红色刚刚褪去的时间或试验溶液颜色与标准比色溶液一致时的时间。

注意：避免试液直接暴露在强光下。

（5）分析结果的表述

高锰酸钾褪色时间：从加入高锰酸钾溶液起到试液中高锰酸钾颜色褪色或试液颜色达到

与标准比色溶液一致时的时间，以分钟（min）计。

如果试验溶液残存的粉红色深于标准比色溶液颜色，则报告高锰酸钾时间大于 t；如果试验溶液残存的粉红色与标准比色溶液颜色相当，则报告高锰酸钾时间等于 t；如果试验溶液残存的粉红色浅于标准比色溶液颜色，则报告高锰酸钾时间小于 t。这里的 t 是指被测试样产品标准规定的指标值。

测定结果可报告具体的高锰酸钾时间，单位为 min。

取两次平行测定结果的算术平均值为报告结果。两次平行测定结果的绝对差值：100min 以下，不大于这两个测定结果的算术平均值的 5%；100min 以上，不大于这两个测定结果的算术平均值的 10%。

6. 水溶性试验（GB/T 6324.1—2004）

能与水完全混溶的液体有机化工产品中常含有烷烃、烯烃、高级醇或酮、芳香烃等难溶于水的杂质，这些杂质可能影响液体有机化工产品在多方面的用途，利用液体有机化工产品与这些杂质和水混溶性的差异，在规定条件下，定性检验其中是否含有难溶于水的杂质。

（1）方法提要

按确定比例量取一定体积的甲醇样品于比色管中，加水至 100mL，检查混合溶液是否澄明或浑浊。

（2）仪器

① 比色管。容量 100mL，有刻度，无色透明玻璃材质，具玻璃磨口塞。

② 恒温装置。能使温度控制在（20±1）℃的恒温水浴、恒温室等。

（3）测定步骤

选择试样与水混溶的比例分别为：1+3（优等品），1+9（一等品）。按确定的比例，量取一定体积的样品注入清洁、干燥的比色管中，缓缓加水至 100mL 刻度，盖紧塞子，充分摇匀，静置至所有气泡消失。将比色管置于（20±1）℃的恒温装置中（当使用恒温水浴时，应使水面高于比色管中试验溶液液面）30min。

加 100mL 水到另一支材质相同的 100mL 比色管中作为空白试液。

30min 后将比色管从恒温装置中取出，擦干比色管外壁，在黑色背景下轴向比较样品-水混合溶液与空白试液。如使用人工光源，应使光线横向通过比色管。

（4）结果的表述

如果样品-水混合溶液如空白试液一样澄明或无浑浊，报告样品为"通过试验"。若检验是不澄明的或浑浊的，报告"试验不合格"。

7. 水分的测定（GB/T 6283—2008）

（1）方法提要

存在于试样中的任何水分（游离水或结晶水）与已知滴定度的卡尔·费休试剂（碘、二氧化硫、吡啶和甲醇组成的溶液）进行定量反应。

甲醇可用乙二醇甲醚代替。用此试剂，可得更为恒定的滴定体积，而且可在不使用任何专门技术下测定某些醛和酮类化工产品的水分。

反应式：

$$H_2O + I_2 + SO_2 + 3C_5H_5N \longrightarrow 2C_5H_5N \cdot HI + C_5H_5N \cdot SO_3$$

$$C_5H_5N \cdot SO_3 + CH_3OH \longrightarrow C_5H_5NH \cdot OSO_2OCH_3$$

终点测定原理为：卡尔·费休试剂中碘的颜色遇待测试样中的水逐渐消失，过量第一滴试剂则显示出颜色。

（2）试剂

① 水。实验用水应符合 GB/T 6682 中三级水规格。

② 甲醇。分析纯。如试剂中水的质量分数大于 0.05%，于 500mL 甲醇中加入 5A 分子筛约 50g，塞上瓶塞，放置过夜，吸取上层清液使用。

③ 碘。分析纯。

④ 吡啶。分析纯。如试剂中水的质量分数大于 0.05%，于 500mL 吡啶中加入 5A 分子筛约 50g，塞上瓶塞，放置过夜，吸取上层清液使用。

⑤ 卡尔·费休试剂。置 670mL 甲醇或乙二醇甲醚于干燥的 1L 带塞的棕色玻璃瓶中，加约 85g 碘，塞上瓶塞，振荡至碘全部溶解后，加入 270mL 吡啶，盖紧瓶塞，再摇动至完全混合。用下述方法溶解 65g 二氧化硫于溶液中。

通入二氧化硫时，用橡皮塞取代瓶塞。橡皮塞上装有温度计、进气玻璃管（离瓶底 10mm，管径约为 6mm）和通大气毛细管。

将整个装置及冰浴置于天平上，称量，称准至 1g，通过软管使二氧化硫钢瓶（或二氧化硫发生器出口）与填充干燥剂的干燥塔及进气玻璃管连接，缓慢打开进气开关。

调节二氧化硫流速，使其完全被吸收，进气管中液位无上升现象。

随着质量的缓慢增加，调节天平砝码以维持平衡，并使溶液温度不超过 20℃。当质量增加达到 65g 时，立即关闭进气开关。

迅速拆去连接软管，再称量玻璃瓶和进气装置，溶解二氧化硫的质量应为 60~70g。稍许过量无妨碍。

盖紧瓶塞后，混合溶液，放置暗处至少 24h 后使用。

此试剂滴定度为 3.5~4.5g/mL。若用甲醇制备，需逐日标定；若用乙二醇甲醛制备，则不必时常标定。

用样品溶剂稀释所制备的溶液，可以制得较低滴定度的卡尔·费休试剂。试剂宜储存于棕色试剂瓶中，放于暗处，并防止大气中湿气影响。

由于反应是放热的，因此应从反应一开始就将棕色玻璃瓶冷却，并保持温度在 0℃ 左右，例如，浸于冰浴或碎固体二氧化碳（干冰）中。在新制备试剂中，由于存在不甚明了的反应，使试剂的滴定度在开始时下降得很快，然后下降得极为缓慢。

也可依据样品性质选用市场上其他配方的卡尔·费休试剂。选用后的测定结果应与本标准规定配制的卡尔·费休试剂测定结果一致。

⑥ 二水酒石酸钠（$Na_2C_4H_4O_6 \cdot 2H_2O$）。分析纯。

（3）操作步骤

① 卡尔·费休试剂的标定。

a. 按 GB/T 6283—2008 附录 C 所示装配仪器（图 7-2）。用硅酮润滑脂润滑接头，用注射器经橡皮塞注入 20mL 甲醇到滴定容器中，打开电磁搅拌器，为了与存在于甲醇中的微量水反应，由自动滴定管滴加卡尔·费休试剂，至溶液呈现棕色。

b. 在小玻璃管中，称取约 0.250g 酒石酸钠，称准至 0.0001g，移去橡皮塞，在几秒钟内迅速地将它加到滴定容器中，然后再称量小玻璃管，通过减差确定使用的酒石酸钠的质量（m_1）。

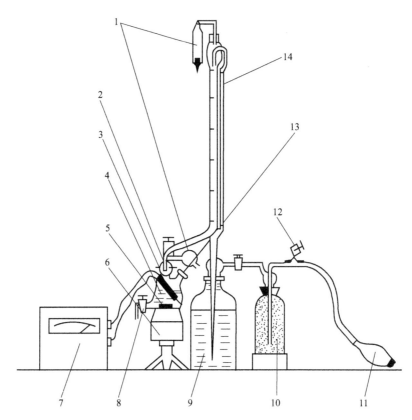

图 7-2   实验仪器装配图（GB/T 6283—2008）

1—填充干燥剂的保护管；2—球磨玻璃接头；3—铂电极；4—滴定容器；5—外套玻璃或聚四氟乙烯的软钢棒；
6—电磁搅拌器；7—终点电量测定装置；8—排泄嘴；9—装卡尔·费休试剂的试剂瓶；10—填充干燥剂的干燥瓶；
11—双连橡皮球；12—螺旋夹；13—带橡皮塞的进样口；14—25mL 自动滴定管，分度 0.05mL

也可由滴瓶加入约 0.040g 水进行标定。称量加到滴定容器前、后滴瓶的质量，通过减差确定使用的水质量（m_2）。

用水-甲醇标准溶液标定，见 GB/T 6283—2008 附录 B 中 B.1。

用待标定的卡尔·费休试剂滴定加入的已知量的水，到溶液呈现与 a. 同样棕色，记录消耗卡尔·费休试剂的体积（V_1）。

② 测定。通过排泄嘴将滴定容器中残液放完，用注射器经橡皮塞注入 25mL（或接待测试样规定的体积）甲醇或其他溶剂，打开电磁搅拌器，为了与存在于甲醇中的微量水反应，由自动滴定管滴加卡尔·费休试剂至溶液呈现棕色。

试样的加入甲醇试样，用注射器注入；称准至 0.0001g，用卡尔·费休试剂滴定至溶液呈现同样棕色，记录测定时消耗卡尔·费休试剂的体积（V_2）。

为了精确地测定试样的水分，可根据其水含量，称取适量试样，使滴定用去卡尔·费休试剂的体积能精密地读取出来，必要时，按比例增加试样量和溶剂，并使用合适容积的滴定容器。

（4）结果表示

① 卡尔·费休试剂的滴定度 T，以 mg/mL 表示，按式（1）或式（2）计算如下：

$$T = \frac{m_1 \times 0.1566}{V_1} \qquad (1)$$

$$T = m_2/V_1 \tag{2}$$

式中　m_1——若用酒石酸钠标定，表示所加入酒石酸钠的质量，mg；

　　　m_2——若用水标定，表示所加入水的质量，mg；

　　　V_1——标定时，消耗卡尔·费休试剂的体积，mL；

　0.1566——酒石酸钠的质量换算为水的质量系数。

② 试样水含量。试样水含量 X 以质量分数表示，按式（3）计算：

$$X = \frac{V_2 T}{V_0 \rho \times 10} \tag{3}$$

式中　V_0——试样的体积（液体试样），mL；

　　　V_2——测定时，消耗卡尔·费休试剂的体积，mL；

　　　ρ——20℃时试样的密度（液体试样），g/mL；

　　　T——按（1）计算的卡尔·费休试剂的滴定度，mg/mL。

取两次平行测定结果的算术平均值为测定结果。两次平行测定结果的绝对差值不大于 0.01%。

8. 酸度或碱度的测定

（1）方法提要

甲醇试样用不含二氧化碳的水稀释，加入溴百里香酚蓝指示剂鉴别，试样呈酸性则用氢氧化钠标准溶液滴定游离酸，试验呈碱性则用硫酸标准溶液滴定游离碱。

（2）仪器

① 滴定管。容量 10mL，分刻度 0.05mL。

② 三角瓶。容量 0～250mL。

（3）试剂和溶液

① 氢氧化钠标准滴定溶液。$c(NaOH) = 0.01mol/L$。

② 硫酸标准滴定溶液。$c(1/2H_2SO_4) = 0.01mol/L$。

③ 溴百里香酚蓝指示液 1g/L。

称取 0.1g 溴百里香酚蓝溶解于 100mL 95% 乙醇中。

④ 不含二氧化碳水的制备。将蒸馏水放在烧瓶中煮沸 10min，立即将装有碱石棉玻璃管的塞子塞紧，放冷后备用。

（4）测定步骤

① 甲醇试样用等体积不含二氧化碳水稀释，加入 4～5 滴溴百里香酚蓝溶液鉴别，呈黄色则为酸性反应，测定酸度；呈蓝色则为碱性反应，测定碱度。

② 取 50mL 不含二氧化碳水注入 250mL 三角瓶中，加入 4～5 滴溴百里香酚蓝溶液。测定游离酸时用氢氧化钠标准溶液滴定至呈浅蓝色，然后用量筒加入 50mL 甲醇试样，再用氢氧化钠标准溶液滴定至溶液由黄色变为浅蓝色，在 30s 内不褪色即为终点；测定游离碱时，用硫酸标准溶液滴定溶液由蓝色变为黄色（不计体积），然后用量筒加入 50mL 甲醇试样。用硫酸标准溶液滴定至溶液由蓝色变为黄色，在 30s 内不褪色即为终点。

（5）结果计算

酸以甲酸（HCOOH）计的质量分数 w_1，数值以% 表示；碱以氨（NH_3）计的质量分数 w_2，数值以% 表示；分别计算：

$$w_1 = \frac{(V_1/1000)C_1M_1}{V\rho_t} \times 100$$

$$w_2 = \frac{(V_2/1000)C_2M_2}{V\rho_t} \times 100$$

式中　V_1——氢氧化钠标准滴定溶液（1.8.3.1）的体积，mL；

C_1——氢氧化钠标准滴定溶液浓度，mol/L；

M_1——甲酸的摩尔质量，g/mol（$M_1=46.03$）；

ρ_t——测定温度 t 时的甲醇试样的密度，g/cm³；

V_2——硫酸标准滴定溶液（1.8.3.2）的体积，mL；

C_2——硫酸标准滴定溶液浓度，mol/L；

M_2——氨的摩尔质量，g/mol（$M_2=17.03$）；

V——试样的体积，mL（$V=50$）。

计算结果保留至小数点后第四位。

取两次平行测定结果的算术平均值为报告结果。两次平行测定结果的绝对差值不大于这两个测定值的算术平均值的 30%。

9. 羰基化合物含量的测定（GB/T 6324.5—2008）

（1）方法原理——分光光度法

试样中的羰基化合物在酸性介质中与 2,4-二硝基苯肼反应，生成 2,4-二硝基苯腙，2,4-二硝基苯腙与氢氧化钾反应，生成显红色的物质，在波长 430nm 处用分光光度计测量吸光度，得到羰基化合物含量。

（2）试剂和溶液

① 盐酸。

② 无羰基的甲醇。收集到的蒸馏液（无羰基的甲醇）应清澈透明、无色，否则应进行二次蒸馏。

③ 氢氧化钾-甲醇溶液。100g/L。

称取 100g 氢氧化钾溶于 200mL 水中，用无羰基的甲醇稀释至 1000mL。

④ 2,4-二硝基苯肼溶液。1g/L。

⑤ 羰基化合物标准溶液（以 CO 计）。2.5g/mL。

称取 0.643g 2-丁酮溶于约 50mL 无羰基甲醇中，转移至 100mL 容量瓶中，用无羰基的甲醇稀释至刻度，摇匀。

⑥ 羰基化合物标准溶液（以 CO 计）。0.25mg/mL。

移取 10.00mL 羰基化合物标准溶液，置于 100mL 容量瓶中，用无羰基的甲醇稀释至刻度，摇匀。该溶液使用前配制。

（3）仪器

分光光度计。带有光程为 1cm 的比色皿，吸光率精度为 ±0.004（A）。

（4）分析步骤

① 标准曲线的绘制。

a. 标准比色溶液的配制。分别移取 0.0（为补偿溶液）mL，2.0mL，4.0mL，6.0mL，8.0mL，10.0mL 羰基化合物标准溶液置于 6 个 100mL 容量瓶中，用无羰基的甲醇稀释至刻度，摇匀。每 2.0mL 此标准溶液分别含有 0μg，10μg，20μg，30μg，40μg，50μg 羰基化合物。

b. 吸光度的测定。向 6 个 25mL 容量瓶中分别取 2.0mL 标准比色溶液 a.，各加入 2.0mL 2,4-二硝基苯肼溶液，盖塞，在室温下反应（30±2）min，用氢氧化钾-甲醇溶液稀释至刻度，加塞摇匀，放置（12±1）min。用 1cm 光程的比色皿，在 430nm 处，以水调整分光光度计零点，测定上述溶液的吸光度。

c. 绘制标准曲线。用标准比色溶液的吸光度减去补偿溶液的吸光度为纵坐标，以相对应的标准比色溶液中羰基化合物的质量（μg）为横坐标，绘制标准曲线。

② 样品的测定。

a. 样品溶液的制备。移取 2.0mL 含羰基化合物 0.5～50μg 的实验室样品于已预先称量的 25mL 容量瓶中，称量，精确至 0.0001g。两次称量之差为实验室样品的质量。

如果 2.0mL 样品中羰基化合物含量超过 50μg，可先用无羰基甲醇稀释至刻度后，再按 b. 进行测定，结果计算时增加稀释倍数。

b. 吸光度的测定。按标准曲线的绘制中吸光度的规定进行操作。同时移取 2.0mL 无羰基的甲醇进行空白试验。

（5）结果计算

① 以羰基（CO）计，　羰基化合物的质量分数 w_1，数值以％表示，计算如下：

$$w_1 = \frac{(m_1 - m_2) \times 10^{-6}}{m} \times 100$$

式中　m_1——与试料吸光度相对应的由标准曲线上查得的羰基化合物的质量的数值，μg；

　　　m_2——与空白吸光度相对应的由标准曲线上查得的羰基化合物的质量的数值，μg；

　　　m——试料的质量，g。

② 以甲醛（HCHO）计，羰基化合物的质量分数 w_2，数值以％表示，计算如下：

$$w_2 = \frac{30.01 w_1}{28.01}$$

取两次平行测定结果的算术平均值为测定结果。

10. 蒸发残渣的测定（GB/T 6324.2—2004）

（1）方法提要

甲醇试样在水浴上蒸发至干，于烘箱中（110±2）℃干燥，恒重。

（2）仪器

① 铂、石英或硅硼酸盐玻璃蒸发皿，容积约 150mL。

② 恒温水浴。能使温度控制在试验样品沸点的附近。

③ 烘箱。可控温在（110±2）℃。

（3）分析步骤

将蒸发皿放入烘箱中，于（110±2）℃下加热 2h，放入干燥器中冷却至室温，称量，精确至 0.1mg。

移取（100±0.1）mL 试样于已恒量的蒸发皿中，放于水浴上，维持适当温度，在通风橱中蒸发至干。将蒸发皿外面用擦镜纸擦干净，置于预先已恒温至（110±2）℃的烘箱中加热 2h，放干燥器中冷却至室温，称量，精确至 0.1mg。重复上述操作，直至质量恒定，即相邻两次称量的差值不超过 0.2mg。

（4）计算

蒸发残渣 X 以质量分数（%）表示按下式计算：

$$X=100(G_2-G_1)/(\rho_t V)$$

式中　G_2——蒸发皿和蒸发残渣的质量，g；

　　　G_1——蒸发皿的质量，g；

　　　V——试样的体积，mL；

　　　ρ_t——在 t℃时甲醇试样的密度，g/mL。

取两次平行测定结果的算术平均值为报告结果。两次平行测定结果的绝对差值不大于 0.0003%。

11. 硫酸洗涤试验

（1）方法提要

在一定条件下，试样与硫酸混合，混合液与铂-钴标准比色溶液对比，进行目视比色法测定。

（2）试剂

a. 硫酸。

b. 铂-钴标准比色溶液。按 GB/T 3143 配制。

（3）仪器

① 比色管。50mL。

② 滴定管。配有聚四氟乙烯旋塞，25mL。

（4）分析步骤

① 试验中所用的玻璃仪器不能含有与硫酸显色的物质。用重铬酸钾-硫酸洗液洗涤玻璃仪器，然后用水清洗，用清洁空气干燥。

② 取 30mL 试样于 125mL 三角瓶中，置于电磁搅拌器上，搅拌，匀速加入 25mL 硫酸，硫酸加入时间为 (5±0.5)min，室温下放置 (15±0.5)min，移入比色管中。取另一支比色管，加入 50mL 铂-钴标准比色溶液；在白色或镜面背景以上 50～150mm 轴向比色。

12. 乙醇含量的测定（气相色谱法）

（1）方法提要

在选定的工作条件下，甲醇样品经汽化通过毛细管色谱柱，各组分得以分离，用氢火焰离子化检测器检测。用内标法定量，计算出乙醇的质量分数。

（2）试剂

① 甲醇。

② 异丙醇。内标物；色谱纯。

③ 氢气。体积分数不低于 99.9%，经硅胶与分子筛干燥、净化。

④ 氮气。体积分数不低于 99.95%，经硅胶与分子筛干燥、净化。

⑤ 空气。经硅胶与分子筛干燥、净化。

（3）仪器

① 气相色谱仪。配有火焰离子化检测器，整机灵敏度和稳定性符合 GB/T 9722 中的有关规定。

② 记录仪。色谱数据处理机或色谱工作站。

③ 进样器。微量注射器 1μL 和 25μL。

④ 色谱柱及典型色谱操作条件。

推荐的毛细管色谱柱和典型色谱操作条件见表 7-4。典型的毛细管柱色谱图见图 7-3。其他能达到同等分离程度的色谱柱和色谱操作条件也可使用。

表 7-4 推荐的毛细管色谱柱和典型色谱操作条件

色谱柱	极性多孔高聚物(聚苯乙烯-二乙烯基苯)键合毛细管柱
柱长/柱内径/液膜厚度	$25m\times0.32m\times7\mu m$
柱温/℃	初温:110,升温速率 10℃/min,终温:160
汽化室温度/℃	150
检测器温度/℃	200
空气流量/(mL/min)	300
氢气流量/(mL/min)	30
载气(N_2)柱流量/(mL/min)	1.0
分流比	25:1
进样量/μL	1

（4）分析步骤

① 标准溶液的配制。

a. 于已称重的清洁、干燥的 100mL 容量瓶中，加入 0.50mL 乙醇并称重，准至 0.0001g；用甲醇稀释至刻度并称重，混匀。

b. 于 5 个清洁、干燥的 50mL 容量瓶中，分别加入 0.00mL、0.20mL、0.40mL、0.80mL、1.60mL 上述母液，再分别加入 25μL 已知质量的异丙醇，用甲醇稀释至刻度，混匀。

② 相对校正因子的测定。

a. 启动气相色谱仪，按表 7-4 所列色谱操作条件调试仪器。

b. 仪器稳定后，用微量注射器取 1μL①中的标准溶液 b.，进样、分析。

c. 相对校正因子 f' 的计算。

乙醇的相对校正因子 f' 按下式进行计算：

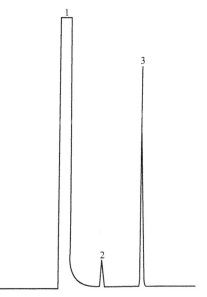

图 7-3 工业甲醇溶液样品典型色谱图
1—甲醇；2—乙醇；3—异丙醇

$$f'=\frac{A_s m_i}{A_i m_s}$$

式中 A_i——乙醇组分峰面积；

m_s——异丙醇质量，g；

A_s——异丙醇峰面积；

m_i——乙醇质量，g。

③ 样品测定。

a. 在已知质量的 50mL 容量瓶中加入适量试样。用注射器移取 $25\mu L$ 内标物异丙醇并称量，将异丙醇加入容量瓶中。定容，混匀，称量。

b. 仪器稳定后，用微量注射器取 $1\mu L$ 样品 a.，进样、分析。

（5）结果计算

乙醇的质量分数 w，数值以％表示，计算如下：

$$w = f' \times \frac{A_i m_s}{A_s m} \times 100$$

式中 A_i——乙醇的峰面积；

f'——乙醇的相对校正因子；

m_s——异丙醇的质量，g；

A_s——异丙醇的峰面积；

m——试样的质量，g。

计算结果保留至小数点后第四位。

取两次平行测定结果的算术平均值为报告结果。当乙醇的质量分数小于 0.01% 时，两次平行测定结果的绝对差值不大于 0.0005%；当乙醇的质量分数大于 0.01% 时，两次平行测定结果的绝对差值不大于 0.001%。

 **任务实施**

完成甲醇色度、密度、沸程、高锰酸钾值、水溶性、水分、酸度和碱度的测定实验。

任务二   甲醇中间品的质量控制

任务描述

甲醇产品质量技术要求针对的是甲醇产品出厂销售应当符合的标准。 甲醇中间产品质量控制主要针对的是甲醇企业在甲醇生产过程中（包括原料和中间品在内）的质量控制和在线监测，有助于生产企业及时调整工艺条件，保证甲醇产品质量。 检测项目主要包括：粗甲醇中甲醇含量的测定、粗甲醇中水分的分析、pH 值的测定和合成气中硫含量的测定等。

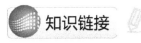 **知识链接**

1. 粗甲醇中甲醇含量的分析（气相色谱法）

（1）测定原理

粗甲醇主要由甲醇、水、少部分有机杂质等组成，以色谱法分析出粗甲醇中水、乙醇、微量有机杂质如丙酮、异丁醇、异戊烷、正戊烷、二甲醚、正庚烷、正辛烷等杂质组分含量，从总量中扣除即为工业粗甲醇中甲醇的含量。

（2）检测器

热导检测器。

（3）方法

高度校正归一法。

（4）使用气源

H_2。

（5）使用条件

载气Ⅰ：0.04MPa；

载气Ⅱ：0.04MPa；

柱室：80℃；

汽化Ⅰ：140℃；

检测Ⅲ：140℃；

分析成分：①粗甲醇中甲醇含量及水分含量；②残液中甲醇含量；③排放槽中甲醇含量。

注意：结果为质量分数（％）。

（6）方法步骤

在各种色谱条件具备的前提下、现将 $1\mu L$ 的注射器用样品冲洗一遍，然后立即取 $1\mu L$ 的样品注入色谱仪（注射器中禁止有气泡）。几分钟后出峰，加载正确的标准曲线，即可得出甲醇的含量。

2. 粗甲醇中水分的测定

（1）卡尔·费休法

目测法；直接电量滴定法；电量反滴定法。

具体操作见 GB 6283—2008。

（2）色谱法

① 方法提要。利用色谱柱对甲醇和水进行分离，通过热导检测器检测，测出水分含量。

② 仪器和试剂。气相色谱仪具有热导池检测器。

微量注射器：$10\mu L$。

③ 分析步骤。在各种色谱条件具备的前提下，现将 $1\mu L$ 的注射器用样品冲洗三遍，然后立即取 $10\mu L$ 的样品注入色谱仪（注射器中禁止有气泡），几分钟后出峰，加载正确的标准曲线，即可得出水分的含量。

3. pH 测定（适用于预精馏塔、闪蒸槽、粗甲醇槽）

（1）方法原理

以玻璃电极为指示电极、饱和甘汞电极为参比电极，以 pH＝6.86 标准缓冲溶液定位，测定样品中 pH 值。

（2）仪器

① 酸度计。测量 pH 值范围为 0～14，读数精度＜0.02。

② pH 玻璃电极等电位点在 pH＝7 左右。

③ 饱和甘汞电极。

④ 温度计。测量范围为 0～100℃。

⑤ 磁力搅拌器。

（3）试剂和溶液

① pH＝4 标准缓冲溶液；

② pH＝6.86 标准缓冲溶液；

③ pH＝9.18 标准缓冲溶液。

（4）分析步骤

① 电极的准备。新玻璃电极或久置不用的玻璃电极，应预先置于蒸馏水中浸泡 24h，使用完毕亦应放在蒸馏水中浸泡。

饱和氯化钾电极使用前最好浸泡在饱和氯化钾溶液稀释 10 倍的稀溶液中，储存时把上端的注入口塞紧，使用前应启开，应经常注意从入口注入氯化钾饱和溶液至一定液位。

② 仪器校正。仪器开启半小时后，按仪器说明书的规定，进行调零、温度补偿和满刻度校正等操作步骤。

③ pH 定位。定位前用蒸馏水冲洗电极及烧杯 2～3 次。然后用干净滤纸将电极底部水轻轻吸干（勿用滤纸擦拭，以免电极底部带静电导致读数不稳定）。

④ 样品的测定。将电极、烧杯用蒸馏水洗净后，再用被测样品冲洗 2～3 次，然后浸入电极并进行搅拌，测定 pH 值，记下 pH 值。标准缓冲溶液在不同温度下的 pH 值见表 7-5。

表 7-5　标准缓冲溶液在不同温度下的 pH 值

温度℃	邻苯二甲酸氢钾	中性磷酸盐	硼砂
10	4.00	6.92	9.33
15	4.00	6.90	9.27
20	4.00	6.88	9.22
25	4.01	6.86	9.18
30	4.01	6.85	9.14
35	4.02	6.84	9.10
40	4.03	6.84	9.07
45	4.04	6.83	9.04
50	4.06	6.83	9.01
55	4.07	6.84	8.99
60	4.09	6.84	8.96

4. 气体中微量总硫和形态硫的测定

（1）适用范围

适用于焦炉煤气、合成气、净化气、转化气中微量总硫和形态硫的测定，测定范围为 S 含量 $0.02\sim20mg/m^3$。

（2）方法概述

利用色谱分离柱将硫化物分离后，各组分按不同的保留时间从色谱柱中依次流出。硫化物在富氢火焰中能够裂解生成一定数量的硫分子，并且能在该火焰条件下发出 394nm 的特征光谱，经干涉滤光片除去其他波长的光线后，用光电倍增管把光信号转换成电信号并加以放大，然后经微机根据峰面积和校正系数计算出分析结果并打印。

（3）仪器及测定条件

① WDL-94 多功能硫分析仪，带火焰光度检测器。

② 打印机为 EPSON LQ-300A 或其他。

③ 硫色谱柱。

a. TCP 柱。$\phi 4mm \times 0.5mm$ 聚四氟乙烯管，1.5m，20%TCP，白色 101 担体，60～80 目。

b. GDX 柱。$\phi 4mm \times 0.5mm$ 聚四氟乙烯管，1.5m，GDX301，60～80 目。

④ 硫化物渗透标样源。

⑤ 100mL 全玻璃注射器。

⑥ 柱温。60℃。

⑦ 载气。氮气 0.04MPa（40～60mL/min）（用 40～60 目 5A 分子筛脱硫）。

⑧ 燃气。氢气 0.04MPa（60～65mL/min）。

⑨ 助燃气。氧气 0.04MPa（13～5mL/min）。

⑩ 自动气体六通进样阀，5mL 定量进样管。

（4）操作步骤

① 定性、定量方法。对无机硫和低沸点有机硫采用纯样品对照，对高沸点有机硫采用反吹法分析总硫，基于峰面积的标准样定量。

② 开启仪器。

③ 标定仪器。

④ 样品分析。

a. "00" 方式。H_2S、COS 及其他硫化物总硫含量测定在执行安装步骤或结束其他分析程序后，进行以下操作使仪器改为 "00" 方式，使用 GDX 柱，分析样品中的 H_2S、COS 及其他硫化物总硫含量，并打印谱图、结果。

b. "06" 方式。在执行安装步骤或结束其他分析程序后，进行以下操作使仪器改为 "06" 方式，使用 GDX 柱，分析样品中总硫含量，并打印谱图、结果。

c. "04" 方式。在执行安装步骤或结束其他分析程序后，进行以下操作使仪器改为 "04" 方式，使用 TCP 柱，分析样品中的有机硫化物含量，并打印谱图、结果。

出峰顺序：甲硫醇、甲硫醚、硫化碳、二氧化硫、乙硫醚、二硫化物。

⑤ 关机。

（5）分析误差

平行测定试样结果之差在 $\pm 0.02mg/m^3$。

  任务实施

1. 完成气相色谱法测定粗甲醇中甲醇含量的测定任务。

2. 完成粗甲醇 pH 值的测定任务。

3. 完成合成气中总硫含量的测定任务。

任务三 二甲醚质量检验

任务描述

二甲醚作为重要的有机化工产品和替代燃料，需符合国标 HG/T 3934—2007 规定工业用二甲醚产品的质量技术要求，才能进入市场销售。此外二甲醚产品的品质也是二甲醚生产监测必不可少的内容。二甲醚产品的质量检测主要包括二甲醚含量、甲醇含量、水分含量、铜片腐蚀试验、酸度等。

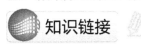 **知识链接**

二甲醚质量检验依据标准 HG/T 3934—2007 进行，适用于甲醇气相法或液相法脱水生成的二甲醚，或由合成气直接合成的二甲醚，或其他产品生产工艺的回收二甲醚的生产和检验。二甲醚结构式为 CH_3OCH_3，其分子量 46.07（按 2005 年国际原子量）。

二甲醚Ⅰ型产品作为工业原料主要用于气雾剂的推进剂、发泡剂、制冷剂、化工原料等，Ⅱ型主要用于民用燃料、车用燃料及工业燃料的原料。

二甲醚性状应符合无色、有挥发性醚味的气体或压缩液化气体。液体密度为 0.660～0.680g/cm³。

二甲醚的质量应符合表 7-6 所示的技术要求。

表 7-6　二甲醚的质量技术要求

项　　目		Ⅰ型	Ⅱ型
二甲醚的质量分数/%	⩾	99.9	99.0
甲醇的质量分数/%	⩽	0.05	0.5
水的质量分数/%	⩽	0.03	0.3
铜片腐蚀试验	⩽	—	1级
酸度（以 H_2SO_4 计）/%	⩽	0.0003	

注：Ⅰ型产品作制冷剂时检测酸度。

二甲醚的检验包括型式检验和出厂检验，须遵循以下规则：

（1）型式检验

技术要求表 7-6 中的全部项目均为型式检验项目。在正常情况下，每三个月至少进行一次型式检验。有下列情况之一时，也应进行型式检验：更新关键生产工艺；主要原料有变化；停产又恢复生产；出厂检验结果与上次型式检验有较大差异；合同规定。

（2）出厂检验

技术要求表 7-6 中的Ⅰ型产品所有项目均为出厂检验项目，Ⅱ型产品二甲醚含量、水分及甲醇含量为出厂检验项目。出厂检验每批进行一次。

（3）采样方法

二甲醚以同等质量的均匀产品为一批，或以一储罐、一槽车的产品量为一批。二甲醚钢瓶包装的采样单元数按 GB/T 6678—2003 的规定确定。二甲醚采样方法按 GB/T 6680—2003 和 SH 0233—1992 的规定进行。采样总量应保证检验的需要。

（4）结果判定

检验结果判定按 GB/T 1250 中的修约值比较法进行。检验结果如果有一项指标不符合标准要求时，钢瓶装产品应重新从两倍数量的包装单元中采样进行检验，储槽装产品及槽车装产品应重新采样进行检验。重新检验的结果即使只有一项指标不符合要求，则整批产品为不合格。

1. 二甲醚含量的测定

（1）方法提要

用气相色谱法，在选定的色谱操作条件下，试样经汽化通过色谱柱，使其中的各组分得到分离，用热导检测器检测；或试样中一氧化碳、二氧化碳等组分通过甲烷转化器转化为烃类化合物，用火焰离子化检测器检测。以校正面积归一化法计算二甲醚的含量。

（2）试剂

① 氢气。体积分数≥99.8%。

② 氮气。体积分数≥99.8%。

③ 空气。经活性炭和分子筛净化。

④ 校准用标准样品。市售，本底样品为二甲醚，内含相应杂质组分（一氧化碳、二氧化碳、甲烷、乙烯、乙烷、乙炔、丙烯、丙烷、甲醇等），各组分含量应与实际样品情况接近。

（3）仪器

① 气相色谱仪。配有热导检测器（TCD）可进行毛细管柱操作，或配有火焰离子化检测器（FID）和甲烷化转化器（转化一氧化碳、二氧化碳）的气相色谱仪，整机灵敏度和稳定性符合 GB/T 9722—2006 的规定。

② 记录仪。色谱工作站或色谱数据处理机。

③ 进样器。1mL 玻璃注射器（如卡介苗注射器，有良好的密封性），或具有加热装置的自动六通阀，配有 1mL 定量环。

④ 采样器。不锈钢材质，双阀型液化石油气采样器，符合 SH 0233—1992 规定，工作压力大于 3.1MPa。

⑤ 恒温水浴。

（4）色谱分析条件

推荐的色谱柱和色谱操作条件见表 7-7。典型色谱图及保留时间参见附件。其他能达到同等分离程度的色谱柱及色谱操作条件也可采用。

表 7-7　推荐的色谱柱和色谱操作条件

项　　目	毛细管柱法	填充柱法
色谱柱固定相	聚苯乙烯-二乙烯基苯（PLOT-Q 柱）	二乙烯基苯和苯乙烯共聚物，粒度 0.18～0.25mm
柱管材质	熔融石英	不锈钢或玻璃管
色谱柱长/m	30	3
柱内径/mm	0.53	3
膜厚/μm	40.0	—
检测器	热导检测器	火焰离子化检测器
柱箱温度	初始温度 50℃,保持 2min,以 10℃/min 的速度升温到 150℃	初始温度 50℃,保持 6min,以 10℃/min 的速度升温到 80℃,保持 9min,以 10℃/min 的速度升温到 150℃,保持 15min
汽化室温度/℃	250	150
检测器温度/℃	250	360
六通阀阀箱温度/℃	100	100
甲烷化转化器温度/℃		360
载气流量/(mL/min)	—	30(N₂)
载气平均线速/(cm/s)	64(H₂ 或 He)	—

项　　目	毛细管柱法	填充柱法
燃气流量/(mL/min)	—	30(H_2)
助燃气流量/(mL/min)	—	300(空气)
分流比	5∶1	—
进样量(气体)/mL	0.1	1

（5）分析步骤

① 校正因子的测定。

a. 按表 7-7 色谱操作条件调试仪器。打开校准用标准样品钢瓶阀门，调节合适的流量，用校准用标准样品连续吹扫自动六通阀并排空，取校准用标准样品进样分析；或用玻璃注射器从校准用标准样品钢瓶中抽取标准试样进样。重复测定三次，取三次峰面积平均值为测定结果。

b. 结果计算。以校准用标准样品的本底样品二甲醚为参照物 R，杂质组分 i 的相对质量校正因子计算如下：

$$f_i = \frac{w_i A_R}{A_i w_R}$$

式中　w_i——校准用标准样品中杂质组分 i 的质量分数，%；

　　　A_i——杂质组分 i 的峰面积；

　　　w_R——参照物 R 的质量分数，%；

　　　A_R——参照物 R 的峰面积。

② 试样的测定。

a. 取样。将干燥、洁净的采样器用金属接头与样品钢瓶密封连接，采样器的放空阀向上，打开样品钢瓶截止阀，再依次打开采样器的进样阀和放空阀，使样品充分置换采样器，然后关闭采样器的放空阀，使液相样品进入采样器，当样品体积占采样器容积 80% 时，依次关闭采样器进样阀和样品钢瓶截止阀，取下采样器。

b. 测定。启动气相色谱仪，按表 7-7 所列色谱操作条件调试仪器，稳定后准备进样分析。

将采样器倒置，按照图 7-4 所示连接，控制恒温水浴温度 40～60℃。打开阀门 A、C，缓慢打开流量调节阀 B，使液体样品流出并控制汽化速度，置换管路中的空气。排出的冲洗管路的气体引出室外。冲洗、置换完全后，关闭阀门 C，立即转动六通阀至进样位置，将采集的气体试样引入色谱柱进行分析。以校正面积归一化法进行定量。

③ 结果计算。

二甲醚的质量分数 w_1，数值以 % 表示，计算如下：

$$w_1 = \frac{A}{\sum f_i A_i} \times (100 - w_3)$$

式中　A——二甲醚的峰面积；

　　　f_i——组分 i 的相对质量校正因子；

　　　A_i——组分 i 的峰面积（组分 i 不包括水）；

　　　w_3——3. 测得的以质量分数表示的水分。

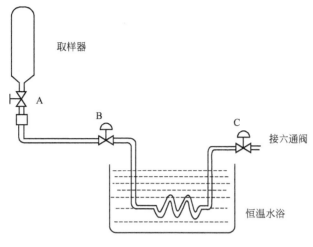

图 7-4　汽化试验连接图

取两次平行测定结果的算术平均值为测定结果，两次平行测定结果的绝对差值不大于 0.1%。

2. 甲醇含量的测定

（1）分析步骤

按照 1. 的规定进行。

（2）结果计算

甲醇的质量分数 w_2，数值以%表示，按下式计算：

$$w_2 = \frac{f_m A_m}{\sum f_i A_i} \times 100$$

式中　A_m——甲醇的峰面积；

　　　f_m——甲醇的相对质量校正因子；

　　　A_i——组分 i 的峰面积（组分 i 不包括水）；

　　　f_i——组分 i 的相对质量校正因子。

取两次平行测定结果的算术平均值为测定结果，两次平行测定结果的绝对差值不大于这两个测定值的算术平均值的 5%。

3. 水分的测定

二甲醚的水分测定方法有两种：卡尔·费休库仑电量法、卡尔·费休容量法。以卡尔·费休库仑电量法的闪蒸进样方法为仲裁法。此处只介绍卡尔·费休库仑电量法。

（1）方法提要

试样中的水分与电解液中的碘和二氧化硫发生如下定量反应：

$$H_2O + I_2 + SO_2 \longrightarrow SO_3 + 2HI$$

$$2I^- \longrightarrow I_2 + 2e^-$$

参加反应的碘的分子数等于水的分子数，而电解生成的碘与所消耗的电量成正比，根据法拉第定律，用测量消耗的电量得出水的量。

（2）仪器

① 库仑电量水分测定仪。检测灵敏度 0.1μg H_2O。其他能满足分析要求的微量水测定

仪也可以使用。

② 阀型液化石油气采样器。

③ 玻璃液化石油气采样器，耐压 1.0MPa 以上，容积 10mL，并配有附件不锈钢细管，长 150～300mm、内径 0.5mm。

④ 进样器。液态烃闪蒸汽化取样进样器（LG-5）；或采用长 150～300mm、内径 0.5mm 的不锈钢细管。

⑤ 取样管。内径 0.5mm 的不锈钢细管。

⑥ 电子天平。最大称量不小于 2000g，分度值 0.01g。

（3）试剂

与库仑电量水分测定仪配套使用的电解液（市售试剂）。

（4）分析步骤

加入电解液，开启仪器，调节库仑电量水分测定仪，准备进样分析。

① 直接进样。用取样管连接玻璃液化石油气采样器和已装有二甲醚的双阀型液化石油气采样器，打开各自的阀门，用试样冲洗玻璃液化石油气采样器，同时慢慢关小其阀门，待有液体进入后即可完全关闭阀门，进入适量试样后，关闭双阀型液化石油气采样器的阀门，拔出插入玻璃液化石油气采样器的取样管，称量其质量，精确至 0.01g。

将干燥的进样器不锈钢管插到库仑电量水分测定仪电解池底部，另一端与玻璃液化石油气采样器连接，进样速率以进样器外壁不结露水为宜，进样量根据试样含水量调整。进样完毕后，再次称量玻璃液化石油气采样器质量，精确至 0.01g。进样结束立即进行电量滴定，读取库仑电量水分测定仪显示的水的质量或水的质量分数。

② 闪蒸进样。将已装有二甲醚的双阀型液化石油气采样器与液态烃闪蒸汽化取样进样器相连接，进样量设为 2L，充分置换后按下"自动进样"键，进样量达到 2L 后，仪器自动停止进样，进行分析，读取库仑电量水分测定仪显示的水的质量或水的质量分数。

（5）结果计算

水的质量分数 w_3，数值以％表示，计算如下：

$$w_3 = \frac{m}{m_1 - m_2} \times 100$$

式中　　m——试样中水的质量，g；

m_1——进样前采样器和试样的质量，g；

m_2——进样后采样器和试样的质量，g。

取两次平行测定结果的算术平均值为测定结果，两次平行测定结果的绝对差值不大于这两个测定值的算术平均值的 10％。

4. 铜片腐蚀试验

铜片腐蚀试验：在规定条件下，测试液化石油气（二甲醚）对铜的腐蚀趋向的试验。

液化石油气的铜片腐蚀试验，主要是测定液化石油气的腐蚀性程度。因为液化石油气在储运及使用过程中，均采用金属容器灌装，如果液化石油气腐蚀性过强，就会造成储运设备、容器的严重腐蚀，致使缩短使用期限，甚至引发其他危险。因此，这项试验有重要意义。

我国现行的液化石油气铜片腐蚀试验法是采用 SH/T 0232《液化石油气铜片腐蚀试验法》，该方法等效采用 ISO 6521—1982《液化石油气铜片试验法》。

5．酸度的测定

（1）分析步骤

按 GB/T 7373—2006 中 4.6 的规定进行。

（2）结果计算

酸（以 H_2SO_4 计）的质量分数 w_4，数值以％表示，计算如下：

$$w_4 = \frac{[(V_0 - V)/1000]CM}{m} \times 100$$

式中　V——试料消耗氢氧化钠标准滴定溶液的体积，L；

　　　V_0——空白试验消耗氢氧化钠标准滴定溶液的体积，L；

　　　C——氢氧化钠标准滴定溶液的浓度，mol/L；

　　　m——试料的质量，g；

　　　M——硫酸的摩尔质量，g/mol（$M=98.07$）。

 任务实施

完成二甲醚产品中二甲醚含量、甲醇含量、水分含量、酸度等测定任务。

附件（资料性附录 A）

二甲醚含量测定的典型色谱图及保留时间

A.1　毛细管柱气相色谱法典型色谱图见附图 1。

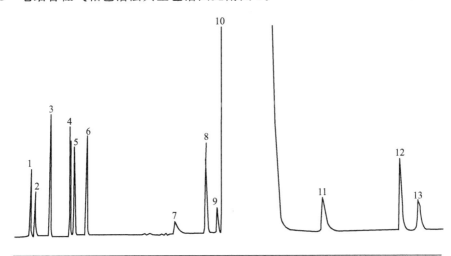

附图 1　二甲醚含量测定毛细管柱（PLOT-Q）气相色谱法典型色谱图

1—空气＋一氧化碳；2—甲烷；3—二氧化碳；4—乙烯；5—乙炔；6—乙烷；7—水；
8—丙烯；9—丙烷；10—二甲醚；11—甲醇；12—1-丁烯；13—未知物

A.2　毛细管柱气相色谱法保留时间见附表 1。

附表 1　毛细管柱（PLOT-Q）气相色谱法保留时间

序号	组分名称	保留时间/min
1	空气＋一氧化碳	1.381
2	甲烷	1.474
3	二氧化碳	1.778

序号	组分名称	保留时间/min
4	乙烯	2.247
5	乙炔	2.361
6	乙烷	2.635
7	水	5.241
8	丙烯	6.078
9	丙烷	6.449
10	二甲醚	6.668
11	甲醇	9.333
12	1-丁烯	10.968
13	未知物	11.357

A.3 填充柱气相色谱法典型色谱图见附图 2。

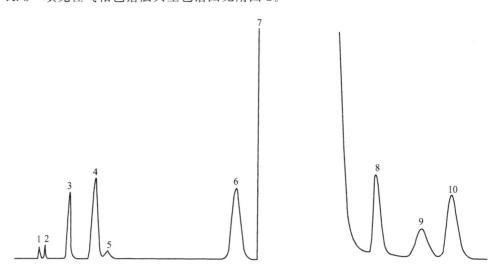

附图 2 二甲醚含量测定填充柱气相色谱法典型色谱图

1——氧化碳；2—甲烷；3—二氧化碳；4—乙烯；5—乙炔；

6—丙烯；7—二甲醚；8—甲醇；9—1-丁烯；10—未知物

A.4 填充柱气相色谱法保留时间见表 2。

附表 2   填充柱气相色谱法保留时间

序号	组分名称	保留时间/min
1	一氧化碳	1.684
2	甲烷	2.080
3	二氧化碳	3.641
4	乙烯	5.317
5	乙炔	6.195
6	丙烯	14.729

续表

序号	组分名称	保留时间/min
7	二甲醚	16.389
8	甲醇	24.208
9	1-丁烯	27.348
10	未知物	29.517

项目八 醇醚燃料

任务一　了解甲醇的燃料性质

任务描述

目前甲醇产业方兴未艾的主要原因是甲醇在替代汽油和掺烧汽油领域的应用，甲醇作为燃料的性质到底如何，与汽油相比孰优孰劣一直是专家们探讨的重要课题，也是大众热衷讨论的话题。

此处对甲醇和汽油在燃料领域抗爆性、燃烧性、腐蚀性、互溶性和安全性等方面的性能进行了详细比较和评价。

知识链接

1. 燃烧性能

甲醇的化学组分单一，具有热值低、汽化潜热大、抗爆性好、含氧量高等特点，在燃料领域的应用前景十分广阔。那么，为什么多少年来一直是汽油、柴油燃料领域独领风骚，甲醇和汽油、柴油比较又具有哪些优势，又有哪些劣势？通过对甲醇、汽油和柴油的燃烧性能比较（表 8-1）来进行分析。

表 8-1　甲醇和汽油、柴油的理化性质比较

性质	甲醇	汽油	柴油
组成	CH_3OH	$C_4 \sim C_{14}$ 的烃类化合物	$C_{16} \sim C_{23}$ 的烃类化合物
分子量	32.04	95～120	180～200
元素质量组成/% C H O	 37.5 12.5 50	 85～88 12～15 0	 86～88 12～13.5 0～0.4
密度(20℃)/(kg/L)	0.792	0.72～0.78	0.82～0.86
凝固点/℃	−96	−57	−4～−1
沸点/℃	64.7	27～225	180～370
汽化潜热/(kJ/kg)	1167	310	270
燃烧热/(kJ/kg)	19930	43030	42500
蒸气压(38℃)/mmHg	239	362～775	
水中溶解度/(mg/L)	互溶	不溶	不溶
黏度(20℃)/mPa·s	0.60	0.65～0.85	3.0～8.0
闪点/℃	12	−50～−20	50～65
蒸气密度(1atm,10℃)/(g/L)	1.4	2～5	
着火界限(体积分数)/%	6.7～36.5	1.4～6.7	1.5～8.2
自燃温度/℃	500	350～468	270～350
辛烷值	114.4(RON),94.6(MON)	70～90	30
理论混合气进气温度/℃	122.4	21.6	20.0
理论混合气热值/(kJ/kg)	2650	2780	2790
理论空燃比/(kg/kg)	6.5	14.8	14.6

从表 8-1 可以看出：

① 甲醇分子中含有 50% 的氧，使甲醇的有效可燃成分降低，使燃烧热值降低，但同时也使甲醇完全燃烧时所需要的空气量减少，甲醇和空气的理论混合气的热值与汽油相当，因此相对减少了尾气的排放量，热量损失也相应减少，提高了甲醇发动机的总热效率。

② 甲醇具有较高的辛烷值，具有较高的抗爆震性能，对通过提高发动机压缩比来提高发动机热效率很有利，所以甲醇既是良好的内燃机的代用燃料，也是提高汽油辛烷值的优良添加剂，普通汽油与 15%～20% 的甲醇混合，辛烷值可以达到优质汽油的水平。

③ 甲醇的汽化潜热是汽油、柴油的 3～4 倍，高的汽化潜热以及低的蒸气压和较高的沸点，将导致混合气形成困难和发动机启动困难，但可以降低进气温度，提高充气效率；同时，由于甲醇的汽化潜热大，可以改善发动机燃烧后的内部冷却，改善发动机的动力性，降低排气温度。

④ 甲醇的着火界限比汽油、柴油高，能够使发动机在较稀的混合气下工作，这将使发动机的工况范围比较宽，对排气净化和降低油耗非常有利。

⑤ 甲醇可以与水互溶，而烃类燃料憎水性强，因而甲醇与汽/柴油的相溶性较差，甲

醇＋汽/柴油混合燃料对含水量十分敏感，微量水分可引起甲醇与汽/柴油分离。

⑥ 甲醇的辛烷值明显比汽油高，因而既可以作为良好的汽油替代燃料，也可作为优良的汽油添加剂用于提高汽油的辛烷值。

⑦ 甲醇是富氧燃料，和汽油相比，尾气中排放的 CO 和烃类较低，但含有少量甲醇和不完全氧化产物甲醛。

2. 腐蚀溶胀性能

甲醇的腐蚀性与其纯度和温度有关，如果是精醇，在 100℃ 以下对金属是几乎没有腐蚀性的；而如果是粗醇，因为含有少量的有机酸，温度越高对金属的腐蚀性越强。燃料甲醇在应用过程中主要是对发动机的活塞和汽缸壁造成较大腐蚀。造成腐蚀的主要原因如下：

① 甲醇本身会发生自由基反应，生成的氧化产物甲酸会对发动机的汽缸壁造成腐蚀。

② 甲醇吸水性强，在储存和运输过程中吸收了少量水分，加剧了其腐蚀性。

③ 燃料甲醇在燃烧的过程中，由于燃烧不充分会产生少量醛、酸等有机腐蚀物质。

经过对甲醇汽油的腐蚀性和溶胀性研究，甲醇汽油的腐蚀性随着甲醇体积分数的增加而增加，而汽油的组成变化对其腐蚀性影响并不大，可以得出甲醇是主要的腐蚀物质。目前，解决甲醇腐蚀性的手段大多是加入金属腐蚀抑制剂，如苯并三氮唑类、二聚亚胺酸等，可以明显降低燃料对金属的腐蚀程度。同时加入助燃剂，使甲醇汽油燃烧充分，能降低其腐蚀性。

另外发动供应系统中有许多部件是由橡胶或塑料材料制成的，甲醇汽油燃料对某些橡胶和塑料部件有一定的腐蚀、溶胀作用。塑料制品在甲醇汽油中会溶胀、变黏，橡胶制品在甲醇汽油中也会发生溶胀、变硬、变脆或软化等现象，纤维垫片也会逐渐软化而导致漏油。为改善汽油性能而使用的添加剂中的某些成分也会对塑料和橡胶产生腐蚀性。因此，在使用甲醇汽油燃料时，相关部件的材料要更换成耐醇油性较好的材料。不同材料耐醇油性能由好到坏依次是：聚氯醚、氯化聚醚＞氟橡胶＞丁腈胶＞氯化丁腈胶＞顺丁胶＞乙丙胶～丁苯胶＞天然胶＞硅橡胶＞丁基胶。

3. 与汽油的互溶性能

甲醇是极性亲水化合物，与水能以任意比例互溶；汽油为非极性憎水化合物，与水不能互溶。所以简单的甲醇和汽油混合燃料就存在分层问题，尤其是在甲醇比例较大、含水、助溶剂不好等条件下分层现象更为严重。

甲醇和汽油的互溶性主要受甲醇含量、温度、水分和助溶剂的影响，其互溶性曲线呈抛物线，如图 8-1 所示。由图可知，甲醇汽油燃料中，当甲醇的含量大于 85％ 或小于 5％ 时，甲醇可以和汽油在较低温度下互溶，不会发生分层现象，这正是目前人们对于低浓度和高浓度甲醇汽油感兴趣的原因。而甲醇含量在 5％～85％ 时则容易分层，互溶温度也相对较高，且温度越高，甲醇和汽油的互溶性越好。微量水分的存在会破坏甲醇和汽油的互溶性，是造成甲醇汽油混合燃料相分离的主要原因之一。

为了降低甲醇和汽/柴油的互溶温度，扩大混合燃料的使用浓度范围，需要向混合燃料中加入互溶助剂。理论上既含有极性基团又含有非极性基团的有机化合物都可以作为助溶剂，所以大多数甲醇同系醇类都可以作为甲醇混合燃料的助溶剂，如乙醇、正丁醇、异丁醇、异戊醇等高碳醇都是很好的助溶剂。

4. 环保安全性能

甲醇的毒性和安全性一直是人们关注的焦点，也是目前制约甲醇燃料应用的主要原因之一。那么甲醇的毒性到底怎样？甲醇燃料的使用是否安全呢？其实首先要明白的一点是，汽油和柴油对人体健康和环境也是有一定毒性的。实际上甲醇是一种自然界天然存在的物质，通过食用水果、蔬菜和含酒精饮料，人体平均每天每千克体重吸收 0.3～1.1mg 甲醇，一个 70kg 体重的人，每天自然地吸收 21～77mg 甲醇。甲醇对人体的危害只有在过量的情况下才会发生，所以对甲醇的安全生产和使用关键是限度问题。燃料甲醇在储存和使用的过程中难免会有泄漏或挥发，其使用安全主要应当从三方面来考虑：对人体的使用安全，对环境的使用安全，火灾危险性。

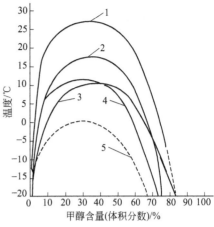

图 8-1　甲醇和汽油的互溶性曲线
1—90 号汽油/甲醇（0.5％水）；
2—90 号汽油；3—93 号汽油；
4—90 号汽油/甲醇（含 3％助溶剂）；
5—国外标准汽油

（1）一般毒性

① 甲醇的毒性。对中枢神经系统有麻醉作用；对呼吸道及胃肠道黏膜有刺激作用，对血管神经有毒作用，引起血管痉挛，形成瘀血或出血；对视神经和视网膜有特殊选择作用，使视网膜因缺乏营养而坏死；可致代谢性酸中毒。急性中毒：表现以神经系统症状、酸中毒和视神经炎为主，可伴有黏膜刺激症状。短时大量吸入出现轻度眼及上呼吸道刺激症状（口服有胃肠道刺激症状）；经一段时间潜伏期后出现头痛、头晕、乏力、眩晕、酒醉感、意识朦胧、谵妄，甚至昏迷。视神经及视网膜病变，可有视物模糊、眼痛、复视等，对光反应迟钝，重者失明。代谢性酸中毒时出现二氧化碳结合力下降、呼吸加速等。慢性中毒：神经衰弱综合征、植物神经功能失调、黏膜刺激、视力减退等。皮肤出现脱脂、皮炎等。

② 汽油的毒性。急性中毒：对中枢神经系统有麻醉作用。高浓度吸入出现中毒性脑病，极高浓度吸入引起意识突然丧失、反射性呼吸停止。可伴有中毒性周围神经及化学性肺炎。液体吸入呼吸道可引起吸入性肺炎。溅入眼内可致角膜溃疡、穿孔，甚至失明。皮肤接触致急性接触性皮炎，甚至灼伤。吞咽引起急性胃肠炎，重者出现类似急性吸入中毒症状，并可引起肝、肾损害，严重可致死。慢性中毒：神经衰弱综合征、植物神经功能紊乱、周围神经病。严重中毒出现中毒性脑病，症状类似精神分裂症。长期接触可引起皮肤干燥、皲裂、毛囊炎、慢性湿疹等。

比较相关资料中对甲醇和汽油的毒性描述，可以看到两者都是中毒危害毒物，都对人体有危害，严重都可致死。之所以甲醇致死案例较多主要是由于误饮工业酒精（含甲醇）勾兑的白酒所致，甲醇有类似酒精的醇香味，而汽油的味道奇怪谁也不会去喝。所以关键要做的要了解其习性并正确使用，防患于未然。

甲醇和汽油的中毒途径主要有三种：吸入蒸气、误饮和皮肤接触吸收。

呼吸系统吸入甲醇蒸气是主要的接触途径。低浓度时甲醇蒸气的毒性比汽油蒸气的毒性小，高浓度时两者相当。但由于甲醇蒸气压较低，处于高浓度甲醇蒸气环境的概率要低于汽油。空气中甲醇的允许浓度见表 8-2。正常工作场所甲醇蒸气的允许最大浓度是 $50mg/m^3$，而汽油为 $300\mu L/L$。对生命立即产生危险或严重损害的甲醇蒸气浓度为 $6000\mu g/L$。这些在《职业性急性甲醇中毒诊断标准》都有明确规定。要求工作场所的甲醇蒸气浓度不能大于允许浓度，以保证工作人员的安全。

表 8-2　空气中甲醇的允许浓度

持续接触时间	允许浓度/(μg/L)	持续接触时间	允许浓度/(μg/L)
即刻	6000	24h	200
1h	1000	5×8h(有防护)	200
8h	500	工作场所	50

误饮甲醇是非常危险的，人们对于甲醇毒性的过分关注也正是来源于此。虽然存在个体差异，一般认为口服 5～10mL 可以引起严重中毒，10mL 以上造成失明，30mL 以上致人死亡。必须引起足够的重视！皮肤接触吸收进入人体的甲醇量很小，一般不会引起中毒。长期反复接触甲醇可能引起红疹、红肿、起鳞等症状。

所以将甲醇作为替代燃料使用，必须严格按照操作程序进行，尽量减少甲醇在运输、储存、生产中的泄漏，避免直接进入人体消化系统。山西在十多年的甲醇燃料示范实践中也对相关接触甲醇人员进行了跟踪，结果表明只要遵守操作规程，没有发现人体健康异常。事实上，除了误饮，由其他途径引起的甲醇中毒事件很少见到。

（2）环境影响

甲醇作为替代燃料大规模使用，会不会对环境造成影响？排放的废气对环境影响有多大？这些也是人们一直关注和争论的焦点。

甲醇作为燃料使用时，向周围环境的排放主要来源于储存、运输和添加过程中的运输事故、储存渗漏、蒸气挥发等。相比较其他的化学物质，甲醇的半衰期较短，易发生生物降解而从自然环境中脱除。而汽油难溶于水，不易扩散，在自然环境中难以降解而发生累积污染。新闻报道中屡见不鲜的海上原油泄漏事故所造成的生态环境恶化和动植物灾难，相信很多人都不陌生。而甲醇对环境的影响一般情况下是短期的、可逆的，不会对环境造成永久性的破坏。

通常对大气质量有明显影响的汽油尾气常规排放物主要是：烃类、CO、NO_x。国际能源机构的一项研究表明，甲醇汽车的尾气也含有以上排放物，但含量明显低于汽油汽车，甚至优于 CNG 和 LPG。除了这些常规排放物，甲醇燃料汽车尾气还可能含有未完全燃烧的甲醇和不完全氧化产物甲醛等非常规排放物，其中甲醛是致癌物质，汽油车尾气中也含有。而汽油尾气中存在的苯、多环芳烃等致癌物，甲醇尾气中完全没有。所以，大规模甲醇燃料车的使用，并不会造成比汽油更为严重的尾气污染物排放。

（3）使用安全

从甲醇和石油的一般性质比较可以看出，甲醇的蒸气压比汽油小，同样条件下汽油蒸气量是甲醇蒸气量的 2～4 倍。甲醇蒸气的密度较低，接近于空气的密度，汽油蒸气的密度是甲醇的 2～5 倍。所以一旦泄漏甲醇更容易扩散而不容易积聚使浓度升高从而增加引燃爆炸的危险。甲醇的闪点较高，甲醇蒸气能够点燃爆炸的浓度是汽油的 4 倍，所以甲醇着火爆炸的危险性小。甲醇火灾可以用水扑灭而汽油不能，所以灾后危害性较小。所以整体来讲甲醇的火灾危险性要比汽油小。

思考与讨论

1. 总结甲醇作为替代汽油燃料的优缺点，就是否应当支持甲醇燃料发展提出你的观点。
2. 查找资料，分析目前制约甲醇燃料发展的主要问题有哪些？
3. 分析甲醇的毒性，讨论在日常生活和甲醇生产中如何避免甲醇中毒？甲醇中毒应如何自救？

任务二　甲醇燃料和燃料电池

 任务描述

　　我国"缺油、少气、富煤"的国情决定了以煤为原料生产甲醇燃料是缓解石油供应矛盾的有效措施，更是我国战略储备需要。甲醇燃料作为一种新的替代能源，具有不依赖于石油、安全方便、动力性能好、节能减排、绿色环保等特点，只是人们对甲醇的认识、实践使用有一个发展过程。

　　目前，甲醇在燃料领域的应用除了直接可以作为燃料的应用，包括：甲醇汽油混合燃料、甲醇直接用作车用燃料、甲醇燃料电池。还应当包括以甲醇为原料制备的氢燃料、汽油（MTG）和烯烃（MTO）、二甲醚（DME）等，以及甲醇转化的甲基叔丁基醚（MTBE）、碳酸二甲酯（DMC）汽油添加剂。

知识链接

　　近年来，随着中国经济的快速发展，石油的需求量持续增长，1993年，我国已成为石油净进口国，2003我国已经成为世界第二石油进口国，预计到21世纪中叶，绝大部分石油将依赖进口，在石油储量丰富地区大多数动荡不安的情况下，能源问题已成为关系到国家命运的战略问题。我国"缺油、少气、富煤"的国情决定了以煤为原料生产甲醇燃料是缓解石油供应矛盾较为有效的措施之一。

1. 甲醇掺烧汽油

　　甲醇汽油混合燃料是将甲醇以一定的比例掺入汽油制备而成的混合燃料。通常以甲醇的英文名称的第一个字母M和甲醇的含量（一般指体积分数）来标记，例如掺入了3%、5%、15%、85%甲醇的汽油分别标记为M3、M5、M15和M85，纯甲醇燃料为M100。甲醇汽油中甲醇的含量，直接影响着甲醇汽油发动机和汽车的性能。不同比例甲醇汽油理化与燃烧特性见表8-3。

　　目前我国国家标准委已经正式颁布了《车用燃料甲醇》（GB/T 23510—2009）和《车用甲醇汽油（M85）》（GB/T 23799—2009）国家标准，分别于2009年11月1日和12月1日起实施。《车用甲醇汽油（M15）》国家标准也正在制定审理中。目前，还有两个相关的国家标准：《醇基液体燃料》（GB 16663—1996）和《工业甲醇》（GB 338—2011）。

　　（1）燃料甲醇和组分油

　　国家标准委颁布的《车用燃料甲醇》（GB/T 23510—2009）标准将全面推进和规范我国甲醇燃料的使用，扩大甲醇市场需求，缓解当前我国甲醇企业面临的生产经营困境，有利于我国煤化工产业的推进。该标准主要是规定了可以掺入汽油的甲醇的各种指标，包括车用甲醇组分油和杂质含量等指标。

表 8-3　甲醇汽油的理化性质和燃烧性能

参数	M5	M10	M15	M25	M50	M85	M100
甲醇使用体积分数/%	5	10	15	25	50	85	100
碳元素质量分数/%	82.36	79.84	77.80	72.77	60.50	44.23	37.5
氢元素质量分数/%	14.96	14.82	14.18	13.97	13.46	12.78	12.5
氧元素质量分数/%	2.68	5.34	8.02	13.26	26.04	42.99	50
低热值/(MJ/kg)	43.11	42.21	39.73	36.2	28.56	23.41	19.92
与汽油热值比	0.96∶1	0.95∶1	0.89∶1	0.81∶1	0.64∶1	0.53∶1	0.45∶1
密度(20℃)/(kg/L)	0.733	0.735	0.739	0.746	0.757	0.782	0.791
辛烷值(RON)	—	—	95	—	—	97	110
理论空燃比(质量)	14.3∶1	13.9∶1	13.0∶1	11.9∶1	9.4∶1	7.6∶1	6.47∶1
质量替代比(燃料∶汽油)	1.03∶1	1.06∶1	1.12∶1	1.23∶1	1.56∶1	1.90∶1	2.23∶1
体积替代比(燃料∶汽油)	1.03∶1	1.05∶1	1.11∶1	1.20∶1	1.50∶1	1.78∶1	2.06∶1

（2）低比例甲醇汽油（M10 以下）

常用甲醇的体积分数为 3%或 5%，发动机不作任何改动就可以使用，不增加成本，便于推广。实验表明，低比例甲醇汽车的冷启动性能和加速性能与汽油车没有明显区别，发动机和整车的动力性能、经济性能均可得到提高；甲醇汽油与基础汽油对金属的腐蚀和对橡胶的溶胀作用差别甚微；两者的燃料消耗量基本相当；怠速排放 CO 和烃类有所下降。

（3）中比例甲醇汽油（M10～M70）

常用的甲醇体积分数为 15%和 25%，发动机只需作适当调整，技术简单，费用较低。中比例甲醇汽油汽车的启动性、加速性、动力性和经济性与原汽油车相当，尾气排放改善较明显。实验表明，燃用 M15 时，发动机的功率、扭矩、油耗并没有大的变化，甚至在某些转速下的油耗有所降低，扭矩略有提高。

（4）高比例甲醇汽油（M70 以上）

常用的甲醇含量为 85%，发动机要进行改动和调整。实验表明，当发动机在较低转速时，与原汽油发动机相比，M85 发动机功率增加不明显，其原因在于低转速时排气温度低，预热强度小，混合气质量较差，影响了发动机的动力性；发动机在高转速运行时，由于调整后压缩比高，排气温度上升，混合气质量提高，为甲醇燃烧创造了较好的条件，而且甲醇燃烧速率快，滞燃期短，能获得较高的燃烧效率，再加上适当的点火提前，可以使 M85 发动机的扭矩和功率得到较大提高；M85 发动机在怠速时的 CO 和烃类排放很低。

20 世纪 60 年代，为了净化内燃机尾气，很多国家开始了对低污染的醇燃料的研究。20 世纪 70 年代初，由于石油危机，许多国家为了能源安全积极寻找石油的代用能源。由于醇类燃料是液体燃料，其储运、分配、携带、使用都和传统的汽油、柴油相差无几，而且其原料资源丰富，因此受到了国际重视。

我国在甲醇燃料方面的研究开发工作也已开展多年，山西、陕西、四川、河南、甘肃、宁夏等地区都对甲醇汽油燃料进行了不同程度的研究。山西省在这方面一直走在前列，1997年，国家经贸委批准在山西省实施国家甲醇燃料汽车示范工程，山西省先后投入 50 辆甲醇中巴车进行示范运营，累计行程达 200 万千米。山西省晋中市启动了甲醇汽车产业化工程，在全市推广使用 300 辆甲醇中型客车和 150 辆甲醇城市出租车，初步形成"煤制甲醇-甲醇发动机-输配系统-技术服务"的区域性产业化示范基地。通过对甲醇汽油的毒性、安全性以及生产、运输、储存、加注等过程进行的全面研究，2001 年山西省尝试推 M15，2002 年在临汾、晋城、太原和阳原四市试点运行，2004 年山西省正式全省推广，截至 2015 年，山西省销售 M15 的加油站数量达 700 家、4500 万辆次，效果良好。

2. 甲醇替代汽油

甲醇的化学组成单一，辛烷值高。从理论上说，可以提高汽油发动机的压缩比。甲醇分子中含有 50% 的氧，使甲醇的燃烧热值降低，但同时也使甲醇完全燃烧时所需的空气量减少，甲醇和空气的理论混合气的热值与汽油相当。因此相对减少了尾气的排放量，热量损失也相应地减少，提高了甲醇发动机的总热效率。甲醇的潜热比汽油大 2～4 倍，虽然可降低进气温度，提高充气效率，但给冷启动带来了困难，引起汽化器结冰，燃料消耗增加等问题。甲醇的饱和蒸气压和沸点都较低，易形成气阻。甲醇的引火温度和自燃温度比汽油高，从而比汽油更安全。甲醇是富氧燃料，和汽油相比，尾气中排放的 CO 和烃类化合物较低，但含有少量甲醇和不完全氧化产物甲酸。甲醇是一种极性有机溶剂，对某些橡胶和塑料制品易发生溶胀，提前老化，并对某些有色金属具有腐蚀作用，因而要对汽车的零部件作适当处理，增加材料对甲醇的适应性。甲醇生产装置周围环境的允许浓度为 200mg/L，甲醇车辆驾驶室内甲醇的浓度要低于 1mg/L，这就要求燃料系统必须很好地密封处理，杜绝任何泄漏。

甲醇的热值虽然约为汽油的 45%、柴油的 46%，但是在理论空燃比下，单位质量的甲醇-空气混合气的热值与石油燃料混合气的热值相当；甲醇的汽化潜热是汽油、柴油的 4～5倍。高汽化潜热产生的冷却效应虽然对发动机低速、低负荷时的工作过程会产生不利的影响，但同时可降低压缩负功，提高充气效率。甲醇的辛烷值较高，因而甲醇发动机可适当提高压缩比，以提高热效率。甲醇的着火上下极限都比汽油、柴油宽，有利于稀燃技术的应用和空燃比的控制。甲醇最小着火能量较低，燃烧时火焰的传播速度较快，这些均对燃烧十分有利。

另外，甲醇的毒性比汽油小。中科院工程热物理研究所联合有关部门对甲醇中毒机理进行了立项研究，结果表明，对于长期接触甲醇的人群，只要遵守操作规范，人体的健康不会受到不良影响。此外，汽油、柴油都是烃的混合物，汽油中的苯、丁二烯是强致癌物，柴油燃烧后形成的碳烟微粒也会附着致癌物，而甲醇是单一的化合物，不存在致癌的威胁，而且甲醇的生物降解过程比汽油和柴油迅速得多。由此可见，甲醇的综合环保性能优于汽油和柴油。甲醇在生产价格、储运以及加注等费用方面都具有很大的竞争优势。近期国内的试验表明，甲醇价格控制在 1400 元/t 左右，是具有较强竞争力的。在拥有煤炭资源优势的地区，煤制甲醇的成本会进一步降低，甲醇汽油用助溶剂复配后可提升为相当于 95 号汽油，且每吨比 90 号汽油成本低 320 元。甲醇燃烧污染小，具有优良的排放性能，故甲醇作为发动机燃料的发展前景相当远大。

为适应全球的能源可持续利用和环境保护的需要，燃料电池技术已经成为国际高新技术研究的热点。直接以甲醇为燃料，以甲醇和氧的电化学反应将化学能自发地转变成电能的发电技术称为直接甲醇燃料电池（direct methanol fuel cells，DMFC）。DMFC 是一种综合性能优良、操作简便、具有广泛应用前景的燃料电池，它的主要特点是甲醇不经过预处理可直接应用于阳极反应产生电流，同时生成水和二氧化碳，对环境无污染，为洁净的电能，它的能量转化率高，实际效率可达 70% 以上，亦即可提高燃料的利用率两倍以上，是节能高效的发电技术。因具备高能量密度、高功率、零污染等特性，致使燃料电池成为近年来最被看好的替代能源供应技术主流。

3. 甲醇燃料电池

燃料电池是将化学反应的化学能直接转化为电能的电池装置。和一般电池的概念不同，燃料电池不是储能设备，而是发电装置。理论上只要不间断地向电池输入燃料和氧化剂，电能就能持续不断地从其中产生。它是继水力、火力和核能后的第四代发电技术。与火力发电相比，燃料电池的发电过程不是燃料的直接燃烧，发电效率不受卡诺（Carnot）循环限制，CO、CO_2、SO_2、NO_x 及未燃尽的有害物质排放量极低。因此，燃料电池是集能源、化工、材料与自动化控制等新技术为一体的，具有高效与洁净特色的新电源，是 20 世纪 70 年代人类社会发生能源与生态环境危机以来，可以满足人类对能源的多元化及清洁化要求的最佳选择。

简单的氢燃料电池就是在氢和氧发生化学反应生成水时，将反应产生的化学能直接转化为电能，不经过燃烧而直接发电。氢燃料电池的发电过程实际是一个电化学氧化还原过程，作为燃料的氢通入阳极，而作为氧化剂的空气通入阴极，两极之间填充电解质和催化剂。氢气在阴极被吸附、解离，进而丢失电子氧化成氢离子进入电解质中，而阳极氧获得电子成为氧负价原子，进而和氢离子结合生成水。氢氧燃料电池工作原理示意如图 8-2 所示。

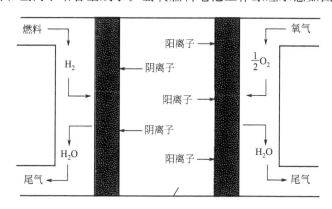

图 8-2　氢氧燃料电池工作原理示意图

电极反应如下：

阳极：$H_2 \longrightarrow 2H^+ + 2e^-$

阴极：$\frac{1}{2}O_2 + 2H^+ + 2e^- \longrightarrow H_2O$

总电池反应为：$H_2 + \frac{1}{2}O_2 \longrightarrow H_2O$

既然是燃料电池就需要燃料。作为燃料电池的燃料，最重要的条件是它的电极反应活性要高。在所有研究过的燃料中氢气的反应活性最高，而且反应简单，没有副反应。因此，氢气就成了燃料电池的首选。但是，氢气是一种二次能源，不能像煤炭、石油和天然气等能源一样可以从地下直接开采，而必须通过一定的方法从其他一次或二次能源制取而得。目前，氢气生产的主要原料有天然气、液化石油气、汽油、柴油、煤、生物质及甲醇等。其中甲醇以其来源丰富、价格低廉、质量轻、储存和携带方便以及具有较高的能量转换效率和对环境友好等优点备受人们青睐。通常，将通过甲醇所制得的氢气为燃料的电池称为间接甲醇燃料电池。但是，由于氢气是种较难液化的气体，在储存及运输等过程中存在极大的安全问题，于是人们便开始开发直接使用甲醇为燃料的电池，通常称为直接甲醇燃料电池。这样，不但解决了氢气的储存和运输问题，而且甲醇的体积小、质量轻、能量密度高、使用安全方便，非常适合用于交通工具和便携式电源，是目前各国政府优先发展的高新技术之一。

（1）甲醇裂解制氢

甲醇裂解反应是甲醇合成反应的逆反应，可以制备出 $H_2/CO=2$ 的 H_2 和 CO 的混合气。

$$CH_3OH \rightleftharpoons CO+2H_2$$

在没有催化剂存在下，甲醇加热到 700℃ 时就会发生上述裂解反应。有催化剂存在的情况下可以降低裂解温度。理论上合成甲醇的催化剂均可作为甲醇裂解反应的催化剂。缺点是反应生成的 CO 是燃料电池催化剂的毒物，所以产物中需要严格控制 CO 的含量。另外生产大量无用的 CO 也是对甲醇原料的浪费。

（2）甲醇水蒸气重整制氢

甲醇水蒸气重整反应制氢是甲醇制氢法中氢含量最高的反应：

$$CH_3OH+H_2O \rightleftharpoons CO_2+3H_2$$

水蒸气重整反应也是吸热反应，需要外部提供热量，需要有催化剂存在。该反应特点是产物中 H_2 含量高，反应条件温和，不足之处是反应和原料的汽化均要吸热，那么就浪费了可以提供给机动车动力的燃料。

（3）甲醇部分氧化制氢

甲醇发生部分氧化法制氢的反应式如下：

$$CH_3OH+1/2O_2 \rightleftharpoons CO_2+2H_2$$

该反应是放热反应，无须外部供热，具有反应速率快、条件温和、易于操作和启动快的特点。且使用氧气作为氧化剂，比水蒸气作为氧化剂具有更高的能量效率。缺点是 H_2 量较低，不利于燃料电池正常工作。

体积较小、组装容易、操作简单、冷启动快、工作温度（80～90℃）接近环境温度的间接甲醇燃料电池是最有希望成为商业化便携式电源或机动车使用的燃料电池。甲醇最有希望成为机动车等的燃料。虽然甲醇可以通过水蒸气重整或部分氧化转化为氢供给燃料电池作为燃料，但如果甲醇无须转化制氢，直接作为燃料电池的阳极燃料，即甲醇直接式燃料电池（DMFC），则体积更小，质量更轻，燃料的能量利用效率更高。与间接式甲醇燃料电池相比，由于不需要复杂的重整器，整个电池的结构简单、方便灵活，工作时间只取决于燃料携带量而不受限于电池的额定容量。在发电过程中，无须经过卡诺循环，具有能量转化效率高、低排放和无噪声等特点，另外还具有常温使用、燃料携带补给方便、能量密度高等优势，特别适用于作为小型可移动及便携式电源，在交通运输、国防能源和移动通信等领域有着潜在的广阔应用前景。

思考与讨论

1. 综合分析甲醇直接作为汽车内燃机燃料，具有哪些优缺点？
2. DMFC 的特点及优势。

任务三 了解二甲醚燃料性质

任务描述

跟甲醇一样，近年来二甲醚引起人们关注的主要原因是二甲醚在替代柴油和掺烧液化气等燃料领域的应用，同样二甲醚作为燃料的性质到底如何，与柴油和石油液化气相比孰优孰劣一直是专家们探讨的重要课题。

此处对二甲醚和柴油在燃料领域十六烷值、燃烧性、黏度及润滑性和安全性等方面的性能进行了详细比较和评价。

  知识链接

1. 十六烷值

二甲醚的十六烷值为 55～60，高于柴油及其他柴油替代燃料的值，所以其自燃温度也低于柴油，压燃性能好，可用作发动机燃料，其燃烧效果比甲醇燃料好，除具有甲醇燃料所具有的优点之外，还克服了其低温启动性和加速性能差的缺点，在柴油机上使用不需添加助燃剂或采取助燃措施。

2. 黏度及润滑性

黏度是发动机燃油的一个重要特性，燃料的黏度太低就不能为油泵、油嘴提供足够的润滑，因此会加剧系统的磨损。液态二甲醚的黏度（20℃）很低 0.15kg/(m•s)，而柴油的黏度为 2～4kg/(m•s)，二甲醚的黏度只有柴油的 1/20～1/15，润滑性能较差。二甲醚对润滑油膜具有很强的清洗作用，如使用纯二甲醚，摩擦副表面会处于极度干摩擦状态，导致发动机燃料供给系统中高压油泵的柱塞针阀等的耦件、气门等部件严重摩擦磨损，通常仅能运转 2～3min，摩擦副即被咬死。

因此在使用二甲醚作为柴油机燃料时，必须加入润滑添加剂。为了不改变二甲醚作为柴油机燃料时所具有的良好燃烧和排放特性，必须控制润滑添加剂的添加比例，常用的润滑剂为具有极性头、长链分子结构的醇类或酯类物质，如蓖麻油等。

3. 燃烧特性

二甲醚的沸点、临界温度、汽化潜热与液化石油气相近，而饱和蒸气压介于液化石油气之下（见表 8-4 和表 8-5）。在常温加压下为液态，常温常压下为气态，可以作为城市燃气使用。我国液化石油气是丙烷、丁烷等的混合物，从物理性质上讲，二甲醚与国内液化石油气基本接近，可以部分取代液化石油气中形成混合燃料。

表 8-4　二甲醚及其他燃气的物化性能与燃料特性

性能	二甲醚	液化石油气（丙烷、丁烷）	天然气
分子量	46.069	51.1105	16.043
沸点/℃	−24.9	−21.3	−161.5
凝固点/℃	−141.4	−163.05	−182.5
临界温度/℃	126.8	124.35	−82.6
临界压力/MPa	5.37	4.025	4.60
20℃蒸气压/MPa	0.53	0.52	超临界状态
沸点汽化潜热/(kJ/kg)	466.9	405.45	509.9
液态低热值/(MJ/kg)	28.44	47.255	—
液态高热值/(MJ/kg)	31.09	51.285	—
标况气态低热值/(MJ/m³)	58.50	107.85	35.89
标况气态高热值/(MJ/m³)	63.16	117.02	39.85
15℃气态低热值/(MJ/m³)	55.46	102.24	34.02
15℃气态高热值/(MJ/m³)	59.87	110.93	37.78

性能	二甲醚	液化石油气（丙烷、丁烷）	天然气
相对密度	1.592	1.815	0.554
15℃华白数/(MJ/m³)	47.45	82.18	50.76
火焰传播速度/(m/s)	0.50	0.4	0.38
燃烧势	46.15	44.9	40.3
爆炸下限(体积分数)/%	3.5	1.8	5.0
爆炸上限(体积分数)/%	24.5	9	15.0
理论空气量/(m³/m³)	14.28	27.37	9.52
理论燃烧温度/℃	2250	2055	2043
理论烟气量/(m³/m³)	16.28	29.62	10.52
自燃温度/℃	235	412.5	540
动量扩散系数/(m²/s)	11.00	3.17	14.50
热量扩散系数/(m²/s)	6.01	4.375	19.57
空气中质量扩散系数/(m²/s)	11.00	8.15	19.60

表 8-5　不同温度下二甲醚与液化石油气的计算饱和蒸气压力　　单位：MPa

物质	0℃	10℃	20℃	30℃	40℃	50℃	60℃	70℃	80℃
二甲醚	0.27	0.37	0.53	0.68	0.89	1.15	1.45	1.81	2.23
液化石油气	0.47	0.64	0.84	1.08	1.37	1.72	2.12	2.59	3.13

二甲醚易燃，燃烧时火焰略带光亮，气态低热值为 64.58MJ/m³，同等质量条件下，理论热值约为汽油、柴油的 64%。二甲醚本身含氧量高达 34.8%（质量分数），理论燃烧温度可达 2250℃，燃烧性能较好，热效率也较高。二甲醚和柴油燃料特性参数比较见表 8-6。

表 8-6　DME 与柴油燃料特性参数比较

参数	DME	柴油	参数	DME	柴油
分子式	$CH_3—O—CH_3$	$C_{16}H_{34}$	动力黏性系数/(m²/s)	$0.25×10^{-6}$	$2.5×10^{-6}$
C 含量/%	52.2	85	弹性模量/(N/m²)	$6.3×10^{-8}$	$1.49×10^9$
H 含量/%	13	15	低热值/(MJ/kg)	27.6	42.5
O 含量/%	34.8	0	着火界限(气体)/%	3.4~18.6	0.6~6.5
液体密度/(kg/m³)	667	831	蒸发压力/MPa	0.53	
理论空燃比	9.0	14.6	自燃温度/℃	235	250
沸点/℃	−24.9	250~360	蒸发潜热/(kJ/kg)	467	300

思考与讨论

1. 总结二甲醚作为替代柴油燃料的优缺点，就是否应当支持二甲醚燃料发展提出你的观点。

2. 查找资料，分析目前制约二甲醚甲醇燃料发展的主要问题有哪些？

3. 分析二甲醚的毒性，讨论在日常生活和生产中如何做好自我防护？

任务四　二甲醚燃料

任务描述

二甲醚作为一种清洁能源，其优越的燃烧性能为人们普遍关注。在二甲醚领域的应用主要包括：液化石油气掺烧二甲醚、二甲醚液化气、车用二甲醚燃料、柴油掺烧二甲醚燃料四种。

知识链接

20 世纪 70 年代，国外就有人提出用甲醇制得的二甲醚加入城市煤气，或将二甲醚代替液化石油气作为民用燃料。可使甲醇催化脱水制得的二甲醚代替甲醇燃料，由液体燃料变成气体燃料，使用更为安全和方便。

我国自 2008 年 1 月 1 日起实施的《城镇燃气用二甲醚》公告，宣告了二甲醚已经可以正式作为城镇燃气进入千家万户。目前我国二甲醚主要的应用领域是民用燃料。

二甲醚在常温、常压下为无色、无味、无臭气体，在压力下为液体。二甲醚液化气性能与液化石油气（LPG）相似，见表 8-7。

表 8-7　二甲醚、天然气和液化石油气特性参数

特性参数	二甲醚	甲烷	丙烷	正丁烷
分子量	46.069	16.043	44.097	58.124
沸点/℃	−24.9	−161.5	−42.1	−0.5
凝固点/℃	−141.4	−182.5	−187.7	−138.4
临界温度/℃	126.8	−82.6	96.7	152
临界压力/MPa	5.37	4.6	4.25	3.8
20℃蒸气压力/MPa	0.53	超临界状态	0.83	0.21
沸点汽化潜热/(kJ/kg)	466.9	509.9	425.7	385.2
液态低热值/(MJ/kg)	28.44	—	47.16	47.35
液态高热值/(MJ/kg)	31.09	—	51.26	51.31
标况气态低热值/(MJ/m³)	58.5	35.89	92.83	122.87
标况气态高热值/(MJ/m³)	63.16	39.85	100.9	133.14
相对密度	1.592	0.554	1.55	2.079
15℃华白数/(MJ/m³)	47.45	50.76	76.83	87.553
火焰传播速度/(m/s)	0.5	0.38	0.42	0.38
燃烧势	46.15	40.3	48.2	41.6
爆炸下限(体积分数)/%	3.5	5	2.1	1.5
爆炸上限(体积分数)/%	24.5	15	9.5	8.5
理论空气量/(m³/m³)	14.28	9.52	23.8	30.94
理论燃烧温度/℃	2250	2043	2055	2055
理论烟气量/(m³/m³)	16.28	10.52	25.8	33.44
自燃温度/℃	235	540	460	365
动量扩散系数/(m²/s)	11	14.5	3.81	2.53
热量扩散系数/(m²/s)	6.01	19.5	5.11	3.64
空气中质量扩散系数/(m²/s)	11	19.6	8.8	7.5

由表 8-7 的结果可以看出：

① 在同等的温度条件下，二甲醚的饱和蒸气压低于液化气，其储存、运输等均比液化气安全；

② 二甲醚在空气中的爆炸下限比液化气高一倍，因此在使用过程中，二甲醚作为燃料比液化气安全；

③ 虽然二甲醚的热值比液化气低，但由于二甲醚本身含氧，在燃烧过程中所需的理论空气量远低于液化气，从而使得二甲醚的预混气热值与理论燃烧温度高于液化气。

二甲醚自身含氧，组分单一，碳链短，燃烧性能良好，热效率高，燃烧过程中无残液，

无黑烟，是一种优质、清洁的燃料。另外，二甲醚与液化气一样，在减压后均为气体，因此燃烧器不必做多少改动便可通用。

二甲醚可以一定比例掺入液化气中或直接作为二甲醚液化气燃烧。二甲醚的加入可使液化气燃烧更加完全、降低析炭的可能性，并降低尾气中的 CO 与烃类化合物的含量。作为民用燃料推广，DME 具有量大、面广的发展前景。

1. 液化石油气掺烧

根据城市燃气分类标准，液化石油气分为 19Y、20Y 和 22Y 三种，它们都是由丙烷、丁烷与丙烯三种组分按不同比例组合而成的。LPG 主要组分是低碳烃，它富含 C_3 和 C_4 的烷烃与烯烃，还含有少量 C_5 的烃类，由于 C_5 组分沸点较高，蒸气压较低，又不能与 C_3 和 C_4 组分一起完全燃烧，残液留在 LPG 钢瓶中。将二甲醚直接充入石油液化气，它将作为载体将 C_4、C_5 溶解，产生共沸，不但能提高 C_5 的气化效率，还增加 C_3、C_4 与 C_5 间的互溶性，从而消除 LPG 钢瓶中的残液，避免燃烧时析炭，具有可观的经济效益。加入石油液化气 10%～80%，液化气的热值提高，燃烧彻底，无红火、无黑烟、无残液。20% 的二甲醚可气化 80% 的 C_4、C_5（残液），是石油液化气的精品。二甲醚同石油液化气混配，可以改善石油液化气的性能，使石油液化气燃烧更充分且无残液；降低液化气经营企业的成本，提高价格竞争力。

二甲醚、液化石油气都比较容易液化，但其热值相差较大，华白数仅为液化石油气的 60%，掺混比例过高会使热负荷下降而无法满足使用要求，同时二甲醚燃烧速度大于液化石油气，掺混比例过高会使回火趋势加强，火焰高度降低，从而影响灶具热效率。因此，理论上讲，液化石油气灶具上燃烧二甲醚无法满足使用要求，只能进行适当比例的掺混，必要时可以对灶具进行简单的调整，使得燃烧达到最佳状态。

研究表明，二甲醚在液化石油气中的最大掺混比例约为 30%。继续增大掺混比会使燃烧特性、热负荷及热效率都无法满足要求。综合考虑华白数和灶具适应性要求，二甲醚与液化石油气掺混质量分数应控制在 20% 以下。液化石油气中掺混二甲醚后，烟气中一氧化碳与氮氧化物的含量都随掺混比的增大而减小，排放特性良好。排放特性不会成为二甲醚掺混量的障碍。

2. 二甲醚液化气

2010 年 9 月 22 日，国家质检总局和国家标准委联合批准发布《城镇燃气用二甲醚》（GB 25035—2010）为城镇建设行业产品标准，自 2011 年 7 月 1 日起实施，表明二甲醚作为液化气的替代燃料已具合法身份，将正式作为替代燃料推广。

作为民用清洁燃料，二甲醚液化气具有以下优点：

① 二甲醚易压缩，在室温下可压缩为液体，其储存压力为 1.35MPa，小于液化气储存压力 1.92MPa，可以用现有的罐盛装，只需要改进气瓶的胶圈即可；

② DME 液化气组成稳定，相同温度下，二甲醚饱和蒸气压（1.47MPa）低于液化石油气（1.92MPa），因而其储存、运输均比石油液化气安全；

③ 与石油液化气灶具基本可以通用，改动较少，使用方便，不需要预热，随用随开；

④ 二甲醚在空气中爆炸下限比石油液化气高 1 倍，因此在使用过程中，由于泄漏方面而引起的爆炸燃烧事故等也比液化石油气少，二甲醚比石油液化气更安全；

⑤ 虽然 DME 的热值比石油液化气低，但由于二甲醚自身含氧，在燃料过程中所需要的

理论空气量远低于液化气，因此二甲醚的预混气热值及理论燃烧温度均高于石油液化气，二甲醚燃烧热效率比石油液化气高；

⑥ 分子结构与液化石油气不同，由于 DME 本身含氧，燃烧充分，热效率高，燃烧过程中无残液、黑烟、CO 和 NO，排放量很低。

目前，二甲醚液化气主要利用方式包括两种：罐装二甲醚液化气和管道二甲醚液化气。

中国科学院山西煤炭化学研究所在国内率先开发成功 DME 用作液化石油气的替代燃料，并于 1995 年在陕西新型燃料燃具公司进行了 500t/a 燃料级二甲醚工业装置，采用液化石油气的灶具及储罐，供居民使用。DME 为民用燃料的应用对某些边远地区尤为重要，例如西北干燥地区、南疆地区、滇西北地区的居民世代皆以木柴为生活燃料，大量砍伐森林的现象司空见惯，价格合理的 DME 既可保护生态、改善环境，又可大大提高当地居民的生活质量。

目前，二甲醚作为民用燃料尚未全面推广，其主要原因在于以下几个方面：

① 二甲醚在产业大幅发展的同时，却面对国家标准缺失的局面。中华人民共和国建设部颁布的《城镇燃气用二甲醚》（CJ/T 259—2007）标准仅为行业标准，仅仅是针对二甲醚本身质量的产品标准，而二甲醚掺混于液化石油气的调和标准和储运等标准却没有出台，这带来了二甲醚在实际应用上的不规范。目前，二甲醚作为民用燃料，急需一个国家标准和配套的管理条例来规范市场。应明确规定是否可以在液化石油气中掺入二甲醚，如果允许掺混，掺混的比例范围、掺混气体的安全范围、掺混后的价格及掺混的比例如果超过了标准或是管理条例规定的范围，应采取什么样的措施进行整改和处罚等。同时，还应设立二甲醚的生产与储运管理标准，包括原料、加工、生产、包装、储存、运输与其他燃料混配等过程的相关管理规范。

② 二甲醚对橡胶件具有腐蚀影响，因此，用液化石油气钢瓶储存和运输二甲醚和在液化石油气中掺混二甲醚均存在瓶阀漏气的严重安全隐患。必须考虑制造储存和运输二甲醚的专用瓶阀和配套使用的专用调压器。

③ 二甲醚作为民用燃料在市场上广泛使用，还需考虑燃气器具燃烧适配性的问题。现在通用的燃气灶具标准为《家用燃气灶具》（GB 16410—2007）和《家用燃气快速热水器》（GB 6932—2015）。这两个标准中适用的是以天然气、人工煤气、液化石油气三种气源为主的燃具，不包含二甲醚或是二甲醚掺混液化石油气燃具，需要一个国家标准和配套的管理条例来规范管理燃具市场。

④ 合理定价的问题。由于二甲醚的热值比液化石油气要低，只有液化气的 60% 左右。因此，二甲醚的定价基准应该是单位热量的价格要相等。瓶装供应单位质量的价格为 LPG 的 66%，作为管道燃气供应单位体积的价格为 LPG 的 59%。当液化石油气价格为 5000 元/t 时，二甲醚的价格为 3316 元/t；当 15kg/瓶的液化石油气为 100 元/瓶时，15kg/瓶的二甲醚为 66 元/瓶。二甲醚与丙烷、正丁烷、液化石油气的性能和价格指标见表 8-8。

表 8-8　二甲醚与丙烷、正丁烷、液化石油气的性能和价格指标

项　　目	二甲醚	丙烷	正丁烷	液化石油气
液态低热值/(MJ/kg)	28.44	47.16	47.35	47.42
相对液态低热值	1.000	1.505	1.510	1.508
液态价格/(元/t)	3316	4990	4992	5000
15kg 瓶装供应价格/元	66	99	100	100

续表

项 目	二甲醚	丙烷	正丁烷	液化石油气
气态低热值/(MJ/m³)	64.58	93.24	123.65	108.44
相对气态低热值	1.000	1.444	1.915	1.679
管道燃气供应价格/(元/m³)	6.8	9.8	13.0	11.4

注：液化石油气中丙烷与正丁烷的摩尔比为 50∶50。

3. 车用二甲醚燃料

二甲醚作为车用燃料，最先是在 20 世纪 90 年代作为醇类燃料发动机的助燃剂使用的。20 世纪 90 年代以来，各大内燃机公司以及研究所进行了在柴油机上燃用纯二甲醚以及与其他燃料的混合燃料实验研究，取得令人满意的结果。目前，二甲醚作为车用替代燃料使用主要有两种方式：二甲醚柴油混合燃料和纯二甲醚燃料。

二甲醚与柴油及其他常用替代燃料的物化性能指标见表 8-9。

表 8-9 DME 与柴油及其他代用燃料物化性能指标

物化特性	二甲醚	柴油	甲醇	乙醇	天然气
化学分子式	CH_3OCH_3	C_xH_y	CH_3OH	C_2H_5OH	CH_4
低热值/(MJ/kg)	28.4	42.5	19.5	25.0	50.0
液态密度/(g/mL)	0.66	0.84	0.79	0.81	—
十六烷值	55～60	40～55	5	8	—
自燃温度/℃	235	250	450	420	650
沸点/℃	−24.9	250～360	65	78	−162
理论空燃比	9.0	14.6	6.0	9.5	17.2
液态黏度(20℃)/[kg/(m·s)]	0.15	5.35～6.28	0.768	—	—
汽化潜热/(kJ/kg)	410(20℃) 460(−20℃)	250	1110	940	—
碳含量/%	52.2	85	37.5	52.2	75.0
氢含量/%	13.0	15	12.5	13.0	25.0
氧含量/%	34.8	0	50.0	34.8	0

由表 8-9 可以看出，二甲醚作为柴油机燃料具有以下几个特点。

① 二甲醚的化学分子式为 CH_3—O—CH_3，是最简单的醚类。它的分子式中没有 C—C 的分子结构，只有 C—O 键和 C—H 键，无 C—C 键的分子结构减少了微粒形成的可能性。分子中氧的质量分数也较高（高达 34.8%），一方面在全负荷范围内燃烧，可以实现不产生碳烟；另一方面，较高含氧量有利于燃烧，需要的空气量小于燃用柴油时所需的数值。同时二甲醚分子的高含氧量能够使二甲醚燃料承受较大的 EGR（废气再循环）率，使其极限 EGR 率远远大于柴油。使用二甲醚燃料的发动机能够采用更大的 EGR 率，降低 NO_x 排放。

② 二甲醚的十六烷值（55～66）高于柴油（40～55）和其他代用燃料，自燃温度低，滞燃期也短，因此最高燃烧温度和压力升高率都有所降低，既可减少 NO_x 的生成，又可减少内燃机工作的粗暴性，明显降低柴油机的噪声。

③ 二甲醚的低热值为 28.4MJ/kg，仅为柴油的 66.8%（42.5MJ/kg），为了达到与柴油机相当的动力水平，必须增大循环供油量。但二甲醚在化学当量混合比时的热值却比柴油高 5%（即二甲醚理论混合气热值为 3066.7kJ/kg，而柴油的理论混合气热值为 2911kJ/kg）。可见，只要增大二甲醚循环供油量，在同一台发动机上使用二甲醚时发出的功率可以超过使

用纯柴油时发出的功率，二甲醚发动机的功率不仅不会比柴油机低，反而会升高。

④ 二甲醚的汽化潜热为 410kJ/kg，柴油为 250kJ/kg，如按等质量计算，二甲醚的汽化潜热为柴油的 1.64 倍，可以大幅度降低柴油机最高燃烧温度，改善 NO_x 的排放。

⑤ 二甲醚的沸点较低，使得二甲醚在喷射后即能汽化，其油束的雾化特性将明显优于柴油，能够在燃烧室涡流较小的情况下快速形成良好的混合气，从而缩短点火延迟，使柴油机具有良好的冷启动性能，同时也可在低喷射压力下就能满足燃烧的要求。

⑥ 通过对直喷式柴油机车燃用二甲醚的性能与排放的研究，结果表明：同柴油相比，二甲醚发动机有高的比功率（比柴油高 10%～15%）、高热效率（比柴油高 2%～3%）、低噪声（比柴油机低 10～15dB）和超低排放。燃用二甲醚可实现无烟燃烧，NO_x 排放量为柴油机的 30%，CO 排放量为柴油机的 40%，烃类排放量仅为柴油机的 50%。

⑦ 天然气、甲醇的十六烷值都小于 10，只适用于点燃式发动机，而二甲醚的十六烷值约为 55，高于普通柴油，可直接压燃，并且燃烧过程无硫排放。研究表明，二甲醚液化后可直接用作汽车燃料，其燃烧效果优于甲醇燃料，除具有甲醇燃料所有的优点之外，还克服了甲醇低温启动和加速性能差的缺点。

二甲醚作为柴油机的替代燃料有着实际应用的巨大潜力，但二甲醚的一些物理化学性质与柴油存在差异，需要对现有的柴油机进行重新改造以适应燃用二甲醚的需要。DME 作为车用燃料使用，主要存在如下几个问题。

① DME 在常温和常压下是气态，在室温 20℃ 时，需加压到 0.5MPa 以上方能成为液态，这就使柴油机的供油系统及储存 DME 的容器要保持一定压力，并需密封，而且随着温度的升高，其饱和蒸气压增大。因此，低压供油系统也需要加压以防止发动机供油系统中管路出现气阻现象。

② 二甲醚的低热值为 28.4MJ/kg，仅为柴油的 66.8%（42500kJ/kg），为了保证原柴油机的动力水平，必须通过加大喷油泵中柱塞直径和柱塞有效行程等方法，增大二甲醚的循环供油量（达到原柴油机的 1.5～1.8 倍），为保持同样的续驶里程需加大油箱的容积。

③ 二甲醚的黏度只有柴油的 1/20～1/10，润滑效果极差，高压油泵上柱塞与柱塞副、出油阀与出油阀座、针阀与针阀体三大相对运动的精密耦件容易因为润滑不好而产生磨损。必须在二甲醚中加入润滑剂，增加燃料的润滑性能，以保证发动机运转的可靠性与耐久性。

④ 二甲醚对金属件没有腐蚀性，但它是一种很强的溶剂，能够溶解多种塑料和橡胶件，如长期浸泡在二甲醚中会使其密封性能恶化，必须将供油系统中的普通橡胶密封垫更换为耐二甲醚橡胶。

⑤ 在环境温度和压力下，二甲醚的爆炸极限为 3%～17%（在空气中的比），爆炸浓度范围宽广，其闪点温度低（-41℃）。在二甲醚的使用过程中，要注意防止二甲醚蒸气逸出。同时二甲醚的低黏度也容易使其泄漏，在柴油机燃用二甲醚，需要解决好密封问题。

⑥ DME 作为车用燃料，还涉及许多方面的工作。如供油系统比较复杂，需建立全国性的专门加油站，还有环保政策等，都需要国家政策的扶持，否则难以推广。

除了二甲醚直接作为车用燃料，还可以直接掺烧到柴油中作为燃料。

🅥 思考与讨论

综合评价二甲醚液化气在实际应用中的优缺点。

项目九
醇醚主要下游产品

知识目标

1. 熟悉甲醇下游产品的主要理化性质，了解其主要应用。
2. 了解以甲醇为原料生产各种下游产品的主要生产原理和生产方法。

技能目标

1. 能够根据甲醇主要衍生物的性质分析其应用。
2. 熟悉以甲醇为原料生产甲醛的主要工业方法，能够完成相应仿真实训项目。

任务一　甲醇制甲醛

任务描述

甲醛属于用途广泛、生产工艺简单、原料供应充足的大众化工产品，是甲醇下游产品树中的主干。世界上甲醇产量的约30%都用来生产甲醛。甲醛性质不稳定，常温下极易挥发，所以甲醛产品一般制成浓度较低的水溶液。从经济角度考虑甲醛不便于长距离运输，所以一般都在主消费市场附近设厂，进出口贸易也极少。工业上主要采用甲醇氧化法和天然气直接氧化法来生产甲醛。甲醛蒸气对人体健康影响很大，是目前家装需密切关注的指标。

知识链接

甲醛（formaldehyde）是最简单的脂肪醛。在自然界里，只要有蛋白质存在，就必然有甲醛的出现，蛋白质的分解物之一就是甲醛。

甲醛最早是由俄国化学家A. M. Butlerov于1859年通过亚甲基二乙酯水解制得。1868年，A. W. Hoffmann在铂催化剂存在下用空气氧化甲醇首次合成了甲醛，并且确定了它的化学性质。1886年Loews采用铜催化剂和1910年Blank使用银催化剂，使甲醛实现了工业化生产。1925年，工业合成甲醇的开发成功，为工业甲醛提供了原料基础，使甲醛工业化生产得到迅猛发展。1931 年，阿德金斯和彼得森首次申请了铁钼氧化物催化剂的专利。从此，甲醛工业生产出现了银法和铁钼法两类工艺方法。在半个多世纪的发展中，这两种甲醛生产工艺都有了很大的进步。

在当代社会，甲醛已成为最重要的大宗基本有机化工原料之一，它的衍生物已达上百种，其主要衍生产品有脲醛树脂、酚醛树脂、三聚氰胺甲醛树脂、新戊二醇、季戊四醇、三羟甲基丙烷、乌洛托品、多聚甲醛、聚甲醛树脂、吡啶及其化合物等。甲醛及其衍生物已经越来越广泛地应用于化工、医药、纺织、轻工以及石油工业和农业等诸多领域。

1. 物化性质

（1）物理性质

甲醛分子式 CH_2O，分子量 30.03，分子结构式为：$H—\overset{\overset{\textstyle O}{\|}}{C}—H$，别名蚁醛。

纯甲醛在常温下是一种具有窒息作用的无色气体，有强烈刺激性气味，特别是对眼睛和黏膜有刺激作用。甲醛能溶于水，可形成多种浓度的水溶液。甲醛气体可燃，与空气混合能形成爆炸混合物。甲醛的主要物理性质见表 9-1。

表 9-1 甲醛的主要物理性质

性质	指标	性质	指标
气体相对密度（空气为 1）	1.04	临界密度/(g/cm³)	0.266
液体密度/(g/cm³) 　　−20℃ 　　−80℃	0.8153 0.9151	生成热(25℃)/(kJ/mol)	−116
		溶解热(23℃)/(kJ/mol) 　在水中 　在甲醇中 　在正丙醇中 　在正丁醇中	62.0 62.8 59.5 62.4
沸点(101.3kPa)/℃	−19.0		
熔点/℃	−118.0		
黏度(−20℃)/mPa·s	0.242	比热容/[J/(mol·K)]	35.2
表面张力/(mN/m)	20.70	燃烧热/(kJ/mol)	561~569
临界温度/℃	137.2~141.2	空气中爆炸下限/上限(摩尔分数)/%	7.0/73
临界压力/MPa	6.81~6.66	着火温度/℃	430

甲醛水溶液为无色透明液体，有强烈刺激气味。在大气压下，含甲醛 55%（质量分数）以下的水溶液其沸点在 99~100℃之间。25%（质量分数）甲醛水溶液的沸点为 99.1℃，而35%（质量分数）甲醛水溶液的沸点为 99.9℃。

甲醛水溶液是处于平衡状态下的不同种类的可溶甲醛低聚物的混合溶液，其基本分子式为 $HO(CH_2O)_nH$，其中的 n 值依条件和制溶液方法的不同而不同。一般的甲醛水溶液通常被称为"福尔马林"，其 n 值一般为 2~8，最高也可达到 10。但不同浓度的甲醛溶液中的不同成分的含量差别很大。

由于甲醛不稳定，所以储运通常以水溶液形式出现。采用衬防腐材料的 200L 铁桶包装，净重 200~210kg，汽车或槽车运输。随时间增加，甲醛中甲酸和多聚甲醛浓度会增加，且与温度有关。低温储存能使酸度降至最低，为防止聚合可添加甲醇或甲基、乙基纤维素之类的稳定剂阻聚。按有毒化学品规定储运。储存温度 4℃。

（2）化学性质

甲醛分子结构中存在羰基氧原子和 α-H，化学性质很活泼，具有很高的反应能力，能参与多种化学反应。

① 分解反应。纯的、干燥的甲醛气体能在 $80 \sim 100℃$ 条件下稳定存在。在 $300℃$ 以下时，甲醛发生缓慢分解为 CO 和 H_2，$400℃$ 时分解速率加快，达到每分钟 0.44% 的分解速率。

$$HCHO \xrightarrow{300℃} CO + H_2$$

② 氧化还原反应。甲醛极易氧化成甲酸，进而氧化为 CO_2 和 H_2O：

$$HCHO \xrightarrow{O_2} HCOOH \xrightarrow{O_2} CO_2 + H_2O$$

城市大气中的微量甲醛通过光氧化反应转化为 CO_2 和 H_2O，半衰期为 $30 \sim 50min$。

甲醛在金属或金属氧化物的催化作用下，易被氢气还原为甲醇：

$$HCHO + H_2 \longrightarrow CH_3OH$$

③ 缩合反应。甲醛除自身外，能和多种醛、醇、酚、胺等化合物发生缩合反应。缩合反应是甲醛最重要的化学反应。

甲醛能发生自缩合反应，生产三聚甲醛或多聚甲醛。60% 浓甲醛溶液在室温下长期放置就能自动聚合成三分子的环状聚合物：

三聚甲醛为白色晶体，在酸性介质中加热，可以解聚再生成甲醛。浓缩甲醛水溶液时，甲醛多个分子可缩合成链状聚合物——多聚甲醛。

$$n\,HCHO \longrightarrow HO\,(CH_2O)_n\,H$$

多聚甲醛为白色固体，聚合度 n 为 $8 \sim 100$，在酸催化作用下也能解聚成甲醛。因此，常将甲醛以这些聚合体形式进行储存和运输。在一定催化剂作用下，高纯度的甲醛可以聚合成聚合度很高的（$n = 500 \sim 5000$）高聚物——聚甲醛。聚甲醛是重要的工程塑料。

在碱存在的条件下，甲醛能和含有 α 氢原子的醛、酮进行缩合反应，生成单羟甲基或多羟甲基衍生物，并进一步反应生成多元醇。季戊四醇的工业制备就是由甲醛和乙醛的缩合反应而实现的：

$$CH_3CHO + 3HCHO \longrightarrow C(CH_2OH)_3CHO$$

$$C(CH_2OH)_3CHO + HCHO + NaOH \longrightarrow C(CH_2OH)_4 + HCOONa$$

$285℃$ 条件下，气相甲醛和乙醛缩合生成丙烯醛：

$$HCHO + CH_3CHO \longrightarrow HOCH_2CH_2CHO \longrightarrow CH_2 = CHCHO + H_2O$$

碱存在下，甲醛和异丁醛缩合成羟基醛，再与过量的甲醛在羟碱条件下还原为新戊二醇，甲醛被氧化并和 NaOH 生成甲酸钠：

碱存在下，甲醛和正丁醛缩合成 2,2-二羟甲基丁醛，进一步与过量的甲醛在碱性条件下还原为三羟甲基丙烷：

$$2HCHO + CH_3CH_2CH_2CHO \longrightarrow CH_3CH_2 - \overset{\overset{\displaystyle CH_2OH}{|}}{\underset{\underset{\displaystyle CH_2OH}{|}}{C}} - CHO$$

$$CH_3CH_2 - \overset{\overset{\displaystyle CH_2OH}{|}}{\underset{\underset{\displaystyle CH_2OH}{|}}{C}} - CHO + HCHO + NaOH \longrightarrow CH_3CH_2 - \overset{\overset{\displaystyle CH_2OH}{|}}{\underset{\underset{\displaystyle CH_2OH}{|}}{C}} - CH_2OH + HCOONa$$

甲醛和苯酚反应生成羟甲基苯酚，进一步氧化生成醛基苯酚：

甲醛很容易和氨及胺发生缩合反应，生成链状或环状化合物。甲醛和氨在 $20 \sim 30℃$ 条件下缩合生成六亚甲基四胺，俗称乌洛托品。

$$6HCHO + 4NH_3 \longrightarrow (CH_2)_6N_4 + 6H_2O$$

甲醛与伯胺和仲胺缩合生成相应的烷基氨基甲醇，进一步加热或在碱性条件下缩合生成叔胺：

$$HCHO + CH_3NH_2 \longrightarrow CH_3NHCH_2OH$$

甲醛和二乙胺反应如下：

$$HCHO + (CH_3)_2NH \longrightarrow (CH_3)_2NCH_2OH$$
$$(CH_3)_2NCH_2OH + (CH_3)_2NH \longrightarrow (CH_3)_2NCH_2NH(CH_3)_2 + H_2O$$

甲醛和尿素反应生成二羟甲基脲：

二羟甲基脲含有活泼的羟甲基（—CH_2OH），在酸性条件下进一步缩合生成重要的脲醛树脂，在碱性催化剂作用下，甲醛和酚首先发生加成反应，生成多羟基苯酚：

生成的多羟基苯酚受热后，可进一步缩合脱水，生成酚醛树脂。

甲醛也可和三聚氰胺进行缩合，生成羟甲基衍生物。羟甲基衍生物进一步缩合脱水，生成氨基树脂：

$$
\text{(三聚氰胺)} + 3CH_2O \longrightarrow \text{(羟甲基衍生物)}
$$

④ 加成反应。有机溶剂中，甲醛与烯烃在酸催化剂下发生加成反应：

$$
{\small{>}}C{=}C{<} + HCHO + H_2O \longrightarrow -\underset{OH}{\underset{|}{C}}-\underset{CH_2OH}{\underset{|}{C}}- \longrightarrow {>}C{=}C{<}_{CH_2OH} + H_2O
$$

通过这种反应，可由单烯烃制备双烯烃，并增加一个碳原子，例如甲醛与异丁烯反应得到异戊二烯。烯醛两步合成异戊二烯的反应如下：

$$
CH_3-\underset{CH_3}{\overset{CH_3}{C}}{=}CH_2 + 2HCHO \longrightarrow \text{(环缩醛)} \longrightarrow CH_2{=}\underset{CH_3}{\overset{|}{C}}-CH{=}CH_2 + HCHO + H_2O
$$

在 BF_3 或 H_2SO_4 催化下，甲醛与丙烯通过液相缩合反应生成丁二烯。

在乙炔铜、乙炔银和乙炔汞催化剂存在下，单取代乙炔化合物与甲醛加成生成炔属醇（Reppe 反应）。对乙炔来说，加上 2mol 甲醛，生成 2-丁炔-1,4-二醇：

$$
2HCHO + CH{\equiv}CH \longrightarrow HOCH_2C{\equiv}CCH_2OH
$$

2-丁炔-1,4-二醇进一步加氢生成重要的化学品 1,4-丁二醇：

$$
HOCH_2C{\equiv}CCH_2OH + 2H_2 \longrightarrow HO(CH_2)_4OH
$$

甲醛和氰化氢发生反应生成氰基甲醇：

$$
HCHO + HCN \longrightarrow HOCH_2C{\equiv}N
$$

这种剧毒的氰基甲醇是合成三乙酸腈（NTA）、乙二胺四乙酸（EDTA）和氨基乙酸的重要的中间体。

⑤ 其他反应。甲醛和合成气在贵金属催化剂作用下反应可生成羟乙醛，进一步加氢生成乙二醇：

$$
HCHO + CO + H_2 \xrightarrow[300MPa,150℃]{Rh} HOCH_2\overset{O}{\overset{\|}{C}}H \xrightarrow[[H^+]]{Rh,Pd} HOCH_2CH_2OH
$$

甲醛、甲醇、乙醛和氨的混合物在以硅铝为催化剂，温度为 500℃ 的条件下可生成吡啶和 3-甲基吡啶。

2. 甲醇制甲醛

甲醇催化为甲醛主要有三种途径，即甲醇氧化脱氢、甲醇单纯氧化和甲醇单纯脱氢。前两种是目前工业上所采用的主要合成甲醛的方法，后一种是正在研究开发的用于生产高浓度甲醛的新方法。

甲醇氧化脱氢和甲醇单纯氧化均使用空气中的氧为氧化剂。由于甲醇蒸气和空气能形成爆炸性混合物，因而甲醇氧化脱氢采用的甲醇比空气过量，处于爆炸极限的上限，即甲醇含量大于 36.5%（体积分数）。甲醇单纯氧化则采用空气过量的方式避开爆炸混合物，处于爆炸极限的下限，即甲醇含量小于 6.7%（体积分数）。甲醇氧化脱氢一般采用电解银为催化剂，也称为"银法"，而单纯氧化法则采用钼酸铁和氧化钼的混合物为催化剂，也称为"铁-钼法"。两种方法的甲醇转化率约为99%，甲醛选择性为92%，甲醛水溶液均为最终产品。

甲醛水溶液的蒸气压较低，甲醛和水能形成恒沸物，使得分离和提纯无水甲醛十分困难。近年来合成性能优良的工程塑料盒乌洛托品等药品对无水甲醛的需求日益增多。由甲醇催化脱氢制备无水甲醛，产物甲醛和氢气很容易分离，避免了甲醛水溶液的浓缩蒸发，能耗可大幅度降低，成为最具有工业前途的无水甲醛制备方法。甲醇制甲醛不同方法比较见表9-2。

表 9-2　甲醇制甲醛不同方法比较

制法	反应式	反应温度/℃	转化率/%	选择性/%
氧化	$CH_3OH + 1/2O_2 \longrightarrow CH_2O + H_2O$	450~650	60~70	85~95
脱氢	$CH_3OH \longrightarrow CH_2O + H_2$			
氧化	$CH_3OH + 1/2O_2 \longrightarrow CH_2O + H_2O$	<430	99	91~94
脱氢	$CH_3OH \longrightarrow CH_2O + H_2$	400~700	45~70	75~86

制备高浓度甲醛溶液的另一方法是甲缩醛氧化法，是将甲醛和甲醇在阳离子交换树脂的催化作用下，采用反应精馏的方法先合成甲缩醛，然后将甲缩醛在铁-钼氧化催化剂的作用下，用空气氧化成甲醛，经过分离提纯后可获得浓度为70%的甲醛水溶液。该工艺与传统的甲醇氧化脱氢法和单纯氧化法相比，可节约大量的能源。

(1) 氧化脱氢

甲醇氧化脱氢制甲醛是在甲醇过量的情况下，即甲醇、空气和水蒸气组成的混合反应气中，甲醇的浓度处于爆炸区的上限（>36.5%），在银催化剂的催化作用下，甲醇转化为甲醛，其主要反应是氧化和脱氢反应：

$$CH_3OH + \frac{1}{2}O_2 \longrightarrow CH_2OH + H_2O - 156.67kJ/mol$$

$$CH_3OH \Longrightarrow CHOH + H_2 + 85.0kJ/mol$$

$$H_2 + \frac{1}{2}O_2 \longrightarrow H_2O - 59.29kJ/mol$$

甲醇的完全和不完全燃烧反应及甲醛进一步氧化反应是主要的副反应。

$$CH_3OH + \frac{3}{2}O_2 \longrightarrow CO_2 + 2H_2O - 161.22kJ/mol$$

$$CH_3OH + O_2 \longrightarrow CO + 2H_2O - 93.72kJ/mol$$

$$HCHO + \frac{1}{2}O_2 \longrightarrow HCOOH \longrightarrow CO + H_2O$$

甲醇的氧化反应是在200℃左右开始的，是一个强放热反应。放出的热量使催化床层的温度升高，反过来又使氧化反应不断加快。甲醇脱氢反应在低温时几乎不能进行，当催化剂反应器的床层温度达到600℃左右时，反应进行较快，成为生成醛的主要反应。脱氢反应是一个可逆反应，甲醇脱氢生成甲醛的同时，也可以向生成甲醇的方向移动。当甲醇脱氢生成甲醛时放出的氢和O_2进一步结合生成水后，脱氢反应不再可逆。由于混合反应器中氢和O_2结合生成水，使H_2的分压大大降低，从而使甲醇脱氢反应向生成甲醛的方向移动。

甲醇的完全燃烧和不完全燃烧反应是主要的副反应，不仅消耗甲醇，而且放出大量的热，是造成甲醛收率降低的主要原因。另外甲醛的反应条件也可进一步使之氧化为甲酸，而甲酸进一步分解生成CO和H_2O。由于混合反应气中含有水蒸气，因而甲酸的生成对设备造成很大的腐蚀，工业上一般通过选择合适的反应条件，尽可能避免副反应的发生，提高甲醛的收率。

（2）单纯氧化

甲醇单纯氧化制备甲醛，一般使用铁钼催化剂，在空气过量的情况下进行，甲醇几乎全部被氧化。和甲醇氧化脱氢——银法相比，该法具有反应温度低（540～623K）、甲醇单耗小（以 37％甲醛计，420～437kg/t）、副反应少、产率高、催化剂寿命长（1～2 年）的特点，而且甲醛产品的浓度可达 55％以上。其主要缺点是设备庞大、动力消耗大。

甲醇单纯氧化制甲醛的主反应为：

$$CH_3OH + \frac{1}{2}O_2 \longrightarrow HCHO + H_2O$$

主要副反应中甲醛进一步氧化为 CO 和 H_2O：

$$HCHO + \frac{1}{2}O_2 \longrightarrow CO + H_2O$$

甲醇氧化生成甲醛的反应在通常反应温度下，不受热力学限制，寻求更好的催化剂和最佳反应条件，从动力学上提高主反应速率，抑制副反应的发生是研究甲醇氧化为甲醛的主要内容。

（3）甲醇脱氢

目前工业上几乎所有的甲醛都由甲醇氧化脱氢法（银法）和甲醇单纯氧化法（铁钼法）生产。这两种方法生产的产品含水量在 50％以上。由于甲醛水溶液的蒸气压很低，甲醛和水还能形成共沸物，因而分离和提纯无水甲醛十分困难。一般生产无水甲醛需首先把甲醛从水溶液中分离出来，然后用甲醇进行吸收。从甲醇氧化脱氢制甲醛的反应方程式可知，甲醇在银催化剂上脱氢生成甲醛的反应可逆，引入氧气后可和脱掉的氢生成水，从而使脱氢反应向生成甲醛的方向移动。通过选用合适的催化剂加速脱氢反应速率，抑制副反应的发生，或采用其他方法把脱掉的氢气移走，也可以使脱氢反应向生成甲醛的方向移动，这样就可以通过脱氢反应直接制备无水甲醛。

无水甲醛是合成性能优良的工程塑料盒乌洛托品的原料，近年来的需求日益增多。

高温反应下，甲醇不仅脱氢生成甲醛，也可生成甲酸甲酯，或裂解为 CO 和 H_2，此外，还有一些其他副反应发生。

主反应：

$$CH_3OH \longrightarrow CO + 2H_2 + 105kJ/mol$$

副反应：

$$2CH_3OH \longrightarrow HCOOCH_3 + 2H_2 + 70kJ/mol$$
$$CH_3OH \longrightarrow HCHO + H_2 + 84kJ/mol$$
$$4CH_3OH \longrightarrow 3CH_4 + 2H_2O + CO_2$$
$$2CH_3OH \longrightarrow CH_4 + 2H_2 + CO_2$$
$$2CH_3OH \longrightarrow CH_3OCH_3 + H_2O - 19kJ/mol$$

反应生成的甲醛还会进一步发生分解：

$$HCHO \longrightarrow CO + H_2$$

甲醇直接脱氢到目前为止，未见工业规模生产，虽然甲醇脱氢生成甲醛在高温下的平衡转化率较大，但是许多副反应在高温下更有利。这样势必要从两个方面寻求解决的方法。一方面是研究活性更高、选择性更好的催化剂，从动力学上促使甲醇脱氢生成甲醛反应的顺利进行，并抑制副反应的发生。另一方面在反应系统中选用适当的分离手段及时移走脱掉的氢。就像甲醇氧化脱氢一样，由于氢分压的降低，会使反应平衡向生成甲醛的方向移动，这样也可以降低反应温度，抑制副反应的发生。采用高效选择性透氢膜反应器就是一种尝试。可以相信，随着研究开发工作的深入，甲醇单纯脱氢制备无水甲醛生产工艺在不远的将来会实现工业化。

（4）甲缩醛氧化法

甲醇和甲醛在阳离子交换树脂等催化剂作用下，用反应精馏的方法合成甲缩醛，然后将甲缩醛在氧化催化剂的作用下用空气氧化为甲醛，经分离提纯可以获得浓度为 70% 的甲醛水溶液。甲醇氧化脱氢（银法）或甲醇单纯氧化法只能得到 55% 以下浓度的甲醛水溶液产品。若要制得高浓度甲醛水溶液产品，不仅消耗大量的能量，而且过程十分复杂。高浓度甲醛水溶液的需求随着优质工程塑料，如脲醛树脂和乌洛托品等药物的合成的需求越来越大。

甲缩醛氧化制备高浓度甲醛的反应过程分两步进行：

$$2CH_3OH + CH_2O \longrightarrow CH_3OCH_2OCH_3 + H_2O - 55.64kJ/mol$$
$$CH_3OCH_2OCH_3 + O_2 \longrightarrow 3CH_2O + H_2O - 257.8kJ/mol$$

甲缩醛的合成反应是可逆的醇醛缩合反应，应使用酸性催化剂加快反应速率。反应的放热量很小，提高温度对反应平衡影响不大，但可以缩短到达平衡的时间。由于是可逆反应，因而采用一定的措施将缩合产物（例如水）移出，有利于反应平衡向生成甲缩醛方向移动。

甲缩醛氧化成甲醛的反应是一个强放热反应，反应基本是不可逆的，使用氧化催化剂可以加速反应的进行并提高反应的选择性，事实上该氧化反应的过程是十分复杂的，包括了下列主、副反应：

$$CH_3OCH_2CH_3 + O_2 \longrightarrow CH_3OH + 2CH_2O - 101.03kJ/mol$$
$$CH_3OCH_2OCH_3 + H_2O \longrightarrow 2CH_3OH + CH_2O - 55.6kJ/mol$$
$$CH_3OH + \frac{1}{2}O_2 \longrightarrow CH_2O + H_2O - 156.67kJ/mol$$
$$CH_2O + \frac{1}{2}O_2 \longrightarrow CO + H_2O + 236.64kJ/mol$$
$$2CH_3OH \longrightarrow CH_3OCH_3 + H_2O$$

可见反应包含了甲醇氧化为甲醛的反应、甲缩醛的水解反应、甲醛进一步氧化分解反应和甲醇脱水为二甲醚的反应。

🖐 思考与讨论

1. 查阅资料分析室内家装甲醛污染物从何而来？
2. 查阅资料结合身边案例分析如何避免和减少家装中的甲醛污染？

任务二　甲醇制甲基叔丁基醚

🖐 任务描述

甲基叔丁基醚是重要的甲醇衍生物，近几年来人们对于甲基叔丁基醚的关注，主要是由于其在燃料领域代替烷基铅用作汽油添加剂，具有优良的抗爆性，与汽油的混溶性好，应用前景很好。工业上甲基叔丁基醚主要是以甲醇和异丁烯为原料，借助酸性催化剂合成，其中催化剂在工业上用得最多的是树脂催化剂。

熟悉甲基叔丁基醚的物理性质和化学性质，了解其性质与用途间的必然联系，掌握甲基叔丁基醚的主要制备方式。

  知识链接

甲基叔丁基醚（MTBE）是无铅汽油的重要添加成分，可有效提高汽油的辛烷值，被称为 20 世纪 80 年代"第三代石油化学品"。添加甲基叔丁基醚的汽油燃烧完全，抗爆性能好，是目前四乙基铅的主要替代产品之一。同时 MTBE 还是一种重要的化工原料，可用于制取异丁烯；MTBE 与乙二醇反应生成乙二醇甲基叔丁基醚，被广泛用于涂料、油墨等的生产；MTBE 是制取高纯度异丁烯的中间原料及丁烯等的抽提剂；MTBE 与氢氰酸在硫酸存在下反应生成叔丁胺，再进一步可合成烟嘧磺隆（除草剂），该除草剂具有高效、低残留的特点且对环境友善，这一新产品的开发有利于农药生产和现代农业的发展；MTBE 还是合成香料、医药、抗氧剂、表面活性剂等多种精细化工产品的原料。

20 世纪 70 年代初，发达国家面对含铅汽油燃料对环境所造成的严重污染问题，相继采取了一系列措施。美国政府率先颁布了降低汽油中铅含量的法规，由此引起了提高汽油辛烷值添加剂的更新换代。适于汽油添加剂的醚类有许多，如甲基叔丁基醚（MTBE）、甲基叔戊基醚（TAME）、乙基叔丁基醚（ETBE）、二异丙基醚（DIPE）等。这些醚类化合物具有辛烷值高、与汽油的互溶性好、毒性低等优点，特别是 MTBE 和 TAME 可以通过甲醇和来源丰富的异丁烯或异戊烯大规模工业化合成，而备受青睐，得到了广泛应用，成为目前甲醇消费的重要领域。

1. 甲基叔丁基醚的性质

无色、低黏度液体，具有类似萜烯的臭味，沸点 55.3℃，凝固点 −108.6℃，相对密度 $d_{20} 0.744$，折射率 $n_D^{20} 1.3694$，闪点（闭杯）−28℃，燃点 460℃，爆炸极限（空气中体积分数）1.65%～8.4%，蒸气压（25℃）32.664kPa，临界压力 3.43MPa，临界温度 223.95℃，微溶于水，但与许多有机溶剂互溶，与某些极性溶剂如水、甲醇、乙醇可形成共沸混合物。

甲基叔丁基醚分子中的 C—O—C 醚键和饱和烷基相连，没有活泼氢原子，分子之间难以形成氢键，MTBE 分子中的醚键位于大的叔丁基和甲基之间，具有显著的空间效应，使 MTBE 分子难以断裂，化学稳定性好。另外，MTBE 具有较好的汽油溶解性，可和汽油以任何比例互溶，不发生分层现象。再加上 MTBE 分子中含氧量高的（18.2%）特性，使其成为优良的汽油添加剂。MTBE 和其他汽油添加剂的性能比较见表 9-3。MTBE 与催化裂化汽油的调和辛烷值见表 9-4。

表 9-3 几种主要汽油添加剂的性能指标

名称	相对密度	沸点/℃	氧含量/%	RVP(雷特蒸气压)/×10²		调和辛烷值		
				实际	掺和	RON	MON	(RON+MON)/2
MTBE	0.744	55.3	18.2	5.13	5.62～7.03	118	100	109
ETBE	0.747	71.7	15.7	1.05	2.11～3.52	118	102	110

续表

名称	相对密度	沸点/℃	氧含量/%	RVP(雷特蒸气压)/×10²		调和辛烷值		
				实际	掺和	RON	MON	(RON+MON)/2
TAME	0.770	86.1	15.7	1.05	2.11~3.52	111	98	104.5
甲醇	0.796	65	49.9	3.23	36.6~42.2	133	99	116
乙醇	0.794	77.8	34.7	1.62	11.9~15.5	130	96	113
叔丁醇	0.791	52.8	21.6	1.27	7.03~10.5	109	93	101

表 9-4　MTBE 与催化裂化汽油的调和辛烷值

调和组分	调和辛烷值	调和比例				
		1∶9	2∶8	3∶7	1∶1	1∶0(净辛烷值)
宽馏分重整汽油	MON	81	—	82	83	86
	RON	100	—	97	97	97
	(MON+RON)/2	90.5	—	89.5	90	91.5
烷基化汽油	MON	94	—	91	91	92
	RON	98	—	95	98	93.4
	(MON+RON)/2	96	—	93	94.5	92.7
MTBE	MON	102	102	—	—	101
	RON	121	119	—	—	117
	(MON+RON)/2	111.5	110.5	—	—	109

注：MON 为马达法辛烷值，RON 为研究法辛烷值，(MON+RON)/2 为抗暴指数。

2. 甲醇醚化生产 MTBE

甲醇和异丁烯在酸性催化剂的作用下，在反应温度小于 100℃（最适宜温度为 60~80℃），反应压力为 0.5~1.0MPa 条件下发生加成反应生成 MTBE。该加成反应遵循马尔柯夫·尼柯夫规则，只生成甲基叔丁基醚，而不会生成甲基异丁基醚：

$$CH_2{=}\underset{\underset{CH_3}{|}}{C}{-}CH_3 + CH_3OH \rightleftharpoons H_3C{-}\underset{\underset{CH_3}{|}}{\overset{\overset{CH_3}{|}}{C}}{-}OCH_3$$

主要副反应可生成异丁醇、二异丁烯、二甲醚和异丁烯的高聚物：

$$CH_2{=}\underset{\underset{CH_3}{|}}{C}{-}CH_3 + H_2O \longrightarrow H_3C{-}\underset{\underset{CH_3}{|}}{\overset{\overset{CH_3}{|}}{C}}{-}OH$$

$$nCH_2{=}\underset{\underset{CH_3}{|}}{C}{-}CH_3 \longrightarrow {-}(\overset{\overset{H_2}{\,}}{C}{-}\underset{\underset{CH_3}{|}}{\overset{\overset{CH_3}{|}}{CH}})_n \quad n{=}2,3$$

$$2CH_2{=}\underset{\underset{CH_3}{|}}{C}{-}CH_3 \longrightarrow H_3C{-}\underset{\underset{CH_3}{|}}{\overset{\overset{CH_3}{|}}{C}}{-}CH_2{-}\underset{\underset{CH_3}{|}}{C}{=}CH_2$$

$$2CH_3OH \longrightarrow (CH_3)O + H_2O$$

一般条件下，异丁烯的转化率大于 90%，MTBE 的选择性大于 98%，叔丁醇的选择性小于 1.0%，并发生微量的其他副反应。除甲醇和异丁烯合成 MTBE 外，甲醇和异丁醇、叔丁醇进行缩合脱水也可以生成 MTBE，但由于反应的选择性较低等原因，尚未实现工业化生产。

MTBE 的工业生产主要是以甲醇和异丁烯为原料，借助酸性催化剂合成 MTBE。原料甲醇主要来自合成气合成。原料异丁烯主要来自三种途径：石油裂解制乙烯副产的 C₄ 馏分、炼油厂催化裂化装置副产的馏分以正丁烷为原料经异构化和脱氢制得。合成催化剂主要有杂多酸及其盐类、氢氟酸、硫酸、苯乙烯系阳离子交换树脂、固体酸、分子筛。目前使用较多的是固体酸催化剂。

 思考与讨论

1. 查找资料比较烷基铅和 MTBE 的性质，说明作为汽油添加剂，MTBE 具有哪些优势？
2. MTBE 有毒吗？结合所学内容讨论在日常和工业应用中 MTBE 应该怎么储存和防护？

任务三　甲醇制乙酸

 任务描述

冰醋酸是最主要的有机酸之一，主要用于乙酸乙烯、酸酐、乙酸纤维等，也用作农药、医药和染料等工业的溶剂和原料，在有机化学工业中处于重要地位。

总结和分析乙酸的物理性质和化学性质，熟悉性质与用途间的必然联系。掌握乙酸的工业制备方法及其工业应用。

知识链接

乙酸是重要的基础化工原料之一，广泛应用于化工、医药、合成纤维、轻工、纺织皮革、农药、炸药、橡胶、金属加工、食品以及精细有机合成等行业。随着低压法甲醇羰基化制乙酸和醋酐工业化的发展，一种可以完全不依赖于石油，以乙酸和醋酐及其衍生物为原料的新一代煤化工路线日益受到人们的重视。

从最初的粮食发酵、木材干馏生产乙酸开始，合成乙酸的工艺逐渐向以石油、煤和天然气为原料的生产发展。目前国内外所采用的生产工艺有乙醇氧化法、乙烯氧化法、丁烷和轻质油氧化法以及甲醇羰基化法。乙醇氧化法消耗大量的粮食，成本高，正逐渐萎缩。乙烯氧化法是 20 世纪 60 年代发展起来的石油路线，以宝贵的乙烯为原料，无法与甲醇羰基化法工艺竞争，生产规模越来越小。丁烷和轻质油氧化法以钴和锰为催化剂，收率低，副产物多，技术上不占有任何优势。

乙酸按用途可分两种，一种是食用级乙酸，可以作为调味剂添加到食品中，最常用的就是调制食品醋。另一种是工业级乙酸，是本文讨论的重点。工业级乙酸主要用于工业生产，不能用于调制食品醋。

1. 物化性质

（1）物理性质

乙酸（ethanoic acid），又称醋酸，分子式 CH_3COOH，结构式为 $\overset{\displaystyle CH_3-\overset{\textstyle |}{C}-OH}{\underset{O}{\|}}$，分子量 60.06，是一种重要的低级脂肪族一元羧酸。纯乙酸为无色水状液体，具有浓烈的刺激性气味、酸味，有强腐蚀性，10%左右的乙酸水溶液腐蚀性最大。99%以上的高纯度乙酸在环境温度低于16℃时即凝结成片状晶片，故俗称冰醋酸。其蒸气易着火，能和空气形成爆炸性混合物。纯乙酸的物理性质见表9-5。

乙酸可与水、乙醇、乙醚及苯等常用的有机溶剂互溶，而且是许多树脂的溶剂。在水和非水溶性的酯、醚混合物中，常倾向于非水相，根据这一特性，可从乙酸水溶液中用酯或醚类萃取回收乙酸。乙酸能和氯苯、苯、甲苯和间二甲苯等芳香化合物形成共沸混合物，其组成和共沸点见表9-6。

在0~40℃范围内，乙酸水溶液随着乙酸含量的增大，密度逐渐增大，当乙酸含量达到78%~79%时，密度达到最大值，此后开始下滑。当乙酸含量不变时，乙酸水溶液的密度在0℃时，达到最大值，并随着温度的升高而降低。

表9-5   纯乙酸的物理性质

名称	数值	名称	数值
沸点/℃	117.87	燃烧热(CO_2+H_2O,293K)/(kJ/mol)	876.5
凝固点/℃	16.635±0.002	热导率/[W/(m·K)]	0.158
密度(293K)/(g/mL)	1.04928	闪点(开杯)/℃	57
折射率	1.36965	自燃点/℃	465
黏度/mPa·s		可燃上限(体积分数)/%	40
293K	11.83	可燃下限(100℃,空气中体积分数)%	5.4
298K	10.97		
313K	8.18	表面张力(N/m)	
373K	4.3	293.1K	0.2757
		303K	0.2658
临界温度/℃	321.6		
临界压力/MPa	57.87	溶解热(J/g)	207.1
临界密度(g/mL)	0.351	汽化热(沸点时)(J/g)	394.5
液体比热容(293K)/[J/(g·K)]	1.98	稀释热(H_2O,296K)/(kJ/mol)	1.0
固体比热容(100K)/[J/(g·K)]	0.837	熔化热(J/g)	187.1±6.7
蒸气比热容(397K)/[J/(g·K)]	5.029	生成热(kJ/mol)	471.4

表9-6   乙酸和芳香化合物共沸混合物的共沸点和组成

共沸物	共沸点/℃	乙酸含量(摩尔分数)/%	共沸物	共沸点/℃	乙酸含量(摩尔分数)/%
氯苯	114.65	72.5	甲苯	105.4	62.7
苯	80.05	97.5	间二甲苯	115.4	400

（2）化学性质

乙酸在水溶液中能离解产生氢离子，其解离常数 $K_a=1.75\times10^{-5}$，能进行一系列脂肪酸的典型反应，如与金属及其氧化物反应、酯化反应、α-氢原子卤代反应、胺化反应、腈化反应、酰化反应、还原反应、醛缩合反应以及氧化酯化反应等。

① 与金属及其氧化物反应。乙酸可以和许多金属及其氧化物反应形成乙酸盐，碱金属

的氢氧化物或碳酸盐与乙酸直接反应可制备其乙酸盐，反应速率较硫酸或盐酸慢，但较其他有机酸快得多。氧化剂（如硝酸钴、过氧化氢）可加速碱金属与乙酸的直接反应速率。乙酸液体中通入电流能加速铅电极的溶解，甚至可溶解贵金属。

某些金属的乙酸盐能溶于乙酸，与一个或多个乙酸分子结合形成乙酸的酸式盐，如 $CH_3COONa \cdot CH_3COOH$。

② 酯化反应。乙酸与醇进行的酯化反应是乙酸的重要反应之一，生成的多种乙酸酯在工业上有广泛用途，一般情况下反应速率较慢，高氯酸、磷酸、硫酸、苯磺酸、甲烷基磺酸、三氟代乙酸等具有催化功效。非酸性的盐、氧化物、金属在一定条件下也能催化酯化反应。

乙酸也可以与不饱和烃进行酯化反应，烯烃与无水乙酸反应可得到相应的乙酸酯，工业上利用乙烯与乙酸的酯化反应生产乙酸乙烯酯（俗称乙酸乙烯），是目前重要的乙酸乙烯酯生产技术。反应式如下：

$$CH_2 \!=\! CH_2 + \frac{1}{2}O_2 + CH_3COOH \longrightarrow CH_2 \!=\! CHOOCCH_3 + H_2O$$

丙烯及其他不饱和烃均可进行类似的反应，改变工艺条件或催化剂可制备多种乙酸酯，如乙酸异丙酯、乙酸叔丁酯、乙二醇二乙酸酯，乙二醇二乙酸酯可热解为乙酸乙烯酯。少量的水可抑制酯化反应的进行。

与乙炔也可进行酯化反应。乙炔和乙酸在乙酸汞作用下，叔丁基过氧化物存在时，可生成己二酸。

③ 卤代反应。卤代反应是乙酸重要反应之一，利用该反应可生成多种乙酸卤代物。

乙酸在光照下能与氯发生光氯化反应，生成 α-氯代乙酸，氯原子取代乙酸的 α-氢类似于自由基连锁反应，可发生多个氯原子的取代衍生物。

$$CH_3COOH + Cl_2 \longrightarrow CH_2ClCOOH + HCl$$
$$CH_3COOH + 2Cl_2 \longrightarrow CHCl_2COOH + 2HCl$$
$$CH_3COOH + 3Cl_2 \longrightarrow CCl_3COOH + 3HCl$$

④ 醇醛缩合反应。以硅铝酸盐或负载氢氧化钾的硅胶为催化剂时，乙酸与甲醛缩合生成丙烯酸，甲醛单程转化率可达 $50\%\sim60\%$，收率可达 $80\%\sim100\%$。反应式如下：

$$CH_3COOH + HCHO \longrightarrow CH_2 \!=\! CHCOOH + H_2O$$

⑤ 分解反应。乙酸在 $500℃$ 高温下受热分解为乙烯酮、水、甲烷和二氧化碳，高温下催化脱水生产乙酸酐。生成乙烯酮反应式：

$$CH_3COOH \longrightarrow CH_2 \!=\! C \!=\! O + H_2O$$
$$CH_3COOH \longrightarrow CO_2 + CH_4$$

生成乙酸酐反应式：

$$2CH_3COOH \longrightarrow (CH_3CO)_2O + H_2O$$

⑥ 酰化和胺化反应。乙酸和三氯化磷反应生成乙酰氯，和氨反应生成乙酰胺。

$$3CH_3COOH + PCl_3 \longrightarrow 3CH_3COCl + P(OH)_3$$
$$CH_3COOH + NH_3 \longrightarrow CH_3CONH_2 + H_2O$$

2. 甲醇羰基化制备乙酸

乙酸的合成方法很多，可以以石油、煤、甲烷等为起始原料进行合成。就目前的生产工艺来说，主要有三种：乙醛氧化法、丁烷或石脑油氧化法和甲醇羰基化法。乙醛氧化法是较为传统的工艺方法，是以乙醛为原料，在乙酸锰、乙酸汞和乙酸铜催化剂的存在下，液相氧化为乙酸。当用空气为氧化剂时，反应温度为 55～60℃，反应压力为 800kPa。反应原料乙醛一般是通过乙醇氧化法或乙烯氧化法制备，而乙醇和乙烯都是重要的化工原料，所以这种生产方法正在被原料丰富、价廉易得的甲醇羰基化法所取代。

用粮食通过发酵液生产乙酸，食用醋就是采用发酵法生产的，但发酵法原料消费大，水含量高，需消耗大量能量进行蒸发浓缩，且纯度也不高，不能用作生产冰醋酸。从木材干馏副产的焦木酸中回收乙酸曾是工业生产乙酸的主要方法，目前仍有工业规模生产，但不多见，此法副产物多，投资高，需要解决副产物的回收问题，以补偿其高昂的设备和操作费用，而且木材资源也有限，从废物的利用和改善环境角度出发，发酵法和木材干馏法仍有一定的吸引力。

在 CO 存在下，甲醇发生羰基化反应生成乙酸：
$$CH_3OH+CO \longrightarrow CH_3COOH$$
乙酸可以和甲醇继续反应生成乙酸甲酯：
$$CH_3COOH+CH_3OH \longrightarrow CH_3COOCH_3+H_2O$$
乙酸甲酯继续发生羰基化反应生成醋酐：
$$CH_3COOCH_3+CO \longrightarrow (CH_3CO)_2O$$
所以通过甲醇羰基化反应在控制一定的条件下也可以制备醋酐。

甲醇羰基化合成乙酸分高压和低压法，高压法是以羰基钴为主催化剂、碘甲烷为助催化剂，在约 250℃和 70MPa 压力下进行。而低压法是以三碘化铑为主催化剂、碘甲烷为助催化剂，在 175～200℃、反应总压 3MPa、一氧化碳分压 1～1.5MPa 条件下进行，因为高压法由 BASF 公司开发成功，低压法由 Monsanto 公司开发成功，所以高压法和低压法分别也称为 BASF 法和 Monsanto 法，两种方法的催化原理基本相似，反应过程大同小异，都有一个催化剂和一个助催化剂循环，并都采用第Ⅷ族过渡元素为主催化剂，碘甲烷为助催化剂。但因具体金属元素不同，活性、中间体组成相异，两种过程的反应动力学和反应速率控制步骤也就不同。

思考与讨论

1. 酒与醋的关系是什么样的？将发酸的酒放在铅制容器中为什么会引起铅中毒？
2. 乙酸是常用的美术颜料的原料。查阅资料说明乙酸如何与金属发生反应生成美术上用的颜料，包括白铅（碳酸铅）、铜绿（铜盐的混合物包括乙酸铜）。

任务四　甲醇制甲酸甲酯

任务描述

甲酸甲酯是重要的甲醇衍生物之一，工业上最早采用甲酸和甲醇酯化来生产甲酸甲酯，由于该反应甲酸消耗量大、设备腐蚀严重、产品成本高，现在已基本淘汰。目前新型甲酸甲酯的合成工艺主要有甲醇羰基化法、甲醇脱氢法、合成气直接合成法三种，已经逐步成为生产甲酸甲酯的主要方法。除了合成气直接合成法，其他方法的合成原料仍然以甲醇为主，所以甲酸甲酯仍然是甲醇的主要下游产品。

认真分析和总结甲酸甲酯的物理性质和化学性质，熟悉它的性质与用途间的必然联系。

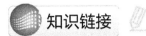知识链接

甲酸甲酯（methyl formate，MF）又名蚁酸甲酯，是重要的甲醇衍生物之一。甲酸甲酯最早是由甲酸和甲醇酯化合成的。1925 年德国 BASF 公司获得甲醇羰基化法高压合成甲酸甲酯的第一个专利，1978 年 UCB 公司将其改进为中压操作，美国 Leonard 公司、SD-Bethlehem公司、BASF 公司等对该工艺进行了深入的研究，于 1980 年实现工业化生产。甲醇羰基化法和脱氢法等新的甲酸甲酯合成方法使产品成本大幅降低，促进了甲酸甲酯应用领域的不断扩大。

甲酸甲酯是有机合成化工产品极重要的中间体，用途十分广泛，它可用于生产甲酸、二甲基甲酰胺、碳酸二甲酯、乙二醇等重要化学品，也可直接用作杀虫剂、杀菌剂和用于谷物处理，以及用于水果、干果、烟草的熏蒸剂。甲酸甲酯已成为当前世界 C_1 化学的热点产品之一。

1. 物化性质

（1）物理性质

甲酸甲酯（$HCOOCH_3$）为无色易燃有芳香味液体，有刺激性，易水解，溶于甲醇和乙醚。其蒸气与空气能形成爆炸性混合物。甲酸甲酯的一般物理性质见表 9-7。

表 9-7　甲酸甲酯的一般物理性质

性质	数据	性质	数据
分子量	60.05	引燃温度/℃	44
熔点/℃	−99.8	水中溶解度(20℃)/(mL/100mL)	30
沸点/℃	31.8	闪点(闭杯)/℃	−19
液体相对密度(水为1)	0.98	折射率	1.3440
气体相对密度(空气为1)	2.07	燃烧热/(kJ/mol)	978.7
饱和蒸气压(16℃)/kPa	53.32	临界压力/MPa	6.0
临界温度/℃	21	空气中爆炸极限(体积分数)/%	5.9～20.0

（2）化学性质

甲酸甲酯分子中除酯基外，还有甲基、甲氧基和羰基，化学活性很高。甲酸甲酯的主要化学反应如下。

① 水解反应。甲酸甲酯水解可用来制甲酸：

$$HCOOCH_3 + H_2O \longrightarrow CH_3OH + HCOOH$$

② 氨解反应。甲酸甲酯在常温常压下氨解成甲酰胺：

$$HCOOCH_3 + NH_3 \longrightarrow HCONH_2 + CH_3OH$$

甲酸甲酯和二甲胺在 50℃、0.5MPa 条件下反应可生成二甲基甲酰胺：

$$HCOOCH_3 + (CH_3)_2NH \longrightarrow HCON(CH_3)_2 + CH_3OH$$

③ 裂解反应。甲酸甲酯在特定条件下可裂解成高纯 CO，用于精细合成工业。

$$HCOOCH_3 \longrightarrow CO + CH_3OH$$

④ 异构化反应。甲酸甲酯和乙酸互为异构体，在 180℃、压力 0.1MPa 条件下，用 Ni/CH_3I 催化甲酸甲酯异构化为乙酸：

$$HCOOCH_3 \longrightarrow CH_3COOH$$

⑤ 其他反应。四氢呋喃溶剂中，甲酸甲酯和甲醇钠反应生成碳酸二甲酯：

$$HCOOCH_3 + CH_3ONa + \frac{1}{2}O_2 \longrightarrow CH_3OCOOCH_3 + NaOH$$

甲酸甲酯在酸催化作用下，与多聚甲醛反应生成乙醇酸甲酯，乙醇酸甲酯氢解生成乙二醇。杜邦公司已将此工艺工业化。

甲酸甲酯在异构化生成乙酸的反应中，选用 Ir、Rh、CO、Pd、Ni 为主催化剂，CH_3I 为助催化剂，可以使生成的乙酸继续与甲酸甲酯反应，生成乙酸甲酯，副产甲酸：

$$CH_3COOH + HCOOCH_3 \longrightarrow CH_3COOCH_3 + HCOOH$$

用铑络合物为主催化剂，在离子型助催化剂存在下，甲酸甲酯羰基化合成乙醛，改变操作条件后，便生成乙酸甲酯：

$$2HCOOCH_3 \xrightarrow[NMP, p_{CO}=10^6Pa]{Rh,I} CH_3COOCH_3 + HCOOH$$

甲酸甲酯和乙烯进行加氢酯化能生成丙酸甲酯：

$$CH_2=CH_2 + HCOOCH_3 \longrightarrow CH_3CH_2COOCH_3$$

甲酸甲酯和丁二烯加氢酯化能生成重要的乙二酸二甲酯：

$$CH_2=CH-CH=CH_2 + 2HCOOCH_3 \longrightarrow CH_3OOC(CH_2)_4COOCH_3$$

甲酸甲酯在丙烯和 CO 作用下可生成异丁酸甲酯：

$$HCOOCH_3 + CH_3CH=CH_2 \longrightarrow (CH_3)_2CHCOOCH_3$$

2. 甲酸甲酯的生产

甲酸甲酯可经济有效地大规模生产，随着下游产品增多，发展前景广阔，到目前为止，甲酸甲酯的合成工艺主要有 4 种：甲酸酯化法；甲醇羰基化法；甲醇脱氢法；合成气直接合成法。由甲酸与甲醇通过酯化反应合成甲酸甲酯，工艺落后，甲酸消耗量大，设备腐蚀严重，生产成本为甲醇脱氢法的 2 倍，国外已淘汰，国内个别生产 N,N-二甲基甲酰胺（DMF）的小厂仍在采用。后三种方法国内外研发比较活跃，成为生产甲酸甲酯的主要方法。

(1) 甲醇和甲酸酯化

我国 20 世纪 70 年代开发了直接酯化法生产甲酸甲酯的工艺，反应过程是用甲醇与甲酸在既定条件下进行酯化，再经冷却、蒸馏后用无水碳酸钠干燥，过滤得成品。

$$HCOOH + CH_3OH \longrightarrow HCOOCH_3 + H_2O$$

此法生产 1t 甲酸甲酯需消耗 0.6t 甲醇和 1t 85% 的甲酸。成本高，且设备腐蚀严重。20世纪 80 年代末，我国生产甲酸甲酯的厂家多数采用此法。

(2) 甲醇羰基化

$$CH_3OH + CO \underset{k_2}{\overset{k_1}{\rightleftharpoons}} HCOOCH_3 - 29.1kJ/mol$$

此反应是可逆的放热反应，提高反应温度不利于生成甲酸甲酯。反应通常采用甲醇大大过量、催化剂溶于液相的甲醇中、CO 通过鼓泡等方式进入反应器中，在催化剂的作用下和甲醇进行反应，生成物甲酸甲酯也溶解于液相甲醇中。

(3) 甲醇脱氢

甲醇催化脱氢制甲酸甲酯反应式：

$$2CH_3OH \longrightarrow HCOOCH_3 + 2H_2 + 52.49kJ/mol$$

（4）合成气直接合成

由合成气直接合成甲酸甲酯反应式为：

$$2CO + 2H_2 \longrightarrow HCOOCH_3$$

该反应是一个原子经济型反应，即全部反应物分子生成目的产物分子，避免了资源浪费以及"三废"的产生，是具有发展前途的制备方法。由合成气直接合成甲酸甲酯的关键技术是反应选择性的提高及合成催化剂的研制。

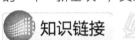 思考与讨论

　　1. 分析和总结甲酸甲酯的主要用途有哪些？这些用途与它的性质有哪些必然的联系？
　　2. 比较以甲醇为原料通过酯化、羰基化、脱氢三种途径制备甲酸甲酯的方法的优缺点。

任务五　甲醇制碳酸二甲酯

任务描述

　　DMC 是近年来国内外广泛关注的环保型绿色化工产品，有望在诸多领域全面替代剧毒或致癌物进行羰基化、甲基化及酯交换等反应生成多种化工产品，被誉为 21 世纪有机合成的一个"新基块"，其发展将对我国煤化工、甲醇化工、C_1 化工起到巨大的推动作用。

知识链接

　　碳酸二甲酯（dimethyl carbonate，DMC）是一种重要的有机合成中间体。DMC 分子结构中含有羰基、甲基和甲氧基等官能团，因而具备多种反应活性。此外，由于具有使用安全且方便、污染少、容易运输等特点，DMC 被视为"绿色"化工产品，可替代高毒光气作为羰基化试剂、代替硫酸二甲酯作为甲基化试剂，用于医药、农药及溶剂等众多化工领域。

　　随着我国 DMC 大型装置相继投产，2005 年我国 DMC 的生产能力达 8.1 万吨/年，成为世界上生产能力和产量最大的国家，生产能力占全球总生产能力的 38.6%，对全球 DMC 生产与供应起到举足轻重的作用。

1. 物化性质

（1）物理性质

DMC 结构式 $(CH_3O)_2CO$，分子量为 90.08，相对密度 1.070，折射率 1.3697，沸点 90.1℃。DMC 常压下为无色液体，具有可燃性，爆炸极限为 3.8%～21.3%，微溶于水但能与水形成共沸物，可与醇、醚、酮等几乎所有溶剂混溶。碳酸二甲酯略有刺激性气味，毒性远远小于光气、硫酸二甲酯和氯甲烷（三者均为剧毒品）。

　　碳酸二甲酯分子中氧含量高达 53%，比 MTBE（18%）高许多，且和汽油的相溶性好，蒸气压低，有利于提高汽油辛烷值和减少汽车尾气排放，作为新一代汽油添加剂具有良好的应用前景。

（2）化学性质

　　碳酸二甲酯分子中含有 CH_3—、CH_3O—、CH_3—CO—、—CO—等多种官能团，因而具有良好的反应活性，特别是其中的羰基和甲基。当 DMC 的羰基碳受到亲核攻击时，酰

基-氧键断裂，形成羰基化合物。因此，在碳酸衍生物合成过程中，DMC 作为一种安全的反应试剂可代替光气作羰基化剂。光气虽然具有较高的反应活性，但它有剧毒，而且光气所带来的副产物包括盐酸及其他氯化物，也会带来严重的腐蚀及相应的处理问题。当 DMC 的甲基碳受到亲核攻击时，其烷基-氧键断裂，导致甲基化产物生成，因此，它还能代替硫酸二甲酯（DMS）和氯甲烷作为甲基化剂。

碳酸二甲酯的化学反应可以根据其提供的官能团简单分为羰基化反应、甲基化反应和甲氧基化反应。此外碳酸二甲酯还可以发生水解等化学反应。碳酸二甲酯参加羰基化和甲基化反应时，和传统的羰基化试剂光气和甲基化试剂硫酸二甲酯及氯甲烷相比，不仅官能团贡献值大（表 9-8），而且副产物不含 SO_4^{2-}、Cl^- 等离子，基本无毒，符合清洁生产要求。

表 9-8 DMC、DMS、光气及氯甲烷的官能团贡献值比较

化合物	—CH₃	C=O	—O—CH₃
DMC	33.33	31.11	34.34
DMS	23.81		
光气		28.31	
氯甲烷	29.73		

2. 碳酸二甲酯的合成

由于碳酸二甲酯是无毒的，可以取代光气和硫酸二甲酯等作为羰基化和甲基化试剂广泛用于有机合成工业，且因其有良好的溶解能力，还可作燃油添加剂，因此碳酸二甲酯合成路线的开发引起很大重视，我国原化工部在"八五"和"九五"期间曾将其合成技术作为重点项目，中国石化总公司也于 1994 年底给予重点支持。

（1）光气合成

用光气合成碳酸二甲酯是传统的合成路线，由于光气的剧毒性，发达国家和地区已禁止使用。光气合成分为两步进行：

$$CH_3OH + Cl-\overset{O}{\underset{||}{C}}-Cl \longrightarrow CH_3O-\overset{O}{\underset{||}{C}}-Cl + HCl$$

$$CH_3O-\overset{O}{\underset{||}{C}}-Cl + CH_3OH \longrightarrow CH_3O-\overset{O}{\underset{||}{C}}-OCH_3 + HCl$$

首先甲醇和光气反应生成氯甲酸甲酯，然后氯甲酸甲酯和甲醇进一步反应生成碳酸二甲酯，用 NaOH 中和脱除 HCl。间歇操作时，使用过量的甲醇和较长的停留时间以提高 DMC 的收率。连续操作时，将氯甲酸甲酯和甲醇连续通入填料塔反应器中，塔温由底部到顶部控制在 72～127℃，碳酸二甲酯（99％）由底部流出，HCl 由顶部排出。

（2）甲醇氧化羰基化

甲醇氧化羰基化法是目前主要的工业生产方法。

$$2CH_3OH + CO + \frac{1}{2}O_2 \longrightarrow CH_3O-\overset{O}{\underset{||}{C}}-OCH_3 + H_2O$$

由于此法具有广泛的工业前景，且符合清洁生产的要求，因而引起世界各国的关注，成为合成碳酸二甲酯的主要方法。根据实现上述反应途径的不同，可具体划分为液相法、气相亚硝酸酯法和气相直接法。

（3）酯交换

以碳酸乙烯酯和甲醇为原料，通过酯交换反应合成碳酸二甲酯，同时副产乙二醇，碳酸乙烯酯很容易由环氧乙烷和 CO_2 制得：

$$H_2C-CH_2 + CO_2 \longrightarrow \underset{\underset{\underset{CH_2}{\parallel}}{\underset{C}{}}{\overset{CH_2-CH_2}{\underset{OO}{}}}$$

$$R'-\underset{\underset{\underset{CH_2}{\parallel}}{\underset{C}{}}{\overset{CH-CH_2}{\underset{OO}{}}} + CH_3OH \longrightarrow \underset{\underset{\underset{CH_2}{\parallel}}{\underset{C}{}}{\overset{CH_3CH_3}{\underset{OO}{}}} + R'-\underset{OH}{\overset{HC}{}}-\underset{OH}{\overset{CH_2}{}}$$

总的结果是将环氧乙烷转化为碳酸二甲酯和乙二醇。工业上，大部分环氧乙烷经水合转化为乙二醇。如果经过碳酸乙烯酯中间体，环氧乙烷则既可以转化为乙二醇，也可以转化为碳酸二甲酯而不消耗任何附加原料。因此，该过程对于由环氧乙烷生产乙二醇的工厂附加生产碳酸二甲酯是非常有用的。

思考与讨论

1. 从碳酸二甲酯的物化性质出发，总结 DMC 作为"绿色"化工产品应用的优缺点。
2. 查阅资料，综合评价以甲醇为原料合成碳酸二甲酯三种方法的优缺点。

任务六　甲醇的其他下游产品

任务描述

以煤为原料生产甲醇是新型煤化工产业的重要途径，此外无论是作为替代燃料还是化工原料，甲醇的性质往往起到至关重要的作用。了解甲醇衍生物的性质也很重要，所以需要对甲醇衍生物的性质有一个全面深入的了解。

认真总结和分析甲醇其他衍生物的物理性质和化学性质，熟悉性质与用途间的必然联系。

知识链接

1. 甲醇裂解制氢

甲醇通过分解反应、部分氧化反应和蒸汽重整反应均可制得氢气。

分解反应：

$$CH_3OH \longrightarrow CO + 2H_2 + 90.5kJ/mol$$

部分氧化反应：

$$CH_3OH + \frac{1}{2}O_2 \longrightarrow 2H_2 + CO_2 - 192.2kJ/mol$$

水蒸气重整反应：

$$CH_3OH + H_2O \longrightarrow 3H_2 + CO_2 + 49.4kJ/mol$$

由以上诸式可见，甲醇分解反应可生成 $H_2/CO=2:1$ 的合成气，通过分离可获得 CO 和 H_2；甲醇部分氧化反应是放热反应，1分子甲醇生成2分子 H_2 和1分子 CO_2，和分解反应相比，生成氢的量相等，但甲醇中的碳转化为廉价的 CO_2；甲醇水蒸气重整反应生成的氢量最多，1分子甲醇可生成3分子 H_2，同时生成1分子的 CO_2。因此，对于工业制氢过程来说，甲醇分解反应和甲醇水蒸气重整反应具有重要的工业价值，而甲醇部分氧化反应的应用价值较小。但对于甲醇燃料电池制氢来说，CO 是燃料电池中电极催化剂的毒物，因而甲醇部分氧化和甲醇水蒸气重整制氢更有利于燃料电池的应用。

氢气是石油炼制和化学工业的重要原料，传统的大规模制氢大多采用天然气、轻油、煤焦为原料造气，再用深冷或吸收吸附法提取氢气，工艺复杂，投资大，能耗高。中小规模制氢，一般采用电解水法，缺点是电耗大。也可采用变压吸附技术（PSA）从石油化工过程产生的含氢气体中回收氢气，但受具体条件的限制。与上述方法相比，甲醇-水蒸气转化制氢具有以下独特的优势。

与大规模的天然气、轻油蒸气转化制氢或水煤气制氢相比，甲醇-水蒸气转化制氢投资省、能耗低。众所周知，由于上述制氢反应需在 800℃ 以上的高温下进行，转化炉等设备需要特殊材质。同时需综合考虑能量的平衡及利用，故不适用于小规模制氢。而甲醇蒸汽转化制氢由于反应温度低（260～280℃）、工艺条件温和、燃料消耗低，与同等规模的天然气或轻油转化制氢装置相比，甲醇蒸汽转化制氢的能耗仅是前者的 50%。

① 与电解水制氢相比，单位氢气成本较低。电解水制氢（规模一般小于 $200m^3/h$）是比较成熟的制氢方法，但由于电耗高（5～8kW·h/m^3）等因素的影响，其单位氢气成本较高；一套规模为 $1000m^3/h$ 的甲醇蒸汽转化制氢装置的单位氢气成本不高于 2元/m^3，而电解水制氢 4～6元/m^3。

② 所用的原料甲醇易得，运输储存方便。而且，由于所用的原料甲醇纯度高，不需要再进行净化处理，反应条件温和，流程简单，故易于操作。

③ 可以做成组装式或可移式的装置，操作方便，搬运灵活。

近20年来发展迅速的气体变压吸附分离技术（PSA）使甲醇水蒸气重整制氢可获得 99.99% 的纯氢。甲醇蒸汽重整和变压吸附技术的结合，使甲醇制氢方法获得了前所未有的发展和推广。

变压吸附技术是以特定的吸附剂（多孔固体物质）内部表面对气体分子的物理吸附为基础，利用吸附剂在相同压力下易吸附高沸点组分，不易吸附低沸点组分和高压下吸附量增加，减压下吸附量减少的特点，将原料在相同压力下通过吸附床层，相对于氢的高沸点杂质组分被选择性吸附，低沸点的氢气不易吸附而通过吸附床层，达到氢和杂质组分的分离，然后在减压下解吸被吸附的杂质组分，使吸附剂获得再生，以便能再次进行吸附分离杂质。这种压力下吸附杂质提纯氢气、减压下解吸杂质使吸附剂再生的循环便是变压吸附过程。

甲醇重整气主要组分是 H_2 和 CO_2，其他杂质组分是 CH_4、CO 及微量 CH_3OH，利用变压吸附技术从原料气中分离除去杂质组分，获得纯氢产品。

2. 无机酸甲酯类衍生物

甲醇和其他脂肪醇一样，可以和无机、有机酸发生酯化反应合成甲酯类化合物。最有工业应用价值的无机酸酯类衍生物有硫酸二甲酯、磷酸二甲酯和亚磷酸三甲酯，它们广泛应用于有机合成、医药和农药等行业。

3. 有机酸甲酯类衍生物

重要的甲醇有机酸甲酯类衍生物有丙烯酸甲酯、甲基丙烯酸甲酯、氯甲酸甲酯、氯乙酸甲酯和二氯乙酸甲酯，它们主要应用于有机合成、聚合物单体和医药、农药中间体。

思考与讨论

选择一种甲醇的无机酸酯或有机酸酯，查阅资料总结其生产方法和主要用途。

项目十
醇醚厂安全与环保

知识目标

熟悉甲醇、二甲醚生产过程中可能用到的各种原料、中间产物、产品的安全特性。

技能目标

1. 会根据生产工艺过程判断有毒有害介质的成分及其危害。
2. 能根据有毒有害介质的特性采取相应的保护措施。
3. 发生危害事故时能够迅速判断并采取合理急救措施。

任务一　醇醚厂安全防护知识

任务描述

甲醇和二甲醚都属于易燃、易爆和有毒有害物质。不仅如此，甲醇和二甲醚生产的原料、半成品和产品大部分也具有有毒、易燃、易爆、易腐蚀等特点。同时生产又是在高温和加压的条件下进行，工艺操作要求比较严格。因此，在装置开停工及正常生产时务必十分重视安全，以确保安全生产。醇醚生产过程中属易燃、易爆、有毒的介质主要有 CH_4、CO、CO_2、H_2、O_2、N_2、H_2S 等。

知识链接

1. 硫化氢防护知识

硫化氢（H_2S）在危险化学品分类中划分为二类易燃气体（有毒），在有毒物质分类中属于 Ⅱ 类高度危害物质，硫化氢不属于剧毒物质，但是在我国统计的中毒排名榜中，排在前四位。在石化行业中毒排名榜中排在第一位。

（1）硫化氢的理化常数

硫化氢的理化常数见表 10-1。

表 10-1　硫化氢的理化常数

国标编号	21006	CAS 号	7783-06-4
中文名称	硫化氢	英文名称	hydrogen sulfide
别名		分子式	H_2S
外观与性状	无色有恶臭的气体	分子量	34.08
蒸气压	2026.5kPa/25.5℃	熔点	−85.5℃
闪点	无意义	沸点	−60.4℃
溶解性	溶于水、乙醇	稳定性	稳定
密度	相对密度(空气＝1)1.19	危险标记	4(易燃气体)
主要用途	用于化学分析,如鉴定金属离子		

（2）健康危害

① 侵入途径。吸入。

② 健康危害。本品是强烈的神经毒物，对黏膜有强烈刺激作用。

③ 急性中毒。短期内吸入高浓度硫化氢后出现流泪、眼痛、眼内异物感、畏光、视物模糊、流涕、咽喉部灼热感、咳嗽、胸闷、头痛、头晕、乏力、意识模糊等，对部分患者可有心肌损害。重者可出现脑水肿、肺水肿。极高浓度 （10000mg/m³ 以上） 时可在数秒钟内突然昏迷，呼吸和心搏骤停，发生闪电型死亡，高浓度接触者眼结膜发生水肿和角膜溃疡。

长期低浓度接触：引起神经衰弱综合征和植物神经功能紊乱。

（3）毒理学资料

① 毒性：属高度危害。处置前应参阅国家和地方有关法规，用焚烧法处置。焚烧炉排出的气体要通过洗涤器除去。

② 急性毒性。家兔吸入 0.01mg/L、2h/d、3 个月，引起中枢神经系统的机能改变，气管、支气管黏膜刺激症状，大脑皮层出现病理改变。小鼠长期接触低浓度硫化氢，对小鼠气管有损害。

（4）危险特性

易燃，与空气混合能形成爆炸性混合物，遇明火、高热能引起燃烧爆炸。与浓硝酸、发烟硝酸和其他强氧化剂剧烈反应，发生爆炸，气体比空气重，能在较低处扩散到相当远的地方，遇明火会引着回燃。

（5）泄漏应急处理

迅速撤离泄漏污染区人员至上风处，并立即进行隔离，小泄漏时隔离 150m，大泄漏时隔离 300m，严格限制出入，切断火源。建议应急处理人员戴自给正压式呼吸器，穿防毒服。

从上风处进入现场。尽可能切断泄漏源。合理通风，加速扩散。喷雾状水稀释、溶解。构筑围堤或挖坑收容产生的大量废水，如有可能，将残余气或漏出气用排风机送至水洗塔或与塔相连的通风橱内，或使其通过三氯化铁水溶液，管路装止回装置以防溶液吸回，漏气容器要妥善处理，修复、检验后再用。

（6）防护措施

① 呼吸系统防护：空气中浓度超标时，佩戴过滤式防毒面具（半面罩）。紧急事态抢救撤离时，建议佩戴空气呼吸器。

② 眼睛防护。戴化学安全防护眼镜。

③ 身体防护。穿防静电工作服。

④ 手防护。戴防化学品手套。

⑤ 其他。工作现场禁止吸烟、进食、饮水。工作完毕，淋浴更衣，及时换洗工作服。作业人员应学会自救互救。进入罐、限制性空间或其他高浓度区作业，须有人监护。

（7）急救措施

① 眼睛接触。立即提起眼睑，用大量流动清水或生理盐水彻底冲洗至少15min，就医。

② 吸入。迅速脱离现场至空气新鲜处。保持呼吸道通畅。如呼吸困难，给输氧，如呼吸停止，立即进行人工呼吸。就医。

（8）灭火方法

消防人员必须穿戴全身防火防毒服。切断气源。若不能立即切断气源，则不允许熄灭正在燃烧的气体。喷水冷却容器，可能的话将容器从火场移至空旷处。灭火剂：雾状水、抗溶性泡沫、干粉。

2. 甲烷防护知识

（1）甲烷的理化常数

甲烷的理化常数见表10-2。

表 10-2　甲烷的理化常数

国标编号	21007	CAS号	74-82-8
中文名称	甲烷	英文名	methane
别名		分子式	CH_4
外观与性状	无色无臭气体	分子量	16.04
蒸气压	53.32kPa/168.8℃	熔点	−182.5℃
闪点	−188℃	沸点	161.5℃
溶解性	微溶于水,溶于醇、乙醚	稳定性	稳定
密度	相对密度(水=1)0.42(−164℃); 相对密度(空气=1)0.55	危险标记	4(易燃气体)
主要用途	用作燃料和用于炭黑、氢、乙炔、甲醛等的制造		

（2）健康危害

① 侵入途径。吸入。

② 健康危害。甲烷对人基本无毒，但浓度过高时，使空气中氧含量明显降低，使人窒息。当空气中甲烷含量达25%～30%时，可引起头痛、头晕、乏力、注意力不集中、呼吸和心跳加速、共济失调。若不及时脱离，可致窒息死亡。皮肤接触液化本品可致冻伤。

（3）毒理学资料

① 毒性。属微毒类。允许气体安全地扩散到大气中或当作燃料使用。有单纯性窒息作用，在高浓度时因缺氧窒息而引起中毒。空气中达到25%～30%出现头昏、呼吸加速、运动失调。

② 急性毒性。小鼠吸入42%浓度60min，麻醉作用；兔吸入42%浓度60min，麻醉作用。

（4）危险特性

易燃，与空气混合能形成爆炸性混合物，遇热源和明火有燃烧爆炸的危险。与五氟化溴、氯气、次氯酸、三氟化氮、液氧、二氟化氧及其他强氧化剂接触剧烈反应，燃烧（分解）产物：一氧化碳、二氧化碳。

（5）泄漏应急处理

迅速撤离泄漏污染区人员至上风处，并进行隔离，严格限制出入。切断火源。建议应急处理人员戴自给正压式呼吸器，穿消防防护服。尽可能切断泄漏源，合理通风，加速扩散。喷雾状水稀释、溶解。构筑围堤或挖坑收容产生的大量废水，如有可能，将漏出气用排风机送至空旷地方或装设适当喷头烧掉。也可以将漏气的容器移至空旷处，注意通风。漏气容器要妥善处理，修复、检验后再用。

（6）防护措施

① 呼吸系统防护。一般不需要特殊防护，但建议特殊情况下，佩戴自吸过滤式防毒面具（半面罩）。

② 眼睛防护。一般不需要特别防护，高浓度接触时可戴安全防护眼镜。

③ 身体防护。穿防静电工作服。

④ 手防护。戴一般作业防护手套。

⑤ 其他。工作现场严禁吸烟。避免长期反复接触。进入罐、限制性空间或其他高浓度区作业，须有人监护。

（7）急救措施

① 皮肤接触。若有冻伤，就医治疗。

② 吸入。迅速脱离现场至空气新鲜处。保持呼吸道通畅，如呼吸困难，给输氧。如呼吸停止，立即进行人工呼吸。就医。

（8）灭火方法

切断气源。若不能立即切断气源，则不允许熄灭正在燃烧的气体，喷水冷却容器，可能的活将容器从火场移至空旷处。灭火剂：雾状水、泡沫、二氧化碳、干粉。

3. 氢气防护知识

（1）氢气的理化常数

氢气的理化常数见表10-3。

表 10-3　氢气的理化常数

国标编号	21001	CAS号	1333-74-0
中文名称	氢、氢气	英文名称	hydrogen
别名		分子式	H_2
外观与性状	无色无味气体	分子量	2.01
蒸气压	13.33kPa/−257.9℃	熔点	−259.2℃
闪点	<−50℃	沸点	−252.8℃
溶解性	不溶于水，不溶于乙醇、乙醚	稳定性	稳定
密度	相对密度(水=1)0.07(−252℃)；相对密度(空气=1)0.07	危险标记	4(易燃气体)
主要用途	用于合成氨和甲醇等、石油精制、有机物氢化及火箭燃料		

（2）健康危害

① 侵入途径。吸入。

② 健康危害。本品在生理学上是惰性气体，仅在高浓度时，由于空气中氧分压降低才引起窒息。在很高的分压下，氢气可呈现出麻醉作用。

（3）危险特性

与空气混合能形成爆炸性混合物，遇热或明火即会发生爆炸，气体比空气轻，在室内使用和储存时，漏气上升滞留屋顶不易排出，遇火星会引起爆炸，氢气与氟、氯、溴等卤素会剧烈反应。燃烧（分解）产物：水。

（4）泄漏应急处理

迅速撤离泄漏污染区人员至上风处，并进行隔离，严格限制出入。切断火源。建议应急处理人员戴自给正压式呼吸器，穿消防防护服。尽可能切断泄漏源。合理通风，加速扩散。如有可能，将漏出气用排风机送至空旷地方或装设适当喷头烧掉，漏气容器要妥善处理，修复、检验后再用。

（5）防护措施

① 呼吸系统防护。一般不需要特别防护，高浓度接触时可佩戴空气呼吸器。

② 眼睛防护。一般不需要特别防护。

③ 身体防护。穿防静电工作服。

④ 手防护。戴一般作业防护手套。

⑤ 其他。工作现场严禁吸烟。避免高浓度吸入。进入罐、限制性空间或其他高浓度区作业，须有人监护。

（6）急救措施

吸入后，迅速脱离现场至空气新鲜处。保持呼吸道通畅。如呼吸困难，给输氧，如呼吸停止，立即进行人工呼吸。就医。

（7）灭火方法

切断气源。若不能立即切断气源，则不允许熄灭正在燃烧的气体。喷水冷却容器，可能的话将容器从火场移至空旷处。灭火剂：雾状水、泡沫、二氧化碳、干粉。

4. 一氧化碳防护知识

（1）一氧化碳的理化常数

一氧化碳的理化常数见表 10-4。

表 10-4　一氧化碳的理化常数

国标编号	21005	CAS 号	630-08-0
中文名称	一氧化碳	英文名称	carbon monoxide
分子式	CO	外观与性状	无色，有极微弱的臭味
分子量	28.01	蒸气压	309kPa／−180℃
熔点	−199.1℃	闪点	<−50℃
沸点	−191.4℃		
密度	相对密度（水=1）0.79；相对密度（空气=1）0.97	溶解性	微溶于水,溶于乙醇、苯等多种有机溶剂
稳定性	稳定	危险标记	4(易燃气体)
主要用途	主要用于化学合成,如合成甲醇、光气等,用作精炼金属的还原剂		

（2）健康危害

① 侵入途径：吸入。

② 健康危害：一氧化碳在血中与血红蛋白结合而造成组织缺氧。

（3）毒理学资料

① 毒性。一氧化碳在血中与血红蛋白结合而造成组织缺氧。急性中毒：轻度中毒者出现头痛、头晕、耳鸣、心悸、恶心、呕吐、无力。中度中毒者除上述症状外，还有面色潮红、口唇樱红、脉快、烦躁、步态不稳、意识模糊等症状，可有昏迷。重度患者昏迷不醒、瞳孔缩小、肌张力增加、频繁抽搐、大小便失禁等。深度中毒可致死。慢性影响：长期反复吸入一定量的一氧化碳可致神经和心血管系统损害。

② 急性毒性。LC_{50} 2069mg/kg，4h（大鼠吸入）。

③ 亚急性和慢性毒性。大鼠吸入 0.047～0.053mg/L，4～8h/d，30d，生长缓慢，血红蛋白及红细胞数增高，肝脏的琥珀酸脱氢酶及细胞色素氧化酶的活性受到破坏。猴吸入 0.11mg/L，经 3～6 个月引起心肌损伤。

④ 生殖毒性。大鼠吸入最低中毒浓度（TCL_0），$150\mu L/L$（24h，孕 1～22 天），引起心血管（循环）系统异常。小鼠吸入最低中毒浓度（TCL_0），$125\mu L/L$（24h，孕 7～18 天）致胚胎毒性。

（4）污染来源

一氧化碳污染主要来源于冶金工业的炼焦、炼钢、炼铁、矿井放炮，化学工业的合成氨、合成甲醇，碳素厂石墨电极制造，汽车尾气、煤气发生炉以及所有碳物质（包括家庭用煤炉）的不完全燃烧等。

（5）危险特性

CO 是一种易燃易爆气体，与空气混合能形成爆炸性混合物，遇明火、高热能引起燃烧爆炸。燃烧（分解）产物：二氧化碳。

（6）泄漏应急处理

迅速撤离泄漏污染区人员至上风处，并立即隔离 150m，严格限制出入。切断火源。建议应急处理人员戴自给正压式呼吸器，穿消防防护服，尽可能切断泄漏源。合理通风，加速扩散。喷雾状水稀释、溶解。构筑围堤或挖坑收容产生的大量废水。如有可能，将漏出气用排风机送至空旷地方或装设适当喷头烧掉，也可以用管路导至炉中、凹地焚之，漏气容器要妥善处理，修复、检验后再用。

（7）防护措施

① 呼吸系统防护。空气中浓度超标时，佩戴自吸过滤式防毒面具（半面罩）。紧急事态抢救或撤离时，建议佩戴空气呼吸器、一氧化碳过滤式自救器。

② 眼睛防护。一般不需要特别防护，高浓度接触时可戴安全防护眼镜。

③ 身体防护。穿防静电工作服。

④ 手防护。戴一般作业防护手套。

⑤ 其他。工作现场严禁吸烟，实行就业前和定期的体验。避免高浓度吸入。进入罐、限制性空间或其他高浓度区作业，须有人监护。

（8）急救措施

吸入后，迅速脱离现场至空气新鲜处。保持呼吸道通畅，如呼吸困难，给输氧。呼吸心跳停止时，立即进行人工呼吸和胸外心脏按压术。就医。

（9）灭火方法

切断气源。若不能立即切断气源，则不允许熄灭正在燃烧的气体，喷水冷却容器，可能的话将容器从火场移至空旷处。灭火剂：雾状水、泡沫、二氧化碳、干粉。

5. 二氧化碳防护知识

（1）二氧化碳的理化常数

二氧化碳的理化常数见表 10-5。

表 10-5　二氧化碳的理化常数

国标编号	22019	CAS 号	124-38-9
中文名称	二氧化碳	英文名称	carbon dioxide
别名	碳酸酐	分子式	CO_2
外观与性状	无色无臭气体	分子量	44.01
蒸气压	1013.25kPa/－39℃	熔点	－56.6℃/527kPa
沸点	78.5℃/升华	溶解性	溶于水、烃类等多数有机溶剂
密度	相对密度(水＝1)1.56/－79℃；相对密度(空气＝1)1.53		
危险标记	5(不燃气体)	稳定性	稳定
主要用途	用于制糖工业、制碱工业等，也用于冷饮、灭火及有机合成		

（2）健康危害

① 侵入途径。吸入。

② 健康危害。在低浓度时，对呼吸中枢呈兴奋作用，高浓度时则产生抑制甚至麻痹作用。中毒机制中还兼有缺氧的因素。

③ 急性中毒。人进入高浓度二氧化碳环境，在几秒钟内迅速昏迷倒下，反射消失、瞳孔扩大或缩小、大小便失禁、呕吐等，更严重者出现呼吸停止及休克，甚至死亡。固态（干冰）和液态二氧化碳在常压下迅速汽化，能造成－80～－43℃低温，引起皮肤和眼睛严重的冻伤。

（3）毒理学资料

危险特性：若遇高热，容器内压增大，有开裂和爆炸的危险。

（4）泄漏应急处理

迅速撤离泄漏污染区人员至上风处，并进行隔离，严格限制出入。建议应急处理人员戴自给正压式呼吸器，穿一般作业工作服。尽可能切断泄漏源。合理通风，加速扩散。漏气容器要妥善处理，修复、检验后再用。

（5）防护措施

① 呼吸系统防护。一般不需要特殊防护。高浓度接触可佩戴空气呼吸器。

② 眼睛防护。一般不需要特殊防护。

③ 身体防护。穿一般作业工作服。

④ 手防护。戴一般作业防护手套。

⑤ 其他。避免高浓度吸入，进入罐、限制性空间或其他高浓度区作业，须有人监护。

（6）急救措施

① 皮肤接触。若有冻伤，就医治疗。

② 眼睛接触。若有冻伤，就医治疗。

③ 吸入。迅速脱离现场至空气新鲜处，保持呼吸道通畅，如呼吸困难，给输氧，如呼吸停止，立即进行人工呼吸，就医。

（7）灭火方法

本品不燃，切断气源。喷水冷却容器，可能的话将容器从火场移至空旷处。

6. 甲醇防护知识

甲醇属于甲 B 类可燃液体。工业甲醇化学性质较活泼，能发生氧化、酯化、羰基化等化学反应，甲醇不具酸性，其分子组成虽有能作为碱性特征的羟基，但也不呈碱性，对酚酞及石蕊均呈中性。甲醇的沸点是 64.7℃，易挥发，其蒸气在空气中的爆炸范围为 6.7%～36.5%（体积分数）。

（1）甲醇的理化常数

甲醇的理化常数见表 10-6。

表 10-6　甲醇的理化常数

国标编号	32058	CAS 号	67-56-1
中文名称	甲醇	英文名称	methyl alcohol；methanol
别名	木酒精	分子式	CH_4O；CH_3OH
外观与性状	无色澄清液体，有刺激性气味	蒸气压	13.33kPa/21.2℃
分子量	32.04	闪点	11℃
熔点	−97.8℃	沸点	64.7℃
溶解性	溶于水，可混溶于醇、醚等多数有机溶剂	稳定性	稳定
密度	相对密度（水=1）0.7913；相对密度（空气=1）1.11	危险标记	7（易燃液体）
主要用途	主要用于制甲醛、香精、染料、医药、火药、防冻剂等		

（2）健康危害

① 侵入途径。吸入、食入、经皮吸收。

② 健康危害。对中枢神经系统有麻醉作用；对视神经和视网膜有特殊选择作用，引起病变；可致代谢性酸中毒。

③ 急性中毒。短时大量吸入出现轻度眼及上呼吸道刺激症状（经口有胃肠道刺激症状）；经一段时间潜伏期后出现头痛、头晕、乏力、眩晕、酒醉感、意识蒙眬、谵妄，甚至昏迷。视神经及视网膜病变，可有视物模糊、复视症状等，重者失明。代谢性酸中毒时出现二氧化碳结合力下降、呼吸加速等。

④ 慢性影响。神经衰弱综合征，植物神经功能失调，黏膜刺激，视力减退等。皮肤出现脱脂、皮炎等。

（3）毒理学资料

① 毒性。属中等毒类。

② 急性毒性。LD_{50} 5628mg/kg（大鼠经口）；15800mg/kg（兔经皮）；LC_{50} 82776mg/kg，4h（大鼠吸入）；人经口 5～10mL，潜伏期 8～36h，致昏迷；人经口 15mL，48h 内产生视网膜炎，失明；人经口 30～100mL，中枢神经系统严重损害，呼吸衰竭，死亡。

③ 亚急性和慢性毒性。大鼠吸入 50mg/m³，12h/d，3 个月，在 8～10 周内可见到气

管、支气管黏膜损害，大脑皮质细胞营养障碍等。

④ 生殖毒性。大鼠经口最低中毒浓度（TDL_0）：7500mg/kg（孕 7～19 天），对新生鼠行为有影响；大鼠吸入最低中毒浓度（TCL_0）：20000μL/L（7h，孕 1～22 天），引起肌肉、骨骼、心血管系统和泌尿系统发育异常。

（4）危险特性

易燃，其蒸气与空气可形成爆炸性混合物。遇明火、高热能引起燃烧爆炸。与氧化剂接触发生化学反应或引起燃烧。在火场中，受热的容器有爆炸危险，其蒸气比空气重，能在较低处扩散到相当远的地方，遇明火会引着回燃。燃烧（分解）产物：一氧化碳，二氧化碳。

（5）泄漏应急处理

迅速撤离泄漏污染区人员至安全区，并进行隔离，严格限制出入，切断火源。建议应急处理人员戴自给正压式呼吸器，穿防毒服。不要直接接触泄漏物。尽可能切断泄漏源，防止进入下水道、排洪沟等限制性空间。小量泄漏时，用砂土或其他不燃材料吸附或吸收，也可以用大量水冲洗，洗液稀释后放入废水系统。大量泄漏时，构筑围堤或挖坑收容；用泡沫覆盖，降低蒸气灾害。用防爆泵转移至槽车或专用收集器内。回收或运至废物处理场所处置。

（6）防护措施

① 呼吸系统防护。可能接触其蒸气时，应该佩戴过滤式防毒面罩（半面罩）。紧急事态抢救或撤离时，建议佩戴空气呼吸器。

② 眼睛防护。戴化学安全防护眼镜。

③ 身体防护。穿防静电工作服。

④ 手防护。戴橡胶手套。

⑤ 其他。工作现场禁止吸烟、进食和饮水。工作完毕，淋浴更衣，实行就业前和定期的体检。

（7）急救措施

① 皮肤接触。脱去被污染的衣着，用肥皂水和清水彻底冲洗皮肤。

② 眼睛接触。提起眼睑，用流动清水或生理盐水冲洗。就医。

③ 吸入。迅速脱离现场至空气新鲜处。保持呼吸道通畅。如呼吸困难，给输氧。如呼吸停止，立即进行人工呼吸。就医。

④ 食入。饮足量温水，催吐，用清水或 1% 硫代硫酸钠溶液洗胃，就医。

（8）灭火方法

尽可能将容器从火场移至空旷处。喷水保持火场容器冷却，直至灭火结束。处在火场中的容器若已变色或从安全泄压装置中产生声音，必须马上撤离。灭火剂：抗溶性泡沫、干粉、二氧化碳、砂土。

7. 氮气防护知识

（1）氮气的理化常数

氮气的理化常数见表 10-7。

（2）健康危害

① 侵入途径。吸入。

② 健康危害。空气中氮气含量过高，使吸入气氧分压下降，引起缺氧窒息，吸入氮气浓度高时，患者最初感胸闷、气短、疲软无力；继而会烦躁不安、极度兴奋、乱跑、叫喊、神情恍惚、步态不稳，称为"氮酩酊"，可进入昏睡或昏迷状态，吸入高浓度，患者可迅速

出现昏迷、呼吸心跳停止而死亡。

表 10-7　氮气的理化常数

国际编号	22005	CAS 号	7727-37-9
中文名称	氮气、氮	英文名称	nitrogen
分子式	N_2	外观与性状	无色无臭气体
分子量	28.01	蒸气压	1026.42kPa/$-$173℃
熔点	$-$209.8℃	沸点	$-$195.6℃
溶解性	溶于水、乙醇	密度	相对密度(水＝1)0.81/$-$196℃；相对密度(空气＝1)0.97
稳定性	稳定	危险标记	5(不燃气体)
主要用途	用于合成氨,制硝酸,用作物质保护剂、冷冻剂		

潜水员深潜时，可发生氮的麻醉作用；若从高压环境下过快转入常压环境，体内会形成氮气气泡，压迫神经，血管或造成微血管阻塞，发生"减压病"。

（3）毒理学资料

对环境无害。

（4）泄漏应急处理

迅速撤离泄漏污染区人员至上风处，并进行隔离，严格限制出入。建议应急处理人员佩戴自给正压式呼吸器，穿一般作业工作服，尽可能切断泄漏源。合理通风，加速扩散，漏气容器要妥善处理，修复、检验后再用。

（5）防护措施

① 呼吸系统防护。一般不需特殊防护。当作业场所空气中氧气浓度低于18％时，必须佩戴空气呼吸器、氧气呼吸器或长管面具。

② 眼睛防护。一般不需特殊防护。

③ 身体防护。穿一般作业工作服。

④ 手防护。戴一般作业防护手套。

⑤ 其他。避免高浓度吸入。进入罐、限制性空间或其他高浓度区作业，须有人监护。

（6）急救措施

吸入后，迅速脱离现场至空气新鲜处。保持呼吸道通畅。如呼吸困难，给输氧。如呼吸心跳停止时，立即进行人工呼吸和胸外心脏按压术。就医。

（7）灭火方法

本品不燃。用雾状水保持火场中容器冷却。

8. 氧气防护知识

（1）氧气的理化常数

氧气的理化常数见表 10-8。

（2）健康危害

① 侵入途径。吸入。

② 健康危害。常压下，当氧的浓度超过 40％时，有可能发生氧中毒。吸入 40％～60％的氧时，出现胸骨后不适感、轻咳，进而胸闷、胸骨后烧灼感和呼吸困难，咳嗽加剧；严重时可发生肺水肿，甚至出现呼吸困难综合征。吸入氧浓度在 80％以上时，出现面部肌肉抽动、面

色苍白、眩晕、心动过速、虚脱等症状，继而全身强直性抽搐，昏迷，呼吸衰竭而死亡。

表 10-8　氧气的理化常数

国标编号	22001	CAS 号	7782-44-7
中文名称	氧、氧气	英文名称	oxygen
分子式	O₂	外观与性状	无色无臭气体
分子量	32	蒸气压	506.62kPa/−164℃
熔点	−218.8℃	闪点	无意义
沸点	183.1℃	溶解性	溶于水、乙醇
密度	相对密度(水=1)1.14,相对密度(空气=1)1.43		
稳定性	稳定	危险标记	5(不燃气体)
主要用途	用于切割、焊接金属,制造医药、染料、炸药等		

长期处于氧分压为 60～100kPa（相当于吸入氧浓度 40％左右）的条件下可发生眼损害。

（3）毒理学资料

对环境无害。

（4）危险特性

氧气是易燃物、可燃物燃烧爆炸的基本要素之一，能氧化大多数活性物质，与易燃物（如乙炔、甲烷等）形成有爆炸性的混合物。

（5）泄漏应急处理

迅速撤离泄漏污染区人员至上风处，并进行隔离，严格限制出入，切断火源。建议应急人员戴自给正压式呼吸器，穿一般作业工作服。避免与可燃物、易燃物接触。尽可能切断泄漏源，合理通风，加速扩散。漏气容器要妥善处理，修复、检验后再用。

（6）防护措施

① 呼吸系统防护。一般不需要特殊防护。

② 身体防护。一般不需要特殊防护。

③ 手防护。戴一般作业防护手套。

④ 其他。避免高浓度吸入。

（7）急救措施

吸入时，迅速脱离现场至空气新鲜处。保持呼吸道通畅。如呼吸停止，立即进行人工呼吸。就医。

（8）灭火方法

用水保持容器冷却，以防受热爆炸，急剧助长火势。迅速切断气源，用水喷淋保护切断气源的人员，然后根据着火原因选择适当灭火剂灭火。

9. 二甲醚防护知识

（1）二甲醚的理化常数（表 10-9）

（2）健康危害

① 侵入途径。吸入。

② 健康危害。对中枢神经系统有抑制作用，麻醉作用弱。吸入后可引起麻醉、窒息感。对皮肤有刺激性。

表 10-9 二甲醚的理化常数

国标编号		CAS 号	115-10-6
中文名称	二甲醚	英文名称	methyl ether;dimethyl ether;DME
分子式	C_2H_6O	外观与性状	常压下为无色无味无臭气体
分子量	46.07	蒸气压(20℃)	0.51MPa
熔点	−138.5℃	闪点	−41℃
沸点	−24.9℃	自燃温度	235℃
液体密度(20℃)	$0.67kg/m^3$	爆炸极限	3%～17%(体积分数)(空气)
蒸气密度	$1.61kg/m^3$	溶解性	溶于水及醇、乙醚、丙酮、氯仿等多种有机溶剂
燃烧热(气体)	28.8MJ/kg	危险标记	12
主要用途			用作溶剂、冷冻剂、喷雾剂等

（3）毒性

二甲醚的毒性很低，气体有刺激及麻醉作用的特性，通过吸入或皮肤吸收过量的此物，会引起麻醉，失去知觉并引起呼吸器官损伤。

（4）危险特性

二甲醚是易燃气体，与空气混合能形成爆炸性混合物。接触热、火星、火焰或氧化剂易燃烧爆炸。接触空气或在光照条件下可生成具有潜在爆炸危险性的过氧化物。气体比空气重，能在较低处扩散到相当远的地方，遇明火会引着回燃。若遇高热，容器内压增大，有开裂和爆炸的危险。

（5）泄漏应急处理

迅速撤离泄漏污染区人员至上风处，并进行隔离，严格限制出入。切断火源。

建议应急处理人员戴自给正压式呼吸器，穿消防防护服。尽可能切断泄漏源。用工业覆盖层或吸收剂盖住泄漏点附近的下水道等地方，防止气体进入。

合理通风，加速扩散。喷雾状水稀释、溶解。构筑围堤或挖坑收容产生的大量废水。漏气容器要妥善处理，修复、检验后再用。

（6）防护措施

① 呼吸系统防护。一般不需要特殊防护，高浓度接触时可佩戴自吸过滤式防毒面具（半面罩）。

② 眼睛防护。一般不需要特殊防护，但建议特殊情况下，戴化学安全防护眼镜。

③ 身体防护。穿防静电工作服。

④ 手防护。戴一般作业防护手套。

⑤ 其他。工作现场严禁吸烟。进入罐、限制性空间或其他高浓度区作业，须有人监护。

（7）急救措施

吸入后，迅速脱离现场至空气新鲜处。保持呼吸道通畅。如呼吸困难，给输氧。如呼吸停止，立即进行人工呼吸。就医。

（8）灭火方法

① 灭火方法。切断气源。若不能立即切断气源，则不允许熄灭正在燃烧的气体。喷水冷却容器，可能的话将容器从火场移至空旷处。

② 灭火剂。雾状水、抗溶性泡沫、干粉、二氧化碳、砂土。

甲醇装置高温、高压设备较多，生产过程中的介质又都是易燃易爆化学品，它的安全设施设计必须严格遵照国家有关规范进行，例如某 10 万吨/年甲醇装置设计上各岗位分别配备有：800m³ 消防水池 1 座，抗溶性泡沫罐 1 个；消防泵房喷淋泵 4 台、泡沫泵 2 台；2 台 MFT60，火灾报警按钮 16 个；100 台干粉 MF8；18 台干粉 MF4；14 台二氧化碳 MT3，地上、地下消防栓 46 个，遥控监视摄录器 1 台。另外，此甲醇装置共有可燃气体报警器 33 台，有毒气体报警器 18 台，火灾报警系统 1 套，防爆型轴流风机 14 台，化验室安装通风橱 1 台，车间配备便携式可燃气体检测仪 4 台。

思考与讨论

1. 熟悉醇醚厂常见有毒有害介质的防护，在实际工作环境中做好自我防护。

2. 氧气是自然界赖以生存的基本物质。从化工生产的角度评价氧气是有毒有害介质吗？查阅资料了解低氧和高氧环境下如何进行自我防护。

任务二　醇醚厂装置检修安全规定

任务描述

醇醚生产大部分是在高温高压的严苛条件下来进行的，且设备管道中的介质都是对人体有毒、有害或有腐蚀性的介质，所以在正常生产过程中要遵循操作规程，避免事故的发生。更重要的是在设备停工检修、动火操作、封闭空间作业、高处作业等情况下，要严格遵守操作规程，做好自我防护，避免造成不必要的人身伤害。

  ### 知识链接

1. 检修安全准备工作

① 装置停工检修前，车间要建立检修指挥部，明确分工，各负其责，实行统一计划，统一指挥。

② 停工检修项目应做到"六定"。定检修项目，定检修人员，定检修质量，定检修制度，定检修工期，定安全措施。

③ 设备管理人员应对检修所用的机具、材料、设备及零部件等进行认真的检查与配备。根据检修任务布置检修现场，施工机具、设备、材料、备件摆放有序，保证各通道畅通。

④ 装置停工检修前，要制定停工方案、检修方案和安全措施。重大项目的检修方案、安全措施要经过有关技术人员讨论，由主管部门批准，严格执行。

⑤ 装置停工前，按照工艺要求绘制出盲板图和盲板装拆表，盲板装拆表中要明确盲板位置和位号、装拆人姓名、装拆时间等，加装盲板完成后，要由主管人员确认后才可进行。

⑥ 检修的外委项目，由检修指挥部指定专人负责向施工单位做好技术交底，并掌握其施工进度、质量、安全情况，及时协调解决施工中存在的问题。

⑦ 进入现场人员，劳动保护用品要佩戴齐全，严格遵守检修规程和本工种的安全技术规程，所有人员必须戴好安全帽，高空作业人员应牢固系好安全带。

⑧ 在人员密集及交叉作业区域，要设置防护网，进行有效的隔绝。

⑨ 重作业区域，要在作业区域周围设置围绳，并挂上明显标志，防止人员、车辆进入。

⑩ 进入有毒有害区域作业，要佩戴相应的防毒面具。氧气浓度小于18%、有毒气体大于2%时，要佩戴空气呼吸器，并安排有经验人员负责监护。

⑪ 在通风不良区域内作业，要加强通风，必要时可加装换气扇或采取间歇作业的方法。

⑫ 凡有两人以上同时参加的检修项目，必须指定一人负责安全工作，在安全规范允许单人检修作业的情况下，检修人本身就是安全负责人。

⑬ 在检修前，安全管理部门必须组织对外来施工队伍进行系统的安全教育，安全教育合格后，方可办理进入装置的许可证，才能给施工单位签发检修工作票。

⑭ 参加检修的外委施工单位，必须严格执行检修企业的有关安全生产规章制度、厂规厂法，认真接受检修现场有关人员的监督检查，并对其检修项目的安全工作负责。

⑮ 参加检修的外委施工单位，要对其工程项目拿出书面的安全防范措施，经主管人员审查批准后方可施工。

⑯ 凡检修项目，装置管理人员同施工单位负责人必须进行现场交接，交接内容包括检修部位的名称、检修作业的内容、检修部位处理情况、拆加盲板的部位和采取措施，还包括检修作业安全、环境注意事项等。

⑰ 装置检修前，装置管理人员必须全面检查检修的安全技术措施情况，得到完全确认后方可开始检修施工。

2. 装置停工检修的安全处理工作

① 物料处理装置停工后，要按停工方案和工艺要求切断进出装置的物料，各种物料按有关规定退出装置区。易燃易爆、有毒、有腐蚀性的物料或回收或排放火炬燃烧。排放化学污染水等，要严格执行国家环境保护排放标准。不允许任意排放有毒有害物料，无火炬设施的带压易燃易爆气体排空，要缓慢进行，采取逐渐减压措施，放空管线末端必须采取防火措施。

② 设备处理。对存有有毒、可燃、腐蚀性物料的设备、容器、管道要按规定的时间进行彻底的蒸汽吹扫、热水蒸煮、酸碱中和、氮气置换和空气置换，使其内部不含有残渣、余气，经化验分析达到安全技术要求后，加装盲板，使之与相连的其他设备、管道隔绝。

③ 置换、吹扫主要有以下几点：

a. 设备、管线吹扫必须要制定吹扫流程和吹扫登记表，明确吹扫程序、吹扫时间和负责人，依次进行吹扫置换，以防遗漏或吹扫后又串进物料面。

b. 由熟悉流程的人员进行置换工作，并做好记录，主管领导负责监督检查、验收。

c. 对不能与氧气或空气接触、需要保护的催化剂要用氮气置换，氮气的纯度要大于99.8%，含氧不大于0.2%，置换合格后应充氮气进行微正压保护。

d. 装置吹扫后，待设备内部压力、温度降到安全条件下，应先打开最底部放料排空门，在确认内部没有残存物料时，方可按操作规程要求的顺序，自上而下拆开人孔或堵头作业时，要警惕有堵塞现象，防止物料溢出伤人。

e. 在置换过程中，置换的设备、容器、管道附件不允许进行动火作业，禁止一切火源。

f. 严禁用压缩空气直接吹扫，以防爆炸着火。

g. 装置停工吹扫工作结束后，由装置负责人组织全面检查，确认安全无误后，方能交付施工单位。

④ 盲板主要有以下几点：

a. 在装置停工检修前，要对设备、容器、管线加装盲板，有效隔断易燃、有毒、有害介质。

b. 检修所加装的盲板要在盲板图中标注，由装置负责人监督检查，加装、拆卸盲板的部位及人员、时间要统一制表记录。

c. 需要置换的设备、容器、管线必须在置换合格后方可加装盲板。

d. 进、出装置的易燃、有毒、有害介质的管线要加装盲板进行有效隔断。

e. 在设备、容器、管线上所加装的盲板要有明显的标识，要在盲板图上记录加装数据。

f. 加装盲板的部位要在阀门关闭后不受压，要密封好。

⑤ 措施。下水井、地漏等的安全防范措施如下：

a. 装置停工时，待需排放的介质排放完毕后，作业范围内的地漏、下水井需用塑料薄膜和湿土封严，厚度 10cm 左右。

b. 检修装置范围内所属的明沟、地沟、地面、平台、设备、管道外表的残油残料、易燃物要清扫干净。

c. 易燃、易爆、有毒、有腐蚀性的物料的回收或排放，严格执行有关安全规范和环保排放标准。

⑥ 安全阀的拆卸和校验主要有以下几点：

a. 装置安全阀的拆装。要准确记录安全阀的编号、压力、位置、介质等项目。

b. 安全阀的拆装过程中。要保证安全阀编号牌及铅封的完整，不准野蛮拆装。

c. 安全阀定压值的变更。要经主管部门审批后实施。

d. 安全阀的校验。要由有资质的校验单位进行，安全阀校验合格后加盖铅封。

⑦ 安全警示标志。在停工检修中，对有的罐、塔、槽、管线等设备存在易燃、易爆、有毒有害物质时，其出入口或与生产系统相连接处应加上盲板并挂上"有物料，注意安全、防火防毒"的警告牌，必要时指定专人看管。

3. 动火前的取样分析

① 分析的取样点由检修负责人指定，化验员亲自取样进行分析，并在化验单上如实填写取样时间和分析数据，并注明分析结果是否合格，动火分析人对分析结果负责。

② 取样要有代表性，取样"气体"必须与动火时的"气体"相同。

③ 取样与动火的间隔期不准超过 30min，如超过 30min，必须重新取样分析。

④ 使用测爆仪进行分析时，该仪器必须经被测对象的标准样标定合格。

⑤ 动火分析合格标准：

使用测爆仪时，被测对象的气体或蒸气的浓度应小于或等于爆炸下限的 25%（体积分数，下同）。

使用其他分析手段时，当被测对象的气体或蒸气的爆炸下限浓度大于 4% 时，其浓度小于 0.5% 为合格；当被测对象的气体或蒸气的爆炸下限小于 4% 时，其浓度小于 0.2% 为合格。爆炸下限大于等于 10% 的，可燃气体（蒸气）可燃物含量应以小于等于 1% 为合格。

两种或两种以上的混合气体，其动火分析以爆炸下限最低的可燃气体为准。

当被测定气体密度大于空气密度时，在中、下部各取一个气样；小于空气密度时，在中、上部各取一个气样。多种气体混合时，在上、中、下各取一个气样。

4. 检修中的用火管理

① 装置区内用火管理的范围。气焊、电焊；喷灯、电炉子；明火取暖和明火照明；临

时用电，包括使用电钻、砂轮、风镐等。

② 分级。根据用火部位危险程度，用火分为三级。

a. 凡属下列地点动火均为一级用火。转化单元、PSA制氢系统、压缩单元、合成单元、甲醇罐区。在上述区域室内（罐区）正在运行或投用的介质为可燃气体和易燃可燃液体、有毒有害液体和气体的压力管线、容器、设备带压堵漏、焊接、打磨等凡能产生火花的施工作业均按工业一级动火办理审批手续。

b. 凡属下列地点动火均为二级用火。生产装置区和罐区的非防爆场所及系统管网区，从易燃、易爆及有毒装置或系统拆除，且运到安全地点的容器、管线，经吹扫处理化验合格者。

c. 除一、二级用火之外，用火均属于三级用火。

③ 审批动火审批程序与权限如下。

a. 一级用火由装置负责人会同施工单位用火负责人，对动火现场认真检查，制定出可靠的防火措施，填写用火证，在动火的前一天报上级审批。

b. 二级用火由装置负责人制定防火措施，填写用火证，经装置所在企业的主管领导审批。

c. 三级动火由装置负责人制定落实防火措施，填写用火证，经对动火现场检查无问题，可批准动火。

d. 动火应严格做到"三不动火"，即没有批准的用火证不动火、防火监护人不在现场不动火、防火措施不落实不动火。

e. 各用火单位均应安排了解生产工艺过程、责任心强和出现问题能够正确处理的人为防火监护人。防火监护人必须时刻掌握用火现场的情况，检查防火措施，如发现异常情况要及时采取措施并有权停止用火，监护人对下述规定行使监护权：

第一，动火的容器、管线必须经吹扫、清洗、蒸煮后做到无可燃物，对与动火部位相连的容器、管线应进行可靠的隔离、封堵或拆除处理。

第二，动火现场的容器内、管线内、室内、坑内的可燃气浓度必须低于爆炸下限的25%；有毒介质检测合格，清除腐蚀物。

第三，动火现场5m以内必须做到无可燃物、无障碍物，便于在紧急情况下施工人员迅速撤离。非动火人员不准随意进入动火现场。

第四，动火现场必须按动火防范措施要求，配备足够的消防车、消防设备和消防器材。

第五，动火结束后，监护人员必须对现场进行检查，确认无火种后，方可撤离。

第六，遇有5级以上大风（含5级）不准动火，特殊情况必须采取有效的围隔措施，并控制火花飞溅。

第七，安全部门、消防部门及各级领导，有权随时检查用火，如发现违反工业动火管理制度或动火危险时，可收回用火证停止动火，并根据违章情节，严肃处理。

④ 用火的基本原则。

a. 凡在生产、储存、输送可燃物料的设备、容器及管道上动火，应首先切断物料来源加好盲板，经翻底吹扫、清洗、置换后，打开人孔通风换气，并经分析合格后，方可动火。

b. 正常生产的装置内，凡是可动可不动的火一律不动；凡能拆下来的一定拆下来移到安全地方动火，节假日不影响生产正常进行的用火，一律禁止。

c. 用火审批人必须亲临现场检查，落实防火措施后，方可签发用火证。一张用火证只限一处，一级用火时间不准超过8h。

d. 防火监护人和动火人在接到用火证后，应逐项检查防火措施落实情况，不符合防火措施和防火监护人不在场，动火人有权拒绝动火。

e. 装置进行大、中修，因动火工作量大，对易燃、可燃和有毒物料均应彻底送至装置外罐区，并加盲板与装置隔绝。

5. 进入设备内部检查作业的安全规定

① 进入塔、储罐、容器等化工设备及下水井、炉膛、烟道或其他密闭设备内检修作业，必须办理进入受限空间作业票。

② 进入设备内部前30min应取样（含氧、易燃爆炸气体、毒性气体）分析，可燃气体含量≤0.2%，含氧量>18%，合格后办理作业票进入。

③ 进入前做一次全面检查，凡分析不合格、无安全措施、安全措施未全面落实以及工具、行灯不符合规定要求的，不准进入受限空间作业。

④ 进入设备内部检修作业应打开设备的所有人孔，保持设备内空气流通，必要时可向设备内强制通风（新鲜空气）。对通风不良、容积较小的设备，作业人员要采取间歇作业，不准强行连续作业。

⑤ 进入容器、暗沟和下水井内作业，外边必须有专人监护，否则不准进入。

⑥ 进入容器、罐、下水井内作业时，应按作业高度或深度搭设安全梯或配备救护绳索，以保证应急救援，在作业中严禁内外投掷材料工具，以保证作业安全。

⑦ 进入塔、罐、容器、沟、井内部动火作业，必须严格执行动火作业管理规定，操作人员离开时，严禁将焊接工具放在塔、罐、容器、沟、井内。

⑧ 设备内部工作照明电压应为36V或24V，电源线绝缘必须良好。

⑨ 进入带有转动机械的设备内部检修，必须切断电源，取下保险，并在其电源开关上挂好安全警示牌，必要时设专人监护。

⑩ 在清除容器内少量可燃物料残渣、沉淀物时，必须使用不产生火花的工具（如铜、铝质工具），严禁用铁器敲击、碰撞。

⑪ 进入设备内时间不宜过长，应轮换休息。

⑫ 高塔容器内检修作业，在执行进入设备内检修作业安全规定的同时，要认真执行高处作业安全规定。

⑬ 作业中断时间较长或安全条件改变，需继续进行作业时，应重新办理作业票，作业者要严格按照作业票限定的时间进行作业。

⑭ 作业竣工时，检修人员和装置管理人员共同对设备内外进行检查，确认无问题后，管理人员在作业许可证上签字后，检修人员方可封闭人孔。

6. 电气检修安全规定

① 必须严格执行电气作业的有关安全规定，严禁一人单独作业，严禁非电工从事电气检修作业。

② 必须执行电气检修工作票制，工作票由专人签发，经工作许可人同意，方可进行作业。

③ 在导电设备、线路上作业，不论电压高低必停电作业，并在电源开关上挂有"有人作业，禁止合闸"的标志牌，除负责挂牌人外，不准任何人随意摘牌或送电。

④ 在停电线路工作地段安装接地线前，必须验电证明线路确实无电后方可装接。

⑤ 线路经过验明确实无电后，应在工作地段两端挂接地线。凡有可能送电到停电线路

的各支线也要挂接地线。

⑥ 停电、放电、验电、检修作业时，必须由作业负责人指派有实践经验的人员担任监护，否则不得进行作业。

⑦ 确需带电检修时，应经主管部门批准，并采取可靠的安全措施。作业人员、监护人员应由有带电作业经验的人担任。

⑧ 检修用的临时带电设备，如电机外壳、启动装置、配电盘的金属支架柱、空气开关、金属盒、电线保护管等均须可靠接地。

⑨ 架设的临时电线，其线路的最低点距地面不少于2.5m，跨越公路时不低于5m。

⑩ 在雷雨天气潮湿地点，或身体潮湿时，禁止使用电动工具。

⑪ 变电所出口处或线路中间某一段有两条以上线路临近平行时，应验明检修的线路已停电并挂好接地线后，在停电线路的杆、塔下面做好标志，设专人监护，以防误登杆、塔。

⑫ 对立、撤杆和修正杆坑及杆、塔上作业时，必须采取防止倒杆等措施。接地线拆除后，应视为线路带电。严禁任何人再登杆、塔，并按工作终结办理汇报手续。

7. 高处作业安全规定

① 高处作业人员必须遵守高处作业安全管理规定。

② 凡坠落高度在2m以上（含2m），视为高处作业。

③ 高处作业人员必须体检合格，凡不适于高处作业人员不得从事此项工作。

④ 高处作业人员一般不应交叉作业，凡因工作需要，必须交叉作业时，要由作业单位设安全网、防护棚等安全措施，否则不准作业。

⑤ 高处作业的各处现场支架、网架、脚手架、安全网等必须有足够的强度，符合国家标准。

⑥ 高处拆除工作，事先必须由作业单位做好安全施工方案，经审核批准后，组织施工人员对施工方案进行培训，掌握基本技术要领后方可作业。

⑦ 高空铺设易折、易碎、薄型屋面建筑材料（石棉瓦、石膏板、薄木板等）时，严禁直接踏上或受力，并由作业单位制定施工安全的措施。

⑧ 登高作业人员必须戴好安全带、安全帽，遇有六级以上大风、暴雨或雷电时，应停止高处作业。

⑨ 高处作业所用的工具、零件、材料等必须装入工具袋。上下时手中不得拿物件，并必须从指定线路上下，不得在高处投掷材料、工具等物。不得将易滚易滑的工具、材料堆放在脚手架上。不准打闹。工作完毕时应及时将工具、零星材料、零部件等一切易坠落物品清理干净，防止落下伤人。上下输送大型物件时，必须采取可靠的起吊设备。

⑩ 工作前应检查脚手架板、斜道板、跳板和运输道，并应随时清扫杂物，如有水泥、冰等，需要施工单位采取有效防滑措施，当结冰、积雪严重无法清除时，应停止高处作业。

⑪ 在易散发有毒气体的厂房上部及塔罐顶部施工时，应有专人监护。

⑫ 高处作业人员必须远离普通电线1m以上，普通高压线2.5m以上，并要防止运输导体材料触碰电线。

⑬ 高处作业必须由作业单位派专人监护。

8. 甲醇装置生产过程中的危险有害因素

以天然气为主要原料生产甲醇，火灾、爆炸是主要危险有害因素，同时还存在物理爆炸、中毒与窒息、高处坠落、机械伤害、灼烫、电伤害、物体打击、静电伤害、腐蚀危害和噪声危害等其他伤害。

（1）火灾、爆炸

生产装置的火灾爆炸多数是混合气体的爆炸，即天然气、甲醇挥发气体、氢气、一氧化碳与空气或氧气的混合物，其浓度在爆炸极限范围内遇火源将发生火灾爆炸。甲醇生产过程中，生产工艺密闭，可燃物质仅有轻微泄漏或少量释放，不具备发生火灾爆炸的条件。作业场所中点火源存在的主要形式有明火、电火花、静电、雷电、摩擦火花等。

（2）物理爆炸

甲醇生产的压缩工序、合成工序存在着很高的压力，如设备、管线存在制造缺陷，或因长时间使用腐蚀、冲蚀严重，造成设备的承压能力降低，可能导致承压设备发生物理爆炸。此外，操作失误或仪表失灵、管线冻堵等原因也可能导致物理爆炸的发生。

（3）中毒与窒息

甲醇属中等毒类物质，一氧化碳的危害程度分级属高度危害，极易导致人员的中毒、窒息，威胁身体健康及生命安全。天然气、氢气、氧气、氮气、二氧化碳虽然无毒，但如大量泄漏，气体浓度高时可令人窒息，接触极高浓度时有生命危险。

（4）高处坠落

在生产及检修过程中，岗位工人要对塔、容器、加热炉、储罐等设备设施进行维护检修，如防护不当或设备零部件松动、梯子或平台打滑及其他不符合规范要求的缺陷，操作者存在高处坠落的潜在危害。

（5）机械伤害

机泵的旋转部件、传动件，若防护罩失效或残缺，人体接触易发生碾伤、挤伤等机械伤害和飞物击伤的危险。生产装置内的压缩机、泵等在运行过程中如果防护罩、防护栏失效或作业人员不注意，均可被高速旋转的机泵轴缠住并铰伤作业人员。

（6）灼烫

转化炉、锅炉使用天然气作为燃料，温度较高，如高温介质泄漏喷溅到人体，可能使人受到高温灼烫，此外人体触及输送高温介质设备的高温部位，也可能导致烫伤危害。

（7）电伤害

装置内电气设备的金属外壳保护系统失灵，人体接触电气设备的漏电部位；带电维修电器设备、电线磨损漏电、仪器设备线路连接不正确，均存在触电危险。另外，电气事故还表现为异常情况下电弧或电火花伤人，以及由电气设备异常发热而造成的烧毁设备，甚至引起火灾事故等。

（8）物体打击

设备在检修过程中松动零部件时，其零部件、工具、包装物、剩余材料等可能从高处落下砸伤工作人员。带压容器发生泄漏也会使人员受伤，如塔、容器安全阀起跳，作业人员处在排泄口极易被高压或高处物料击伤。

（9）静电危害

静电对于易燃易爆气体，是一种不可忽视的危险源。当静电积聚在不导电的物质上或管道、设备和容器的某些部位，当两点之间的电位差超过两点之间绝缘介质所能承受的绝缘能力时，就会发生静电放电现象，产生电火花。生产过程中产生和积聚的静电，一般由几伏到几万伏，放电产生电火花所具有的能量要大于 0.2mJ，在有可燃气体存在的场所，如果发生静电放电现象，就会产生电火花，引爆或引燃可燃气体混合物。发生爆炸或燃烧事故。

（10）腐蚀危害

化工生产中腐蚀事故所占的比例相当高，每年因腐蚀所造成的经济损失十分巨大。天然气、甲醇管道、设备及储罐一旦发生腐蚀事故，轻者泄漏，重者引起燃烧、爆炸，不仅造成经济损失，还威胁员工的生命安全。

（11）噪声危害

装置内有压缩机、泵等设备及高速高压介质流动，这些设备运行和介质流动都能产生噪声，如处理不当将影响岗位工人的身心健康，危害性较大。

思考与讨论

总结阐述在醇醚企业的员工应遵守哪些基本的安全规程？动火作业、封闭空间作业、高处作业、电气检修分别应遵循哪些原则？

任务三　醇醚装置环境保护

任务描述

醇醚装置在整个生产过程中从原料到产品所涉及的工艺物料，大都具有易燃易爆性(氢气、甲烷)或有毒有害（甲醇）的特点。所以醇醚装置在设计和正常生产过程中要高度重视"三废"排放工作，除选用先进的工艺路线外，在构思流程时也应给予合理处置，从而减少装置"三废"的排放量，达到保护环境的目的。在此以甲醇装置为例进行说明。

知识链接

1. 甲醇装置环境保护方面相关标准

甲醇装置环境保护相关标准见表 10-10～表 10-13。

表 10-10　甲醇装置水污染物排放标准

污水分类	污染物名称			总量/(kg/t 氨)	标准来源
甲醇装置排放污水	pH 值		6～9		《污水综合排放标准》(GB 8978—1996)二级
	浓度/(mg/L)	悬浮物	150		
		COD	150		
		石油类	10		
		氨氮	25		

表 10-11　甲醇装置环境空气评价标准

污染物名称	取值时间	二级标准浓度限值/(mg/m³)	标准来源
SO₂	日平均	0.15	《环境空气质量标准》(GB 3095—2012)
	1h平均	0.50	
TSP	日平均	0.30	
NO₂	日平均	0.12	
	1h平均	0.24	
NH₃	一次	0.2	《工业企业设计卫生标准》(GBZ—2010)居住区大气中有害物质的最高容许浓度

表 10-12   甲醇装置大气污染物排放标准

污染物名称	最高容许排放浓度/(mg/m³)	无组织排放监控浓度值		标准来源
		监控点	浓度/(mg/m³)	
氨	—	厂界	2.0(现有) 1.5(新)	《恶臭污染物排放标准》 GB 14554—93 二级
烟尘	300(现有) 200(新)			《工业炉窑大气污染物排放标准》 GB 9078—1996(用于加热炉)
SO₂	1430(现有) 850(新)			

表 10-13   甲醇装置厂界噪声评价标准

评价区域	类别	标准值(A)/dB		标准来源
		昼间	夜间	
厂界	Ⅲ	65	55	《工业企业厂界环境噪声排放标准》(GB 12348—2008)

2. 甲醇装置主要污染源和主要污染物

甲醇装置从生产工艺、设备设施角度看,主要存在着废气、废水、噪声、固体废弃物等对环境产生影响的因素。甲醇装置的污染物见表 10-14。

表 10-14   甲醇装置的污染物一览表

污染种类	污染源	污染物	排放量(以年产 10 万吨甲醇装置计算)	排放地点
噪声	引风机	噪声		转化工序
	原压机、汽轮机	噪声		压缩工序
工业废水	精馏塔	塔底含醇废水	3～4t/h	汽提后回收
生活污水	地下污水井	油、COD	>8t、>96t	清排水装置
废气	转化烟囱	CO_2、NO_x	28400×10⁴m³(标准)/月	大气
	合成弛放气	CO、CO_2、H_2、CH_4		火炬放空
废渣	转化工序	氧化镍催化剂、钴钼脱硫剂、氧化锌脱硫剂	氧化镍催化剂:25t/2a 钴钼脱硫剂:4.8t/5a 氧化锌脱硫剂:20t/a	回收 回收 回收
	合成工序	氧化铜催化剂	40t/2a	回收
	压缩工序	氧化铁脱硫剂	80t/a	回收或填埋

3. 甲醇装置主要污染物的环保措施

(1) 废气排放及治理

甲醇在合成过程中产生大量的放气和闪蒸气,在精馏过程中,预蒸馏塔将排出含有甲醇和二甲醚的轻馏分气体,在装置设计中将上述三部分工艺废气作为燃料直接送到转化炉燃烧,既减轻了对大气环境的污染,又节约了燃料。对于开停工及事故状态下排放的废气,要通过管道送入火炬燃烧高空排放。由于间断性排放,并且排放次数很少,每次的排放量不大,故对环境污染也较小。同时,装置转化炉的燃料燃烧产生的主要污染物为 NO_x、SO_2、TSP 等,转化炉燃料燃烧所产生的废气要根据污染气象特征分析、空气环境现状评价、空气环境影响预测与分析等手段进行评价其对环境的影响程度。甲醇装置正常生产时不向大气排放有污染性的气体。装置动、静密封点的泄漏，主要污染物是一氧化碳、甲醇、烃等。正常生产时，装置的泄漏率应该控制在 0.5% 以下，此部分微量泄漏可以忽略，并且通过加强生产管理可以进行控制。

（2）废水排放及治理

甲醇装置所能产生的废水以生产直流水和生活污水为主，包括循环水场排水、机泵冷却水及地面冲洗水、工艺冷凝液、汽包排污、除盐水站再生废水等。同时精馏工序能产生高浓度含醇废水、甲醇罐区洗罐水及不正常操作的含醇污水。

针对装置生产过程中产生的含醇废水，要采用先进的工艺进行回用或减污处理，现运行的甲醇装置多数采用汽提的方法，将废水中的有机物提出，作为原料并入转化单元的原料气中参与反应，这样可有效降低对环境的污染和处理费用。其他生产直流水，应设置清排水回用装置进行生物、化学处理，达标后可作为循环冷却水的补充水加以回收利用，既降低了生产运行成本，又有利于保护环境。

（3）噪声及治理

甲醇装置的噪声主要是各类机泵、压缩机、加热炉、气体放空等设备在运行时产生的。声学特性以机械性和空气动力性噪声为主。为了有效消减噪声的危害，对于高噪声车间如压缩机厂房等建筑，设计一定要按《工业噪声控制设计规范》的要求进行，设备的安装要按噪声控制的要求采取有效措施，采用吸声、减振、隔振、阻尼等方法综合治理，对于接触噪声的人员，要严格按要求控制接触时间，并配齐必要的劳动保护用品。

（4）固体废弃物及处理

甲醇装置的固体废弃物主要是废催化剂、废脱硫剂、废分子筛、生活污泥和过滤残渣等。从脱硫工序更换下来的废钴催化剂、转化工序及合成工序更换下来的废催化剂含有镍、钴、钼、铜等贵金属，具有回收价值，更换下来后可由厂家回收。废分子筛来自空分装置的纯化系统，更换下来后可由厂家回收再生，废氧化锌脱硫剂也可由有关厂家回收再利用。因此，这些固废对环境没有影响。生化污泥作为肥料使用，过滤残渣送焚烧炉处理。

废氧化铁脱硫剂来自脱硫工序，硫含量为 20%，其强度比脱硫前的氧化铁更高，在 200℃ 下，其分子结构不易被分解，性质稳定。根据《国家危险废物名录》的要求，凡《国家危险废物名录》中所列废物类别高于鉴别标准的属危险废物。废氧化铁脱硫剂属 HW06 类废物，但对照《危险废物鉴别标准——腐蚀性鉴别》（GB 5085.1—2007）和《危险废物鉴别标准——浸出毒性鉴别》（GB 5085.3—2007），废氧化铁脱硫剂 pH 趋于中性，浸出液也不含有浸出毒性标准所列出的危害组分。因此，它不属于危险废物，可作为一段工业垃圾处理，将其填埋。由于其性质稳定、腐蚀性小，所以对地下水影响很小。

目前，国内外在工业生产中都采用清洁生产工艺，通过采用先进的工艺技术和生产管理将污染物消灭在生产过程中，这既能最大程度利用有限资源、开展综合利用，又能减轻污染物对环境的污染，是节能降耗、保护环境的根本途径。

4. 甲醇装置主要环境事故风险分析

（1）火灾爆炸事故对环境影响的分析

① 潜在事故因素分析。生产甲醇的化工装置，在生产过程中，所使用的原料、中间产品和产品，大多数是易燃易爆物质，如天然气、氢气、甲醇、二甲醚等。其危险性参数见表 10-15。

表 10-15　可燃性气体和蒸气危险性参数表

物质名称	引燃温度/℃	蒸气密度/(kg/m³)	闪点/℃	爆炸极限(体积)/%		危险性分类	危险物主要存在工段
				下限	上限		
天然气	540	0.77	气体	3.8～6.5	12～17	甲	转化工序
氢气	580	0.07	气体	4.15	75.0	甲	转化工序
甲醇	385	1.42	11	6.7	36	甲	合成工序 精馏工序
二甲醚	240	2.06	气体	3.4	27	甲	转化工序

从表 10-15 可以看出,这些可燃性气体和蒸气的爆炸下限浓度均在 10% 以下,都是国家规定的甲类火灾爆炸危险物,遇火源极易发生火灾爆炸事故,甚至可能导致二次连锁反应事故,不仅会对环境造成严重的污染和破坏,而且还易造成人员伤亡和财产损失。

这些可燃性物质发生火灾和爆炸的机理是生产装置中盛装可燃气体或可燃液体的管道和塔罐,由于密闭不严、破裂或超压等原因,造成可燃气体或蒸气泄漏于外环境,当遇到明火、静电火花等点火源及温度超过可燃气体或蒸气的燃点或闪点时,而发生燃烧,当空气中可燃气体和蒸气的体积分数达到了爆炸极限范围时,则可能导致危害更大的爆炸事故的发生。

② 事故防范措施。针对火灾爆炸的发生机理,抑制或中断可燃气体和蒸气燃烧爆炸的发生过程,有针对性地从控制可燃气体和蒸气的泄漏、减少导致火灾爆炸的能源等方面采取相应的防范措施。

甲醇装置使用和生产的物料多属易燃、易爆和有毒有害物质,属于危险性较大的工程项目,因此工程的设计和施工应严格遵循国家的法规标准要求,对设备、管道、塔罐严把工程质量和设备质量关,增大系统的本质安全性。

加大生产环境中易燃易爆、有毒气体的检测,对火灾危害严重、毒性大的生产环境,设计相应的自动报警系统,使万一泄漏的气体和蒸气的浓度限制在爆炸极限范围以外。

生产装置的设备、设施、塔罐按要求设置可靠的防雷、防静电保护装置。

在规定的危险区域内严禁烟火,并设有明显的指示牌和标记;在规定防火区域内,如需动火,必须取得动火证后方可进行。

设计完善的消防系统,根据生产特点、物料性质和火灾危险性质,设置水消防,泡沫消防和惰性气体灭火设施,消防器材备齐好用并放置在安全易取位置,一旦发生险情,将危害控制在最小污染和损失内。

(2) 事故性废水排放对环境影响的分析

① 潜在的事故因素。甲醇装置采用先进的工艺路线,对装置产生的甲醇废水全部送汽提塔回收处理后作除盐水循环使用,实现了这部分工业废水的"零排放",其他生产清排水和生活污水经地下管网汇入清排水装置。

生产中,汽提装置回收的甲醇废水中甲醇浓度为 0.1%,我国《污水综合排放标准》(GB 8978—1996) 对甲醇未做明确规定,依据《职业性质接触毒物危害程度分级》(GBZ 230—2010),甲醇属于 Ⅲ 级中度危害有毒物质,且这部分废水由于意外原因或事故与生产清排水一起混排,势必会对外界水环境造成一定污染,应进行系统分析。同时,还应特别注意的是,甲醇储罐储存有大量粗甲醇或成品甲醇。其甲醇含量均在 86.5% 以上,一旦泄漏进入罐区内由雨水管网排出,将严重威胁周围人群和水体生物,不仅造成生产事故,也是重大环境污染事故。

　　② 事故防范措施。

　　在装置污水外排放口安装阀门，并定期检查，确保灵活好用，一旦发生有毒废水泄漏，迅速封闭地面污水排入口，并紧急关闭外排口阀门，及时将泄漏废水抽送回生产装置处理使用，杜绝外排。

　　严格控制设备的进货关，确保设备安全可靠运行，对超过使用寿命的设备需及时更换。

　　提高作业人员的业务素质，对重要岗位和危险岗位必须做到持证上岗，组织培训提高紧急情况应变能力。

　　(3) 事故性废气排放对环境影响的分析

　　甲醇装置在正常生产过程中，除一部分废气回收利用作燃料外，向外环境排放的废气主要集中在转化炉烟囱，根据环境空气影响评价，在各种气象条件下转化炉排放的主要污染物（NO_x、SO_2、TSP）浓度基本符合国家排放标准。在非正常生产情况，即装置检修期间的开停车，紧急事故状态燃气放空等情况下，原料天然气必须排入火炬系统，燃烧排放。

　　火炬排放系统是装置保证安全生产的重要设施，同时也是处理装置开停车及事故状态下排放废气的唯一设施，火炬设计采用无烟燃烧方式燃烧天然气，而且属于间断性排放，排放次数为1～2次/年，排放量也不大，因此不会对外环境产生较大的污染。

　　火炬排放系统属于事故处理设施，尽管发生环境污染的概率较小，但还是应充分重视火炬系统的设计、施工和安装质量，并定期组织进行检查，确保事故处理设施的安全可靠运行。

思考与讨论

　　结合醇醚生产工艺，查阅资料分析醇醚厂的三废主要有哪些？醇醚厂三废排放的标准分别是什么？

参 考 文 献

[1] 周万德. 甲醛衍生物手册 [M]. 北京：化学工业出版社，2010.

[2] 李峰. 甲醛及其衍生物 [M]. 北京：化学工业出版社，2006.

[3] 谢克昌. 甲醇及其衍生物 [M]. 北京：化学工业出版社，2002.

[4] 靳方余. 甲醇生产分析 [M]. 北京：化学工业出版社，2011.

[5] 于淑兰，林远昌. 化工安全与环保 [M]. 北京：化学工业出版社，2013.

[6] 王利斌. 焦化技术 [M]. 北京：化学工业出版社，2002.

[7] 赵忠尧，张军. 甲醇生产工业 [M]. 北京：化学工业出版社，2002.

[8] 尹明德. 甲醇生产知识 [M]. 北京：化学工业出版社，2011.

[9] 李建锁. 焦炉煤气制甲醇技术 [M]. 北京：化学工业出版社，2015.

[10] 周万德. 新编甲醛生产 [M]. 北京：化学工业出版社，2002.

[11] 冯元琦，李关云. 甲醇生产操作问答 [M]. 北京：化学工业出版社，2008.

[12] 李峰. 甲醇及下游产品 [M]. 北京：化学工业出版社，2008.

[13] 何建平. 炼焦化学产品回收与加工 [M]. 北京：化学工业出版社，2005.

[14] 张子峰，张凡军. 甲醇生产技术 [M]. 北京：化学工业出版社，2008.

[15] 贺水德. 现代煤化工技术手册 [M]. 北京：化学工业出版社，2004.

[16] 赵忠尧，张军. 甲醇生产工业 [M]. 北京：化学工业出版社，2013.

[17] 彭德厚. 甲醇装置操作工 [M]. 北京：化学工业出版社，2013.

[18] 李忠，谢克昌. 煤基醇醚燃料 [M]. 北京：化学工业出版社，2011.

[19] 谢克昌，赵炜. 煤化工概论 [M]. 北京：化学工业出版社，2011.

[20] 于遵宏，王辅臣. 煤炭气化技术 [M]. 北京：化学工业出版社，2011.

[21] 常丽萍. 气体净化分离技术 [M]. 北京：化学工业出版社，2011.

[22] 李永旺. 煤炭间接液化 [M]. 北京：化学工业出版社，2011.

[23] 王延吉. 化工产品手册 有机化工原料分册 [M]. 北京：化学工业出版社，2008.

[24] 裴学国. 影响甲醇合成气体单程转化率的因素 [J]. 中氮肥杂志，2007，1：30-33.

[25] 张绍民. 甲醇三塔精馏质量的优化控制 [J]. 天然气化工杂志，2004，29 (2)：51-55.

[26] 张振勇，等. 煤的配合加工与利用 [M]. 北京：中国矿业大学出版社，2000.

[27] 郭树才. 煤化学工程 [M]. 北京：冶金工业出版社，1991.

[28] 郭树才. 煤化工工艺学 [M]. 北京：化学工业出版社，2006.

[29] 贺永德. 现代煤化工技术手册 [M]. 北京：化学工业出版社，2004.

[30] 舒歌平. 煤炭液化技术 [M]. 北京：煤炭工业出版社，2003.

[31] 王同章. 煤炭气化原理与设备 [M]. 北京：机械工业出版社，2001.

[32] 许祥静. 煤炭气化工艺 [M]. 北京：化学工业出版社，2005.

[33] 汪家铭. 低温甲醇洗净化工艺技术进展及应用概况 [J]. 泸天化科技，2007，2：120-124.

[34] 韩景城. 二甲醚作为石油替代品的竞争力分析 [J]. 中外能源，2007 (2)：15-22.

[35] 王乃继，等. 含氧燃料二甲醚合成技术发展现状分析 [J]. 洁净煤技术，2004 (3)：38-41.

[36] 王栋，等. 洁净燃料二甲醚的制取方法 [J]. 能源与环境，2004 (3)：34-36.

[37] 娄伦武，等. 二甲醚合成工艺技术现状 [J]. 贵州化工，2006 (3)：9-15.

[38] 李西正，等. 低温甲醇洗和 NHD 工艺技术经济指标对比 [J]. 中氮肥，2007，1：120-124.

本教材可选工艺软件的说明

    本教材所涉及的工艺仿真软件，可选用东方仿真《煤化工 60 万吨煤气化制甲醇项目》相关仿真软件辅助教学，包括：

    1. 德士古水煤浆气化仿真软件

    2. 煤制甲醇变换工艺仿真软件

    3. 鲁奇甲醇工艺仿真软件（含合成和精制）

    4. 二甲醚合成仿真软件（含合成和精制）

    5. 林德低温甲醇洗工艺仿真软件（含脱硫和脱碳）

    6. 丙烯酸甲酯工艺仿真软件

以上软件由东方仿真提供。